MÉTODO SIMONIT&SIRCH

A Denis Dubourdieu,
serás para siempre el hombre
que cambió nuestra vida

Título original:
Manuale di potatura della vite
CORDONE SPERONATO

Primera edición: junio de 2022
Segunda edición: diciembre de 2023

www.editorialculturaliquida.com

Revisión: Teresa Gil López
Dirección de arte, cubierta y fotografía: Marco Di Donato
Diseño: Punktone.it
Imprime: Sgraf, S.L.

ISBN 978-84-18272-06-6
Depósito legal VA 827-2023

Impreso en España

Papel procedente de bosques certificados,
materiales reciclados y madera controlada.

FSC
www.fsc.org
MIXTO
Papel procedente de fuentes responsables
FSC® C146095

MARCO SIMONIT

MANUAL DE PODA DE LA VID

CORDÓN PERMANENTE

CULTURA
LÍQUIDA
EDITORIAL

ÍNDICE

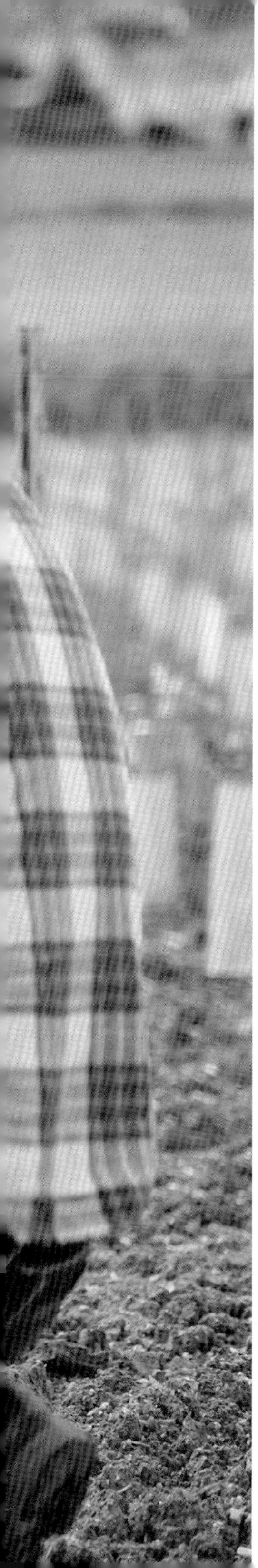

El valor de la vid-a

El motivo que nos llevó desde Cultura Líquida a traducir esta obra al castellano es el mismo que nos llevó a crear la fundación y la editorial: el deseo de divulgar, promover, proyectar y expandir el conocimiento para la cultura del vino.
El día que nuestra directora técnica en Pago de Carraovejas, Almudena Calvo, me habló de Simonit & Sirch y la posibilidad de trabajar con ellos, no lo dudamos. Menos aún el día que nos conocimos en persona y con Marco, Massimo y su equipo comenzamos a conocer en profundidad su método de trabajo y la planificación del mismo.
Hay una comparación que se hace inevitable. Es la metáfora entre la poda y muchos aspectos de nuestra propia vida. La definición de la RAE, en su segunda acepción, indica «eliminar de algo ciertas partes o aspectos por considerarlos innecesarios o negativos». Pero si vamos a la raíz del latín y el origen etimológico del verbo putare, además de poda, podemos hablar de pensar, considerar o reflexionar.
Es una maravillosa paradoja que el hecho en sí mismo de eliminar una parte del todo permita que ese todo crezca con mayor fuerza, equilibrio y dé mejores frutos y reduzca en una parte muy importante, si se hace correctamente, las enfermedades que pueden afectarlo.
El lenguaje aún es más maravilloso cuando hablamos de poda de respeto para eliminar algo que formó parte de nosotros y se hace en nombre de un mayor equilibrio, un mejor flujo de la savia y una conexión más auténtica y favorable entre las raíces y la canopia de la propia planta.
Como psicólogo de formación y profesión durante años, y sintiendo no haber abandonado nunca mi profesión tras mi llegada al mundo del vino, me sigue apasionando la cantidad de referencias similares que podemos encontrar entre el ser humano y la vid o el mundo del vino en toda su amplitud.
La llegada de Simonit & Sirch a Alma supuso la conexión a las prácticas más ancestrales de poda que se han identificado también en otros lugares, unido a un gran conocimiento científico y la experiencia de viajar por todo el mundo. Es la deferencia que supone la diversidad que exige, desde el respeto, escuchar e interpretar el manejo de cada viñedo como una de las muestras más significativas y humildes del deseo de seguir evolucionando y mejorando en el conocimiento, la práctica y la admiración por el viñedo y por conseguir lo más valioso que tenemos: que permanezcan vivas y sean el mejor legado que podamos traspasar de generación en generación, impávidas, como el testigo sereno y emotivo del paso del tiempo. Un patrimonio histórico, vitivinícola y cultural que ni siquiera nos pertenece. Como dice el proverbio «el viñedo no es una herencia de nuestros padres sino un préstamo de nuestros hijos».
Espero que este libro que tienes en tus manos sea una fuente de inspiración como lo fue para nosotros y lo sigue siendo en el deseo de seguir mejorando cada día.
¡¡Nos vemos en la viña!!

Pedro Ruiz Aragoneses

El bienestar de la vid

La publicación de *Manual de poda de la vid. Cordón permanente* responde al compromiso de Editorial Cultura Líquida por la difusión y fomento del vino como cultura. Nuestra voluntad es editar libros que reflejen la cultura líquida que divulgamos desde diferentes disciplinas generando y transfiriendo conocimiento experto y riguroso. El libro que ahora tienes en tus manos responde a todo ello.

El método Simonit&Sirch de poda es un manual práctico que, después de ser publicado en varios idiomas, presentamos por primera vez en español. Está basado en décadas de experiencia de su autor, Marco Simonit, en su observación, trabajo y estudio de viñedos por todo el mundo. Una particular mirada reflexiva donde cada cepa, cada finca, se trata con el máximo cuidado y se analiza con un propósito: el bienestar de la vid. Un método pionero practicado en regiones vitícolas muy diferentes entre sí con el objetivo de recuperar y restaurar viñedos viejos.

A modo de formación práctica, los principios del método vertebran toda la lectura. Mientras, entre líneas, se van descubriendo en sus capítulos firmes premisas que engloban una filosofía propia como principio esencial de actuación: la necesidad de cuidar la vid para mantener su longevidad y su salud. Porque, más allá de las prácticas y técnicas precisas, el compromiso con la biodiversidad y la sostenibilidad son sus dos pilares fundamentales.

El cuidado de la vid es el respeto por el paisaje y la geografía humana que lo moldea. En este sentido, el libro es más que un método de poda, es una conexión entre geografías, patrimonio vitícola y variedades autóctonas que refleja la cultura de cada región. La vid contiene el potencial de la uva y del futuro vino. En la vid se esconde el valor de la materia que cada persona potenciará, o no, a través del cuidado de la planta y sus frutos. La poda y el podador es, por lo tanto, el que da forma al dinamismo sensitivo de la vida de la vid.

La poda es transmisión de conocimiento, esculturas vivas en movimiento, técnica, creatividad y responsabilidad. Desde el oficio de podador, Simonit desgrana de manera didáctica, concisa y muy práctica el singular método sobre la poda en cordón permanente. Una lectura asequible y útil tanto para técnicos, viticultores, estudiantes o aficionados al cultivo de la vid comprometidos y concienciados sobre la necesidad de su bienestar y longevidad. Un libro de entrenamiento de podadores para consolidar sus conocimientos y repensar los métodos de poda con el fin de mejorar la salud de la planta basándose en el principio de la prevención.

Una lectura que transita por viñedos singulares, paisajes y variedades autóctonas como patrimonio cultural, que no solo hay que proteger sino rejuvenecer. Si el alma de la vid es fruto y vino concebido desde la tierra, la poda es su materialización y el podador su guía.

Cristina Alcalá
Directora Fundación Cultura Líquida

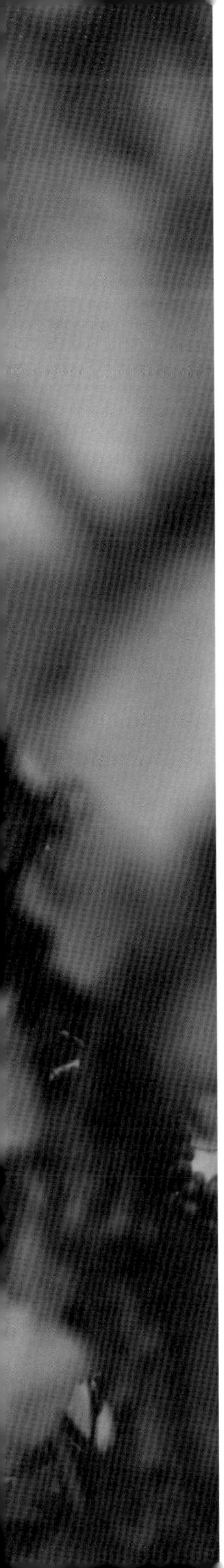

El saber hacer del podador

¡Las pocas líneas de esta introducción no pretenden ser las premisas de un tratado de viticultura, tampoco funcionar como verdad absoluta! Lo que quiero expresar en este libro son mis experiencias personales, suscitadas y estimuladas por treinta años de vida y de diálogo con las plantas de vid. Las vides, como todos los árboles, no pueden interactuar con el hombre moviéndose de forma autónoma en el espacio, pero cada una posee su propio «carácter» que se manifiesta de distintas maneras. Por eso hace falta conocer la viña y su lenguaje: el podador tiene que hablar con sus plantas y respetar sus características individuales.
Es cierto que no todos los podadores tienen la misma sensibilidad. Algunos son cínicos y distantes, podan sin habilidad de forma repetitiva las cepas con sus tijeras o imponiendo cortes mortales con las sierras. Por el contrario, otros dialogan de forma activa con la planta, utilizando el corazón y la cabeza para reducir al mínimo los cortes con las tijeras y evitar las incisiones. Esto también es una forma de respeto.
Por lo tanto, para que nuestro oficio y las propias plantas sobrevivan hace falta cabeza y destreza. Esta habilidad y este oficio están peligrosamente amenazados y, tarde o temprano, será necesario recuperarlos y costará caro a quienes los hayan descuidado.
Este es mi segundo libro sobre el cordón permanente, difundido en todo el mundo y muy apreciado por las nuevas generaciones de viticultores. Sin embargo, la vid lo teme, se cierra en sí misma por culpa de las heridas que, año tras año, le infligen podadores negligentes para limitar, o incluso anular, su propensión natural a ramificarse.
Esta ramificación que, como las ramas de los árboles temen la motosierra, temen a los podadores más superficiales que, sin pensarlo demasiado, amputan sus ramas hasta llegar a obturar la salida de la savia. Las plantas que se quieren cultivar con el sistema de cordón permanente deben podarse jóvenes, cuando aún son ingenuas, antes de que se hagan adultas y se entristezcan por la forma que han recibido. Pero si no sabéis cómo hacerlo, os cerrarán la puerta a costa de sus propias vidas.
Estoy absolutamente convencido de que el saber hacer, en todos los campos, superará los retos del futuro y por eso os digo: «¡Ramificad podadores, ramificad!». Solo así podréis tocar a vuestras plantas cultivadas en cordón y sentir que están como nosotros: ¡vivas!

Marco Simonit

¡Podar es un arte!

La poda siempre me ha merecido mucho respeto. De adolescente, cuando empecé a interesarme por el vino y la viña, la poda de la vid me parecía misteriosa. Siempre me preocupaba la posible irreversibilidad de unos tijeretazos mal dados. Más allá de la teoría, fue Denis Dubourdieu quien de verdad me inició a la poda. Tenía claro que los flujos de savia eran sagrados. Como en una manguera, si queremos que el agua fluya en su interior, no se pueden hacer codos ni nudos. Pero entonces no sospechaba que, teniendo una viña bien formada visualmente por fuera, lo que pasaba por dentro podía ser distinto. De nuevo fue Dubourdieu quien me habló primero de Simonit & Sirch. Y en ese momento empecé a descubrir lo que eran los conos de desecación, empecé a entender qué consecuencias podía tener una mala herida de poda. En 2016, el Instituto Superior de la Vid y del Vino en Burdeos creó un diploma de poda, en colaboración con los investigadores del INRA y con Simonit & Sirch. Me apunté para profundizar en estos temas tan cruciales como son la perennidad de la vid, las enfermedades de la madera y, en definitiva, la calidad de la uva y del vino. Fue cuando conocí a parte del equipo de Simonit & Sirch, con Massimo Guidici y Tommaso Martignon a la cabeza. Ellos, junto con el equipo del ISVV y del INRA, supieron hacernos ver hasta qué punto era crucial podar bien para limitar ¿y por qué no erradicar? las enfermedades de la madera. Desde entonces no he vuelto a mirar una cepa de la misma manera. Cuando siempre habíamos querido rebajar los pulgares de los cordones para que no se alejaran de los brazos, pensando que era la forma correcta de actuar, de repente el método Simonit & Sirch nos enseñaba que era contraproducente y que no había que tener miedo a la ramificación, sino todo lo contrario.

A veces, uno tiene conocimientos pero no tanto talento para transmitirlo. Me enteré no hace mucho de que en Jerez existía una técnica de poda que establece en los brazos una carrera «de secos» y una «de verdes». En definitiva, algo parecido a lo que Lafon exponía en 1921 con la poda Guyot-Poussart. Sin embargo, solo un puñado de gente en España sabe que existe esta técnica. Por eso es tan importante ser capaz de transmitir el conocimiento. Y desde luego, la fuerza del equipo de Simonit & Sirch reside también en su gran capacidad didáctica. Personalmente, al disfrutar tanto del conocimiento y la enseñanza de Marco Simonit y su equipo, pensé que los viticultores españoles podrían disfrutar también de este método. Por eso me ofrecí a traducir este libro al español. Fue al final gracias a la generosidad de Pedro Ruiz, de Alma Carraovejas, y a su compromiso con el conocimiento y la cultura del vino, que surgió la posibilidad de editar una versión española del libro de Marco Simonit.

¡Espero que disfrutéis de este libro tan práctico y que os permita cuidar más de vuestras viñas!

Dominique Roujou de Boubée
Terroir en Botella, Conseils en Viticulture et en Œnologie

Capítulo 1

La vid es una liana

Características botánicas

Morfología

CARACTERÍSTICAS BOTÁNICAS
Arquitectura de la planta y hábitat

La vid es una liana heliófila (le gusta la luz) que tiene un desarrollo y una forma similar a las plantas trepadoras. En la naturaleza hay plantas, por ejemplo, los árboles, que desarrollándose sin intervención humana, en un cierto momento adoptan una forma y una dimensión definidas y reconocibles incluso en la diversidad de cada individuo. Y hay otras como la vid que, si se deja a su aire, crecería indefinidamente. El trabajo humano, de la poda de invierno o poda en verde, tiene como objetivo dar una forma y una dimensión reconocible a la vid permitiendo definir su **arquitectura: estructura, ramificación, canopia**.

Acrotonía

La vid tiene la capacidad de desarrollarse considerablemente (muchos metros) gracias a una de sus características más importantes, la acrotonía, es decir, la predisposición de un sarmiento a favorecer prioritariamente el desarrollo de yemas terminales (distales) respecto a las yemas inferiores (basales). Al inicio del ciclo vegetativo, las yemas distales brotan antes que las basales.

Estructura y conquista del espacio

Durante su vida, la vid va aumentando el volumen (altura, anchura, profundidad) de sus partes leñosas-perennes, y progresivamente ocupa un espacio mayor. Llamaremos **estructura** al conjunto de los órganos leñosos perennes de la vid.

Ramificación

La conquista del espacio circundante se realiza por la **ramificación**, es decir, la producción y disposición de sarmientos siempre nuevos que se desarrollan a partir de los del año anterior. La ramificación puede ser incontrolada (en el contexto natural o en ciertos sistemas de cultivo) o controlada (en el contexto del cultivo).

Madera

A lo largo del tiempo, la vid acumula madera a través de sus ramificaciones (secundarias, terciarias, etc.) cuyo diámetro aumenta con la edad. Para la planta, la madera representa el substrato de acumulación de sustancias de reserva y del sistema vascular.

Ramificación incontrolada

En un contexto natural, la planta ocupa el espacio a una velocidad medible en metros por año; sin embargo, en un contexto de cultivo, esta velocidad se estima en centímetros por año.

Ramificación controlada

El ejemplo de ramificación controlada de referencia es la de **un vaso**. La figura de al lado presenta la forma de la estructura de una vid conducida en vaso con dos ramificaciones. Aquí hemos simulado lo que ocurre cuando se pasa de una poda corta a una poda más larga. Cuando se realiza una poda corta (**A**), los sarmientos que se desarrollan al año siguiente son ubicados en la proximidad inmediata de la madera del año anterior. Cuando se realiza una poda más larga (varios entrenudos, **B**), los sarmientos que se desarrollan al año siguiente están más alejados de la base.

En este manual, aprenderéis cómo se puede aplicar una poda «ramificada» del cordón permanente manteniendo el crecimiento en un rango de uno o dos centímetros por año.

MORFOLOGÍA
Esqueje injertado

Se define como esqueje injertado la planta joven de vid con un sistema radicular desarrollado y procedente de la unión entre dos individuos: injerto y portainjerto. El punto de unión se llama callo de soldadura.

Injerto
Segmento de *vitis vinifera*, generalmente de una yema, que está injertado sobre un portainjerto. Del injerto saldrá un sarmiento que formará la estructura de la planta.

Callo de soldadura
Hinchazón leñosa más o menos grande en función de la afinidad entre el portainjerto y el injerto, a través de la cual se sueldan los tejidos de los dos individuos.

Portainjerto
Segmento de vid americana que se extiende del callo de soldadura a las raíces y sobre el cual está el injerto de *vitis vinifera*.
En el momento de la plantación en el viñedo, el posicionamiento de la planta injertada se hace enterrando casi todo el portainjerto junto con las raíces.

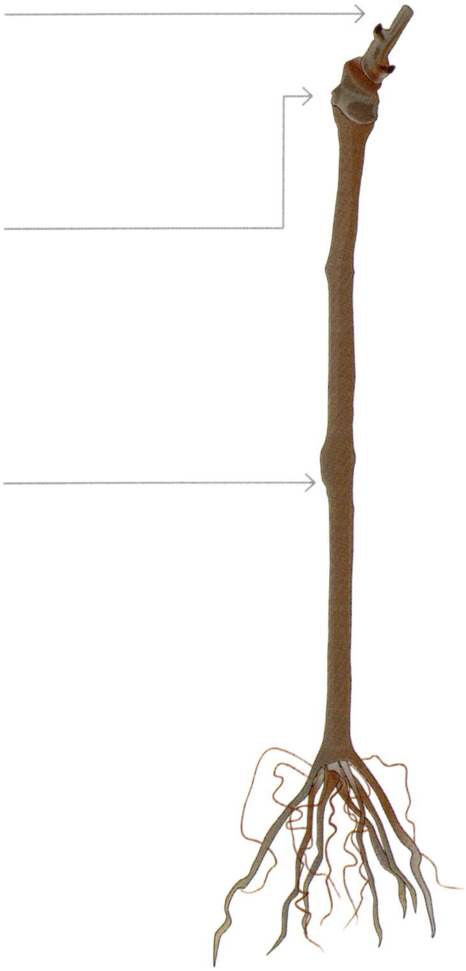

Planta adulta

La planta de vid es un conjunto de órganos epigeos e hipogeos. Los primeros comprenden el conjunto de los órganos leñosos perennes y renovables. Los órganos hipogeos son las raíces. En la planta que aparece aquí faltan las ramificaciones, que normalmente se eliminan con graves consecuencias sobre la vitalidad de la estructura de la planta (ver capítulo 3).

Canopia

Está constituida por los órganos verdes y lignificados que se renuevan cada año al final de un ciclo vegetativo y productivo: sarmientos de un año, yemas, pámpanos, hojas, inflorescencias y frutos. La canopia asegura las distintas funciones: fotosíntesis, transpiración, transporte, síntesis de hormonas y producción de racimos.
En un viñedo, la canopia es la porción de la planta que se elimina cada año con la poda.

Estructura

Está constituida por los órganos perennes lignificados: tronco y ramas (madera de más de un año). La estructura asegura la continuidad vascular entre la canopia y las raíces. Su porte es naturalmente rastrero, pero con fines de cultivo, se fuerza, mediante el uso de soportes, a que se desarrolle en vertical, perpendicularmente al suelo. El tronco asegura las siguientes funciones: **soporte** de las partes aéreas de la planta, **transporte** del agua y de las sustancias nutritivas, y acumulación de las sustancias de **reserva** (almacenamiento).

Raíces

Se distinguen las raíces de conducción (equivalentes a la estructura y, por tanto, permanentes) de las raíces absorbentes (renovables, como la canopia, con un ciclo de vida limitado a 30-40 días). Las raíces tienen las siguientes funciones: anclaje, absorción, transporte, reservas, síntesis de hormonas y regulación de la parte epigea.

MORFOLOGÍA
Canopia

Yemas mixtas que hibernan (o latentes)
En la vid no se distinguen las yemas de frutos de las yemas vegetativas, solo existen yemas mixtas. Las yemas están posicionadas de manera alterna sobre los sarmientos de un año, entre los entrenudos. Brotan (desborran) en primavera y cumplen su ciclo de desarrollo durante la estación de vegetación. En invierno entran en dormición (incapacidad temporal de brotar) y permanecen inactivas hasta la primavera siguiente, cuando brotan y dan vida a un nuevo pámpano. La yema latente está constituida por una **yema principal o yema franca** (**A**) y de dos **yemas secundarias** laterales (**B**, **C**).

Pámpano principal
Órgano herbáceo que se desarrolla en primavera a partir de una yema latente. Su eje está compuesto por una secuencia de nudos y entrenudos. Sobre los nudos se insertan las hojas, los zarcillos, los racimos, las yemas latentes, las yemas secundarias y los nietos. El ápice es la parte terminal del pámpano que alberga los tejidos del meristemo, responsable del crecimiento del propio pámpano.

Pámpano secundario
Viene de una yema secundaria posicionada en el mismo nudo que el de la yema principal. El pámpano lateral suele ser menos fértil que el pámpano principal.

Yema secundaria (yema pronta)
Se sitúa en el punto de inserción de la hoja, al lado de la yema latente, puede desborrar el año de su formación dando lugar a los nietos.

Nieto
Los nietos se desarrollan a partir de yemas prontas y se separan del eje del pámpano principal (como una nueva ramificación) de la yema sobre la cual están insertados. A lo largo de las estaciones, primero son herbáceos y luego leñosos. Tienen las mismas características morfológicas que el pámpano principal.

Zarcillo
Órgano filiforme cuya función es la sujeción. Gracias a los zarcillos, los pámpanos y los sarmientos se agarran a los elementos de estructura del viñedo (alambres, tutores, etc.). A lo largo de las estaciones pasan del estado herbáceo al lignificado.

Yema franca

Todas las yemas latentes que están en el sarmiento por encima de la corona (punto de inserción entre madera vieja y sarmiento de un año) se llaman francas. Se numeran progresivamente desde la primera yema opuesta al ciego hasta la última yema distal del sarmiento (primera yema franca, segunda yema franca…).

Yema latente

Es una yema hibernante que no ha brotado y que prolonga su estado de dormición. Esta yema latente puede permanecer en dormición durante muchos años. Conserva, sin embargo, su capacidad vital gracias a su conexión permanente con el sistema vascular. Los pámpanos que nacen desde el tronco o desde las ramas de tres años o más se originan a partir de yemas latentes.

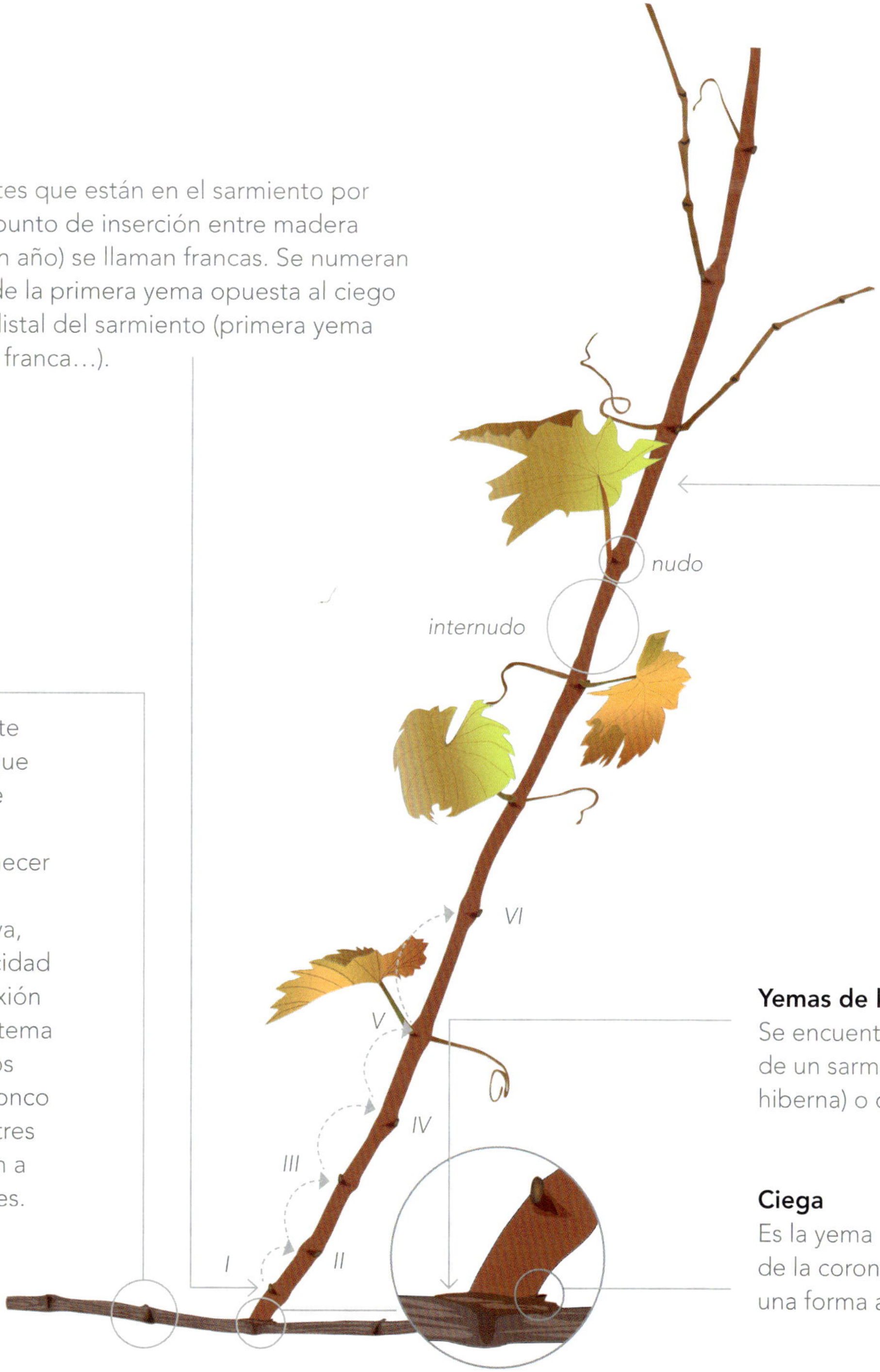

Sarmiento

El pámpano que al cabo de un año ha cumplido el proceso de lignificación se convierte en sarmiento. El sarmiento es una rama que se ha cortado en la poda. El sarmiento se compone de una secuencia de nudos y entrenudos que aseguran la continuidad del sistema vascular de la planta. Los entrenudos basales de un sarmiento son más cortos que los distales.

Yemas de la corona

Se encuentran en la base de un sarmiento de un año (que hiberna) o de una rama (latente).

Ciega

Es la yema más grande y visible de la corona. Generalmente tiene una forma aplanada y puntiaguda.

Capítulo 2

Domesticación de la vid

Características del cordón permanente

Espacio a disposición de la planta

Prácticas habituales de la poda: estructura no ramificada

CARACTERÍSTICAS DEL CORDÓN PERMANENTE

El cordón permanente está constituido por un **tronco vertical**, un tronco horizontal llamado **cordón** y de fragmentos de madera de un año que se llaman **pulgares**. En primavera, las yemas de los pulgares dan lugar a las yemas, que se convertirán en sarmientos que sostendrán la cosecha del año. La poda del cordón permanente consiste en renovar anualmente los pulgares para la producción.

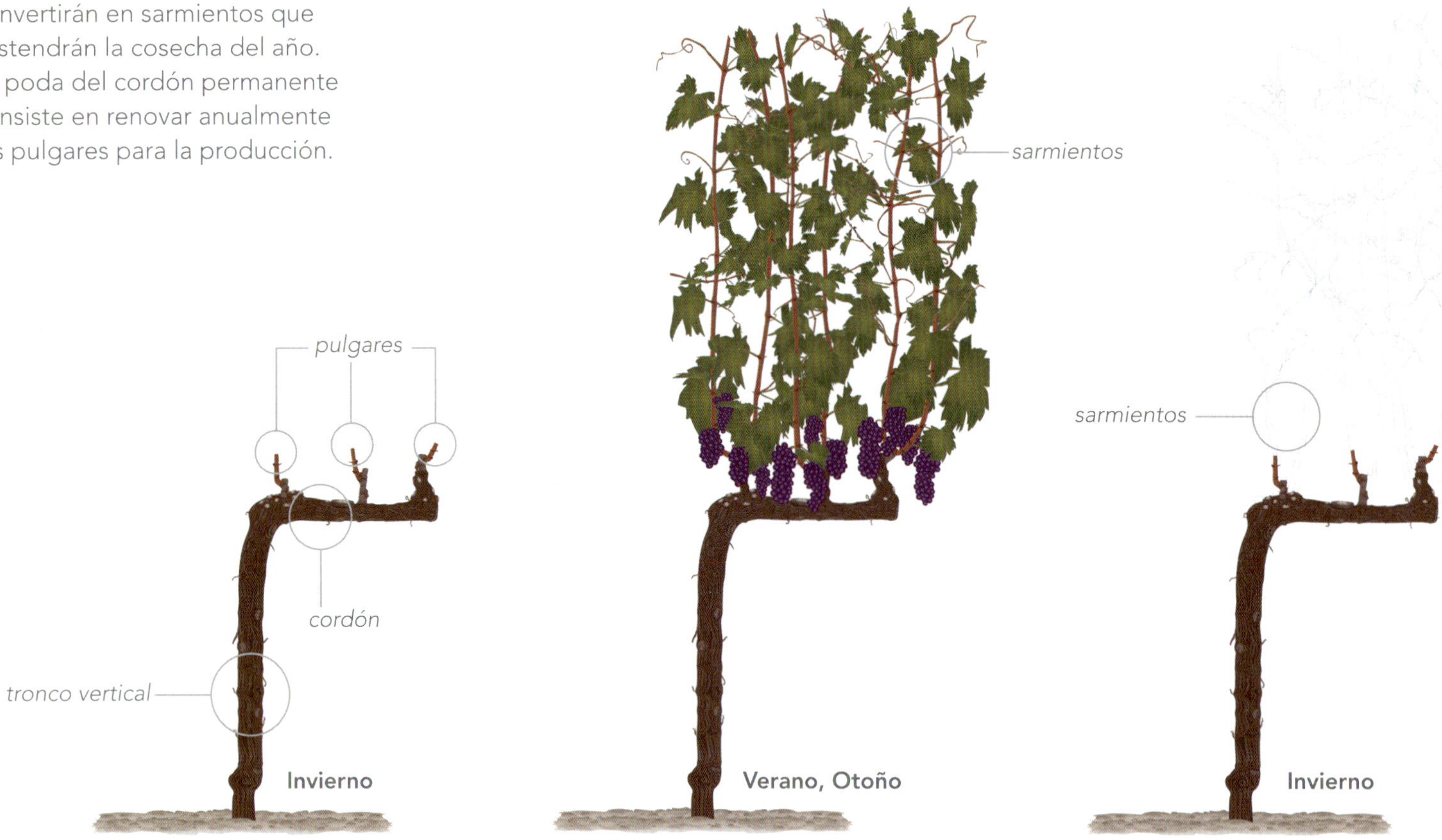

ESPACIOS DISPONIBLES PARA LA PLANTA

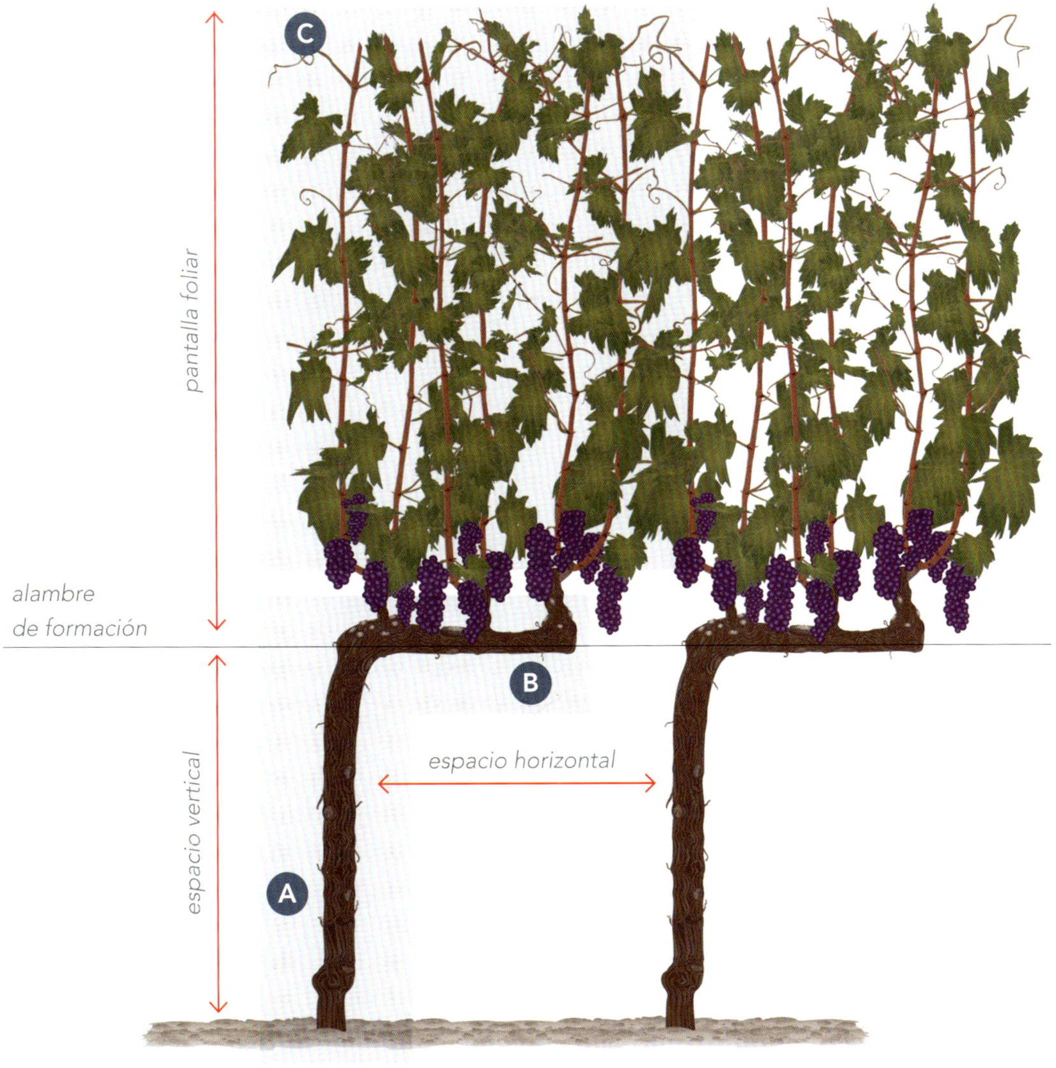

El espacio disponible para el desarrollo de la planta en un viñedo en cordón permanente es bidireccional: vertical y horizontal alineado con la hilera. Este espacio se destina a dos órganos distintos: la estructura de la planta y la canopia.
La estructura ocupa el espacio vertical (**A**) entre el suelo y el alambre de formación, y el espacio horizontal (**B**) entre una planta y otra.
La canopia ocupa el espacio por encima del alambre de formación (**C**).
Las prácticas de poda son decisivas en función de los siguientes objetivos:

- recuperar la estructura cuando a lo largo de los años ocupa el espacio previsto para la canopia;
- restablecer los pulgares cada año para mantenerlos lo más equidistantes y alineados posibles con la hilera;
- decidir la longitud de los pulgares en función de la producción buscada.

PRÁCTICAS DE PODA: ESTRUCTURA NO RAMIFICADA

Formación del tronco, cordón y pulgares

A continuación indicamos algunas prácticas de poda en la fase de cultivo. A menudo, el espacio disponible para la planta a lo largo de la fila está ocupado en los primeros años de vida. Tronco, cordón y pulgares ocupan, respectivamente, en solo dos o tres años, el espacio vertical y horizontal.

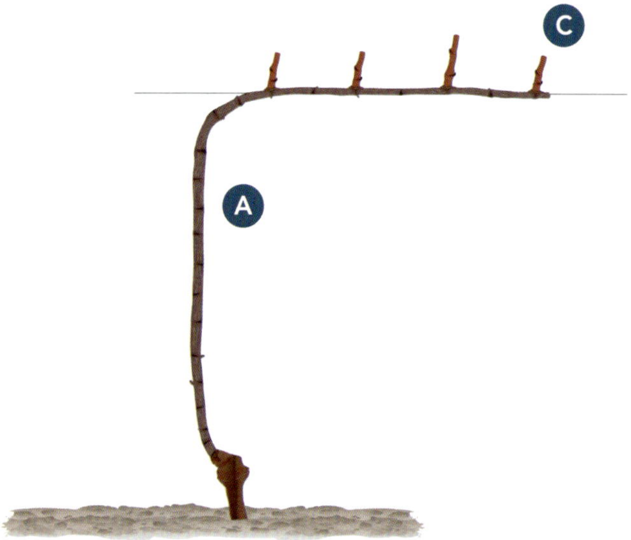

Caso 1
Tronco, cordón y pulgares se forman en dos años
Se escoge un sarmiento largo (**A**) para formar el tronco vertical; después se arquea y fija horizontalmente para formar el cordón horizontal. Al año siguiente se colocará sobre el cordón de pulgares (**C**).

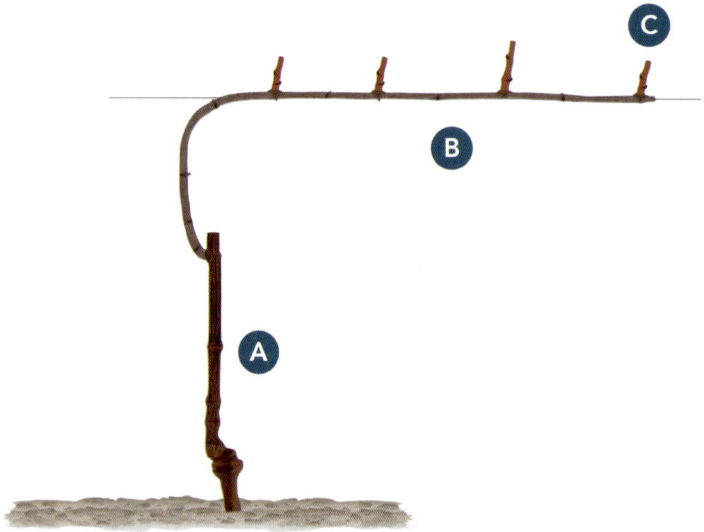

Caso 2
El tronco, el cordón y los pulgares se forman en tres años
Se escoge un sarmiento largo (**A**) que va desde el pie hasta el alambre de formación para formar el tronco vertical; al año siguiente se escoge un sarmiento (**B**) del tronco que se arqueará y fijará para formar el cordón horizontal. Al año siguiente se colocarán los pulgares (**C**) para la producción.

Sistema rígido

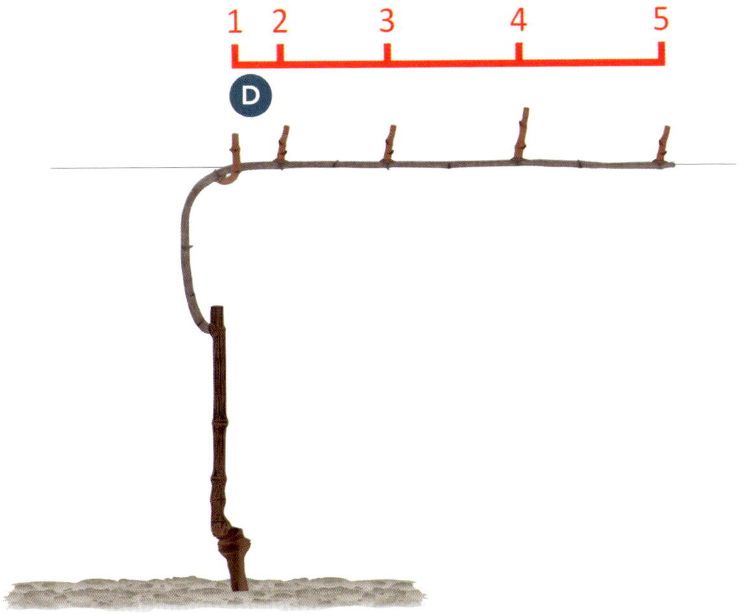

Caso 3
Cordón con cinco pulgares
Para pasar de un cordón con cuatro pulgares (caso **1** y **2**) a uno de cinco pulgares, resulta difícil colocar todos los pulgares sobre la parte superior del cordón.

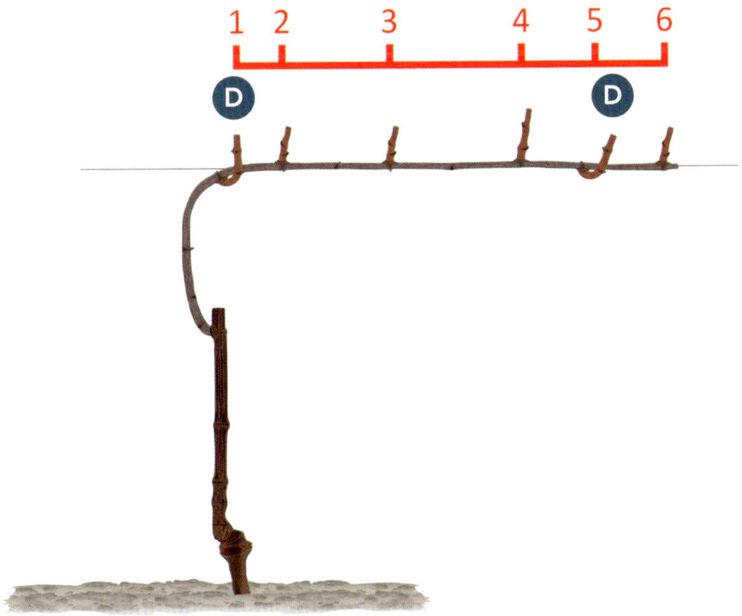

Caso 4
Cordón con seis pulgares
Más de un pulgar debe estar posicionado en la parte inferior del cordón.
En comparación con el caso **3**, existe un problema entre los pulgares que están cerca y los que están separados.

La organización del espacio horizontal es poco flexible. Cuanto más aumenta el número de pulgares necesarios, más difícil es mantener la **equidistancia** entre ellos.
El podador se ve obligado a posicionar pulgares en la parte inferior del cordón (**D**).

Cabeza de sauce y corte de retorno

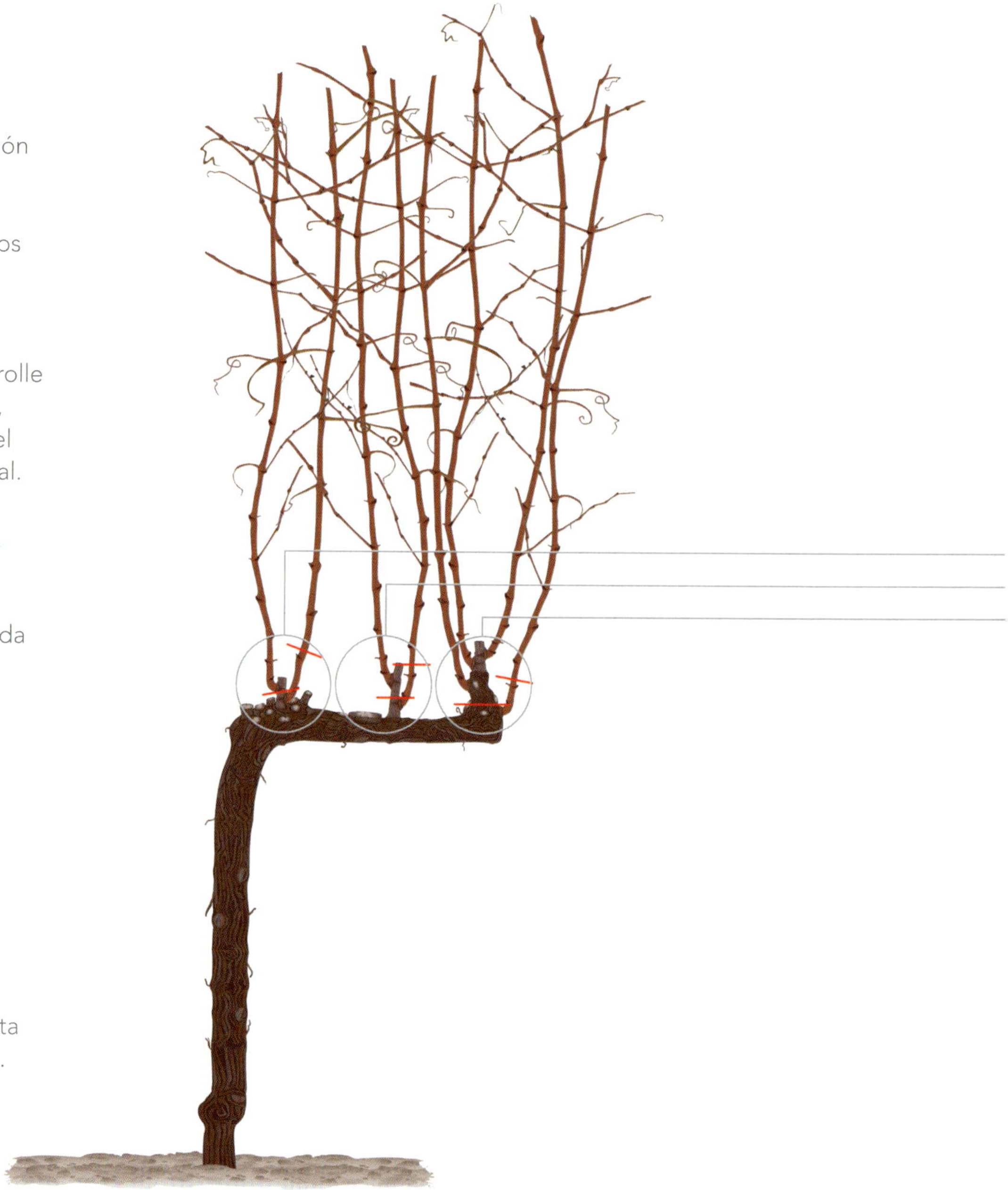

El principal objetivo en la poda de producción es mantener los pulgares en el cordón horizontal y evitar que se «escapen» hacia arriba. Por este motivo, de los dos sarmientos procedentes del pulgar del año anterior, se escoge como nuevo pulgar el sarmiento inferior (situación **A** y **B**).
Puede que con el tiempo la planta se desarrolle en altura (situación **C**) y, cuando esto ocurre, el podador efectuará un corte de retorno del pulgar para «devolverlo» al cordón horizontal.

A pesar de todo, sobre la planta se pueden dar tres situaciones distintas (**A**, **B**, **C**) que el podador suele tratar de la misma manera realizando cortes de retorno con los que poda los pulgares situados en el sarmiento que está más bajo.

Trabajando de esta manera, se impide la ramificación natural de la vid, confinando la estructura perenne a un espacio definido.
Se eliminan las posibles ramificaciones que la planta podría desarrollar.
Se observa que los cortes se concentran en el cordón, particularmente en la madera más vieja (dos años o más).
Las graves consecuencias que derivan de esta práctica de poda se tratarán en el capítulo 3.

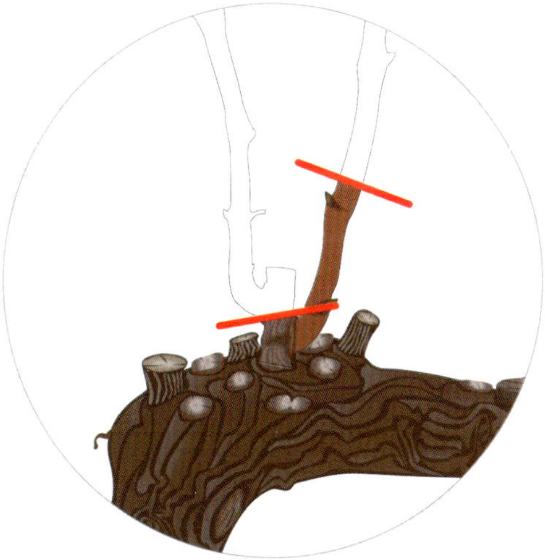

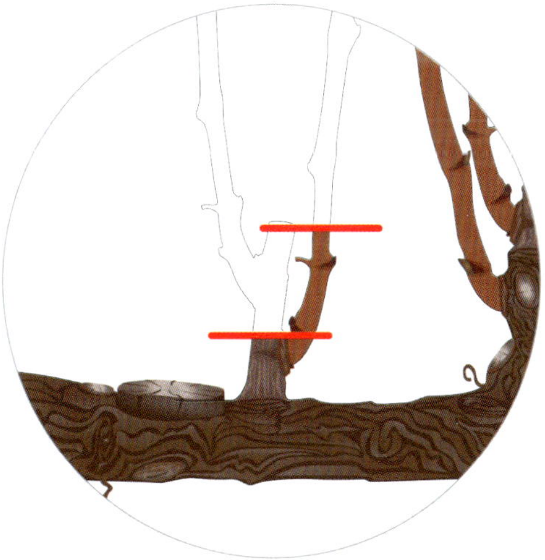

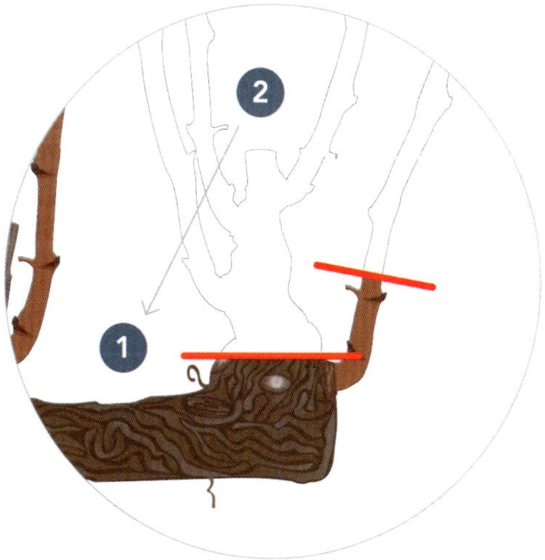

Situación A

El podador renueva el pulgar sobre el sarmiento inferior con un corte de la madera de dos años. Independientemente de la longitud que tenga el entrenudo del pulgar del año anterior, se poda cerca del sarmiento inferior. Este modo de intervención se puede comparar con la cabeza de sauce que se usa en la poda Guyot. Las heridas son pequeñas, pero todas están concentradas en el mismo punto.

Situación B

El podador renueva el pulgar sobre el sarmiento inferior con una poda sobre madera de dos años. Esta situación es ligeramente distinta de la anterior por el hecho de que el entrenudo del pulgar de dos años es más largo. Sin embargo, en este caso, independientemente de la longitud del entrenudo, se poda igualmente cerca del sarmiento inferior.

Situación C

El podador efectúa un corte de retorno de gran amplitud para recolocar el pulgar sobre el cordón horizontal. En estos casos, cuando la estructura desarrolla ramificaciones a partir de la posición inicial (**1**), y la madera vieja se ha desarrollado en vertical (**2**), el pulgar se utiliza para rejuvenecer la planta y eliminar la ramificación que se había desarrollado a lo largo de los años.

Capítulo 3

Consecuencias de los cortes de la poda

Mecanismos de defensa de los árboles

Mecanismos de defensa de la vid

Deterioro de la estructura

MECANISMOS DE DEFENSA DE LOS ÁRBOLES
La estrategia CODIT

El mecanismo de defensa de las plantas que se conoce con el nombre CODIT (*Compartimentalization of Decay In Trees*) es fruto del estudio y las observaciones documentadas durante más de veinticinco años por Alex Shigo, profesor del Departamento de Agricultura de EE.UU.
El término compartimentación indica una estrategia pasiva de la planta: después de una herida que expone los tejidos internos a las influencias externas, y por tanto, a los microorganismos patógenos, la planta se defiende aislando las porciones de madera alcanzadas, evitando así la progresión y la colonización de los hongos responsables de la degradación de la madera.

Las heridas que proceden de la poda o que son accidentes (ramo roto o corteza dañada) activan un proceso de **cuatro barreras** que se desarrollan en dos fases:

1. **activación de barreras físicas** (tilosa) que obturan los vasos conductores de la savia mediante producción de madera nueva;

2. **activación de barreras químicas** mediante la síntesis de compuestos que los microorganismos no pueden degradar con el fin de interferir en su desarrollo en el interior de la planta.

Barrera 1
(física)
Se activa inmediatamente después de una herida para impedir que los patógenos avancen rápidamente por el interior de los vasos conductores de la savia (bruta y elaborada). El cierre se produce a través de **tilosas**, es decir, la invaginación de las células parenquimatosas que acaban obturando totalmente los vasos conductores.

Barrera 2
(química)
Obstaculiza el avance de los patógenos hacia el centro de la planta mediante la síntesis de sustancias químicas a nivel del primer círculo intacto no afectado por la herida.

Barrera 3
(química)
Dificulta el avance de los patógenos lateralmente y en paralelo a los círculos anuales. La planta sintetiza sustancias químicas al nivel de los primeros rayos medulares intactos y no afectados por la herida. Estas sustancias limitan el desarrollo de los microorganismos en la medida en que no las pueden utilizar para su propio metabolismo.

Barrera 4
(fisicoquímica)
Se activa únicamente durante la fase vegetativa (primavera, verano, otoño) y obstaculiza la posterior entrada de patógenos. La planta produce nuevas células en la zona del *cambium* que recubre progresivamente la superficie externa de la herida, hasta que se cierra por completo (callo de cicatrización).

Las flechas representan el trayecto de los patógenos en el interior de la planta. En rojo, las cuatro barreras del CODIT.

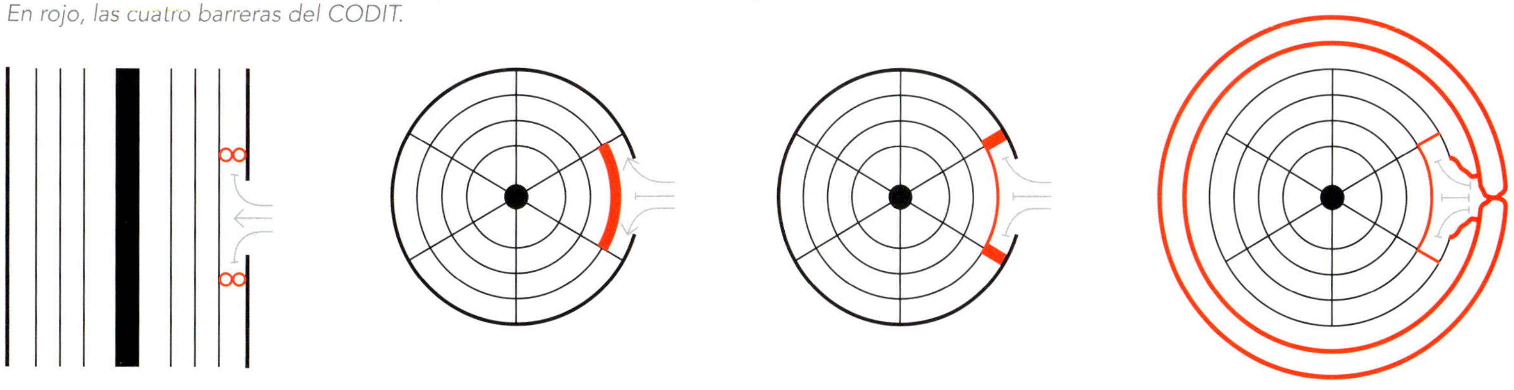

MECANISMOS DE DEFENSA DE LA VID
Conos de desecación

Después de una herida, la vid tiene la capacidad de producir gel (sobre todo en invierno) y de formar tilosa (sobre todo en periodo de vegetación) que cierran los vasos que conducen la savia.

Conos de desecación
Al observar los cortes longitudinales de la estructura de los cordones, y cuando existe una desecación interna que se corresponde a la zona de la herida, es lo que llamaremos **conos de desecación**.

El corte en la madera de uno a dos años provoca un cono de desecación interno más pequeño y menos profundo que el que se genera tras un corte en una madera más antigua (por ejemplo, corte de retorno, desmochado o poda de renovación). Los cortes pequeños y próximos (concentrados en la misma zona) provocan una desecación profunda que puede ser el origen de una **desecación total del punto vegetativo**.

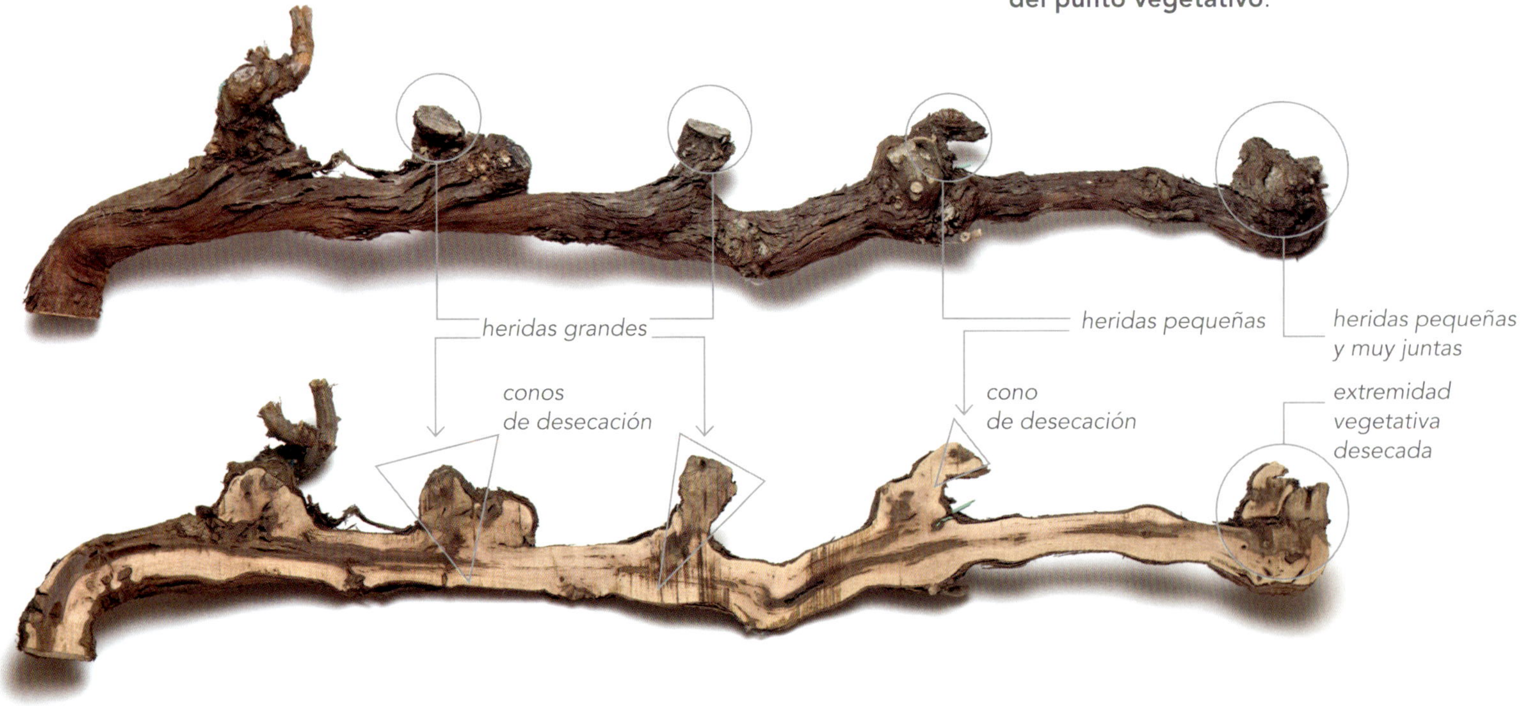

Actividad del *cambium* y de las yemas de la corona

Corte al nivel de la corona (*trazos en blanco*): provoca únicamente la desecación de la base del sarmiento (*zona en negro*)

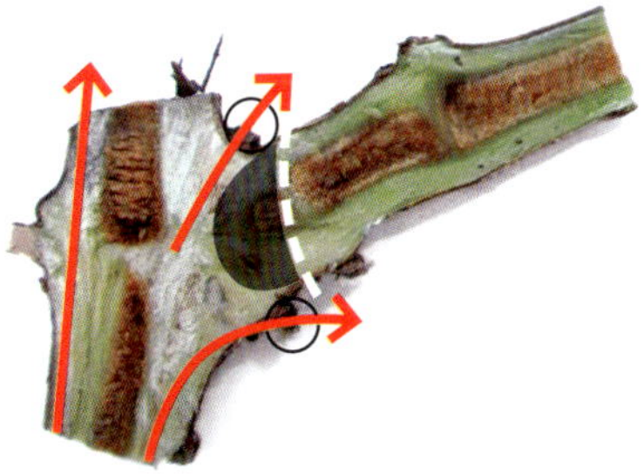

Corte raso (*trazos en blanco*): también provoca la desecación de la madera sobre la que el sarmiento podado está insertado (*zona en negro*).

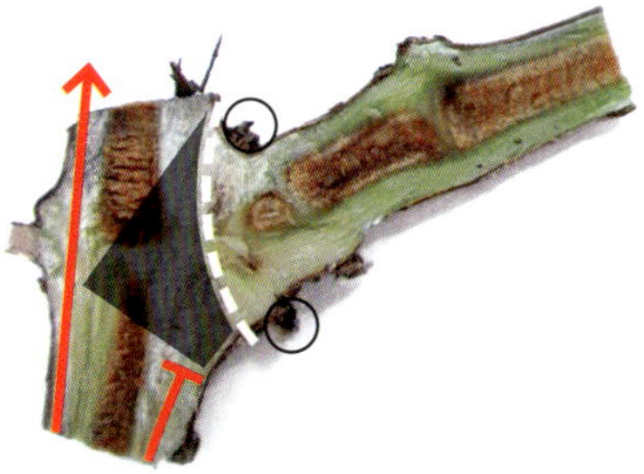

La vid, a diferencia de otros árboles, no desarrolla un verdadero callo de cicatrización. Lo que hemos podido observar en relación con el cierre de las heridas de poda está relacionado con las yemas de la corona (*círculos negros*).
Una poda ejecutada al nivel de la corona, permitiendo el mantenimiento de las yemas de la corona, induce a la planta una reacción en la herida distinta de la que provoca una poda rasa que elimina las yemas de la corona. La conservación de la corona permite, en particular, conservar el flujo de savia principal (*flechas rojas*) y el cierre de la herida.
Al reinicio de la vegetación, las yemas de la corona se activan y pueden, o bien brotar, o bien diferenciarse en una madera nueva, lo que permitirá que la vid cierre la herida que sufrió en el invierno. En consecuencia, el resultado es un cono de desecación más pequeño en el que la planta tiene la posibilidad de cubrir el corte con tejido vivo (*foto inferior*).

Tipo y técnica de corte en la página 56

DETERIORO DE LA ESTRUCTURA

Envejecimiento precoz y disminución de las sustancias de reserva

Al observar los cortes longitudinales de cordones horizontales de vides con edades distintas se pueden ver las podas mal hechas que, al eliminar continuamente las ramificaciones de las plantas, son responsables de la evolución de la madera seca (muerta) dentro del cordón. Una planta con una estructura que no muestra ramificación en el cordón es el resultado de cortes continuos concentrados en su parte terminal.
Si el tronco no se desarrolla en el espacio, el flujo de savia, continuamente interrumpido por los cortes, se vuelve discontinuo y, en los casos más extremos, pueden interrumpirse por completo y provocar la muerte de la planta.

planta joven
(después de cuatro años de poda)

planta adulta
(después de nueve años de poda)

planta adulta
(después de trece años de poda)

Dos zonas con flujos de savia discontinuos

La estructura perenne no ramificada, y por tanto debilitada, pierde progresivamente su función de enlace vivo y eficiente entre las raíces y la canopia, convirtiéndose en un camino difícil y tortuoso para la savia. En particular, en la estructura no ramificada de una planta de vid existen dos zonas críticas con mayor presencia de cortes de poda: la **soldadura** y el **cordón horizontal**.

Almacenamiento reducido

La madera seca pierde la capacidad de almacenar las sustancias de reserva y la planta abandona de forma progresiva las zonas dañadas por los cortes. La desecación es uno de los principales factores responsables del envejecimiento precoz, que es característico en plantas que han sufrido cortes de retorno de pequeña o gran dimensión.

Capítulo 4

Método Simonit & Sirch: principios de base

Ramificación controlada

Continuidad del flujo

Cortes y corona

Madera de respeto

Aplicación sobre cordón permanente

Crecimiento de la estructura de la planta

RAMIFICACIÓN CONTROLADA
Dar una forma a la estructura

Normalmente, con la poda se cortan las partes de madera más viejas o las que están demasiado desarrolladas. El método Simonit & Sirch contradice este enfoque y adopta una lógica novedosa que tiene como **primer principio** la ramificación controlada para dar una forma reconocible a la estructura de la planta. El podador permite que la planta se desarrolle en el espacio (centímetros por año) con el desarrollo de una ramificación controlada y evitando «el retorno» de los puntos vegetativos. Con esta práctica, la planta adquiere una forma cada vez más reconocible, diferente en función del sistema de cultivo.
En las páginas siguientes hablaremos del método Simonit & Sirch aplicado al cordón permanente.

Ramificación controlada vertical
El crecimiento de los puntos vegetativos está orientado hacia arriba y en el eje de la fila.

*Se aconseja la **ramificación controlada** oblicua en los viñedos especialmente sensibles a la desecación o a las enfermedades de la madera, para aumentar el efecto preventivo de la poda contra el deterioro.*

Ramificación controlada oblicua
El crecimiento de los puntos vegetativos se dirige en el sentido de desarrollo del cordón, en el eje de la fila.

CONTINUIDAD DEL FLUJO
Hacia las raíces y hacia la canopia

El **segundo principio** del método Simonit & Sirch se basa en la continuidad del flujo de savia que atraviesa la estructura de la planta, órgano de comunicación entre las raíces y la canopia.

Refuerzo de la estructura
Al observar las secciones longitudinales de cordones horizontales de vides con edades distintas, se puede ver que las podas bien hechas preservan la ramificación controlada de los puntos vegetativos sobre los cuales se insertan los pulgares, que son los responsables de la evolución de la madera viva en el interior del cordón a lo largo del tiempo. La estructura ramificada de los cordones es el resultado provocado por los cortes de poda que se distribuyen a lo largo del crecimiento en altura de la madera, sin concentrarse en un único punto. Si la estructura crece en el espacio, el flujo de savia se ve continuamente afectado cada año por los cortes espaciados.
En el caso de ramificaciones oblicuas, es posible separar la zona del tallo de la zona del flujo de savia.

planta joven
(después de cuatro años de poda)

planta adulta
(después de nueve años de poda)

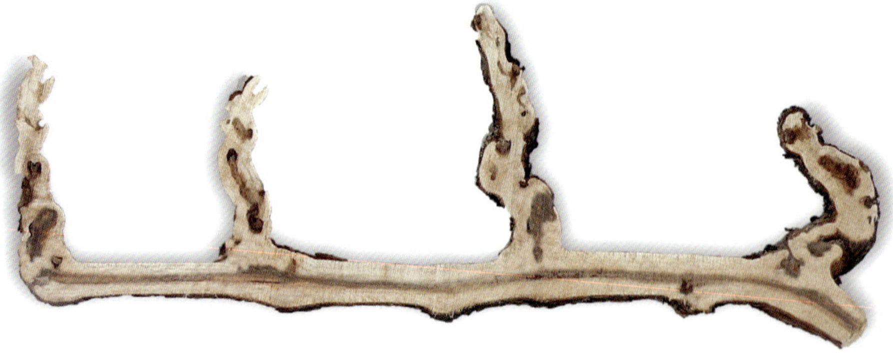

planta adulta
(después de trece años de poda)

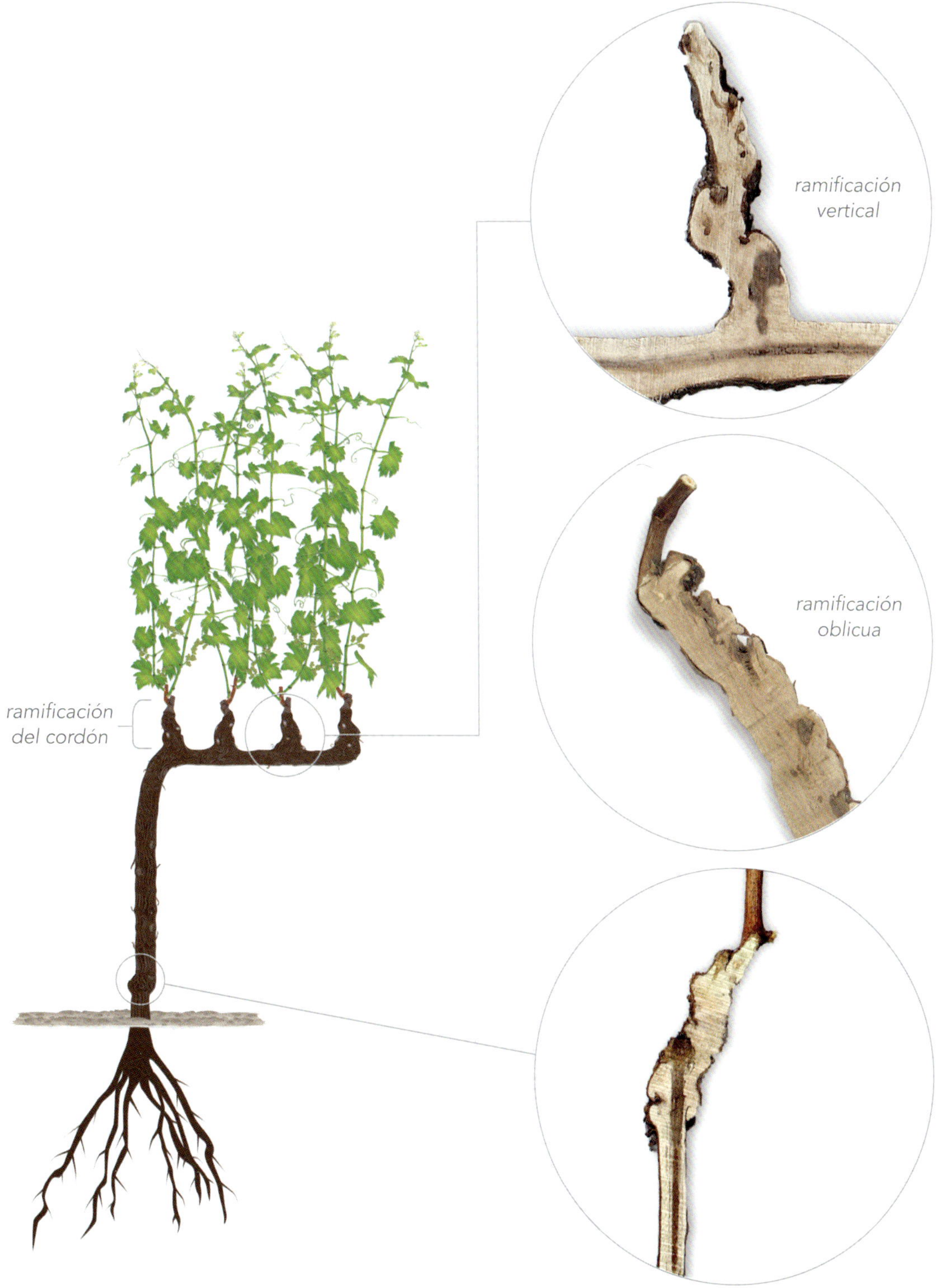

Almacenamiento máximo
Una mayor cantidad de madera viva significa una capacidad más grande para almacenar reservas. La planta no abandona partes del cordón mientras que la vitalidad de cada pulgar se refuerza y perdura en el tiempo.

Dos zonas de continuidad de flujos
La estructura perenne ramificada, y por lo tanto reforzada gracias a una poda más respetuosa del flujo de savia, aumenta progresivamente su función de enlace vivo entre las raíces y la canopia. En concreto, en una vid cuya estructura está ramificada se mejora sensiblemente el flujo de savia en las dos zonas críticas que son la **soldadura del injerto** y el **cordón horizontal**.

Con el método Simonit & Sirch la arquitectura de la planta está completa. Las ***ramificaciones*** *ya no se eliminan con la poda.*

CORTES Y CORONA
Cortes pequeños, distantes y respeto de las yemas de la corona

El **tercer principio** del método Simonit & Sirch implica cortes de pequeñas dimensiones sobre madera de uno o dos años. Actuando de esta manera, se reduce la superficie del corte y, como consecuencia, la desecación interna será poco extensa y localizada.
Espaciar los cortes se vuelve natural cuando se decide ramificar un punto vegetativo.
En el capítulo 5 enseñaremos la técnica de corte para distanciar correctamente los cortes sin perder el control del alargamiento de la ramificación.
El tercer principio, además, indica que hay que respetar la **corona** cuando se quiere eliminar algunos sarmientos superfluos sobre el tronco vertical (**A**), el cordón horizontal (**B**) o los puntos vegetativos (**C**).

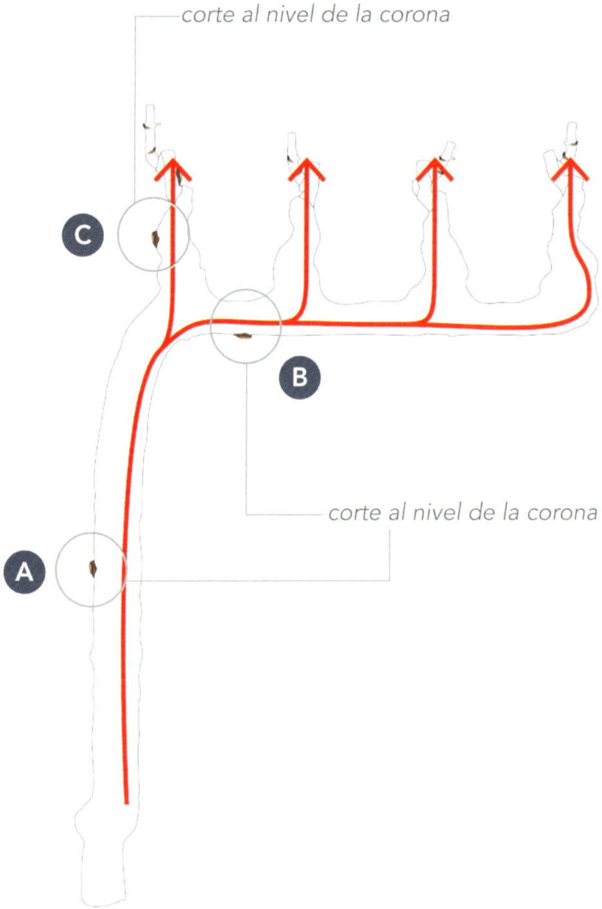

corte al nivel de la corona
en la página 58

MADERA DE RESPETO
En las fases juveniles y adultas

El **cuarto principio** del método Simonit & Sirch se basa en la madera de respeto.

En las fases juveniles (primer y segundo año)
Cuando se poda la madera de dos años hay que procurar dejar un trozo de madera de respeto. Eso permite alejar el flujo de savia principal de la zona de desecación producida por el corte. La porción de madera de respeto se eliminará los años siguientes cuando esté completamente seca.

En las fases adultas (poda de los pulgares)
Al renovar el pulgar con un corte realizado en madera de dos años, no hay que dejar un trozo de madera de respeto demasiado larga. Habitualmente, en el cordón permanente, los cortes se efectúan sobre madera joven de uno o dos años; a diferencia de la poda Guyot, donde se hacen cortes sobre madera de tres años o más, no es necesario dejar la madera seca. Los cortes sobre madera de dos años deben ser **planos** (**A**) y no **oblicuos** (**B**). En este caso, las heridas son pequeñas y la superficie expuesta tiene unas dimensiones pequeñas.

corte plano

corte oblicuo

técnica de la madera de respeto
en la página 64

APLICACIÓN EN EL CORDÓN PERMANENTE

Una nueva gestión del espacio

El método Simonit & Sirch renueva el concepto de espacio a disposición de la planta para el desarrollo de su estructura.
El espacio vertical por debajo del alambre de formación (**A**) lo ocuparán los brotes de la planta durante los primeros años; el espacio horizontal entre dos plantas (**B**) lo ocupará de forma modular en el tiempo el crecimiento del cordón. El espacio por encima del alambre de formación (**C**) lo ocupará, a lo largo de los años, el desarrollo de la ramificación controlada de los puntos vegetativos.

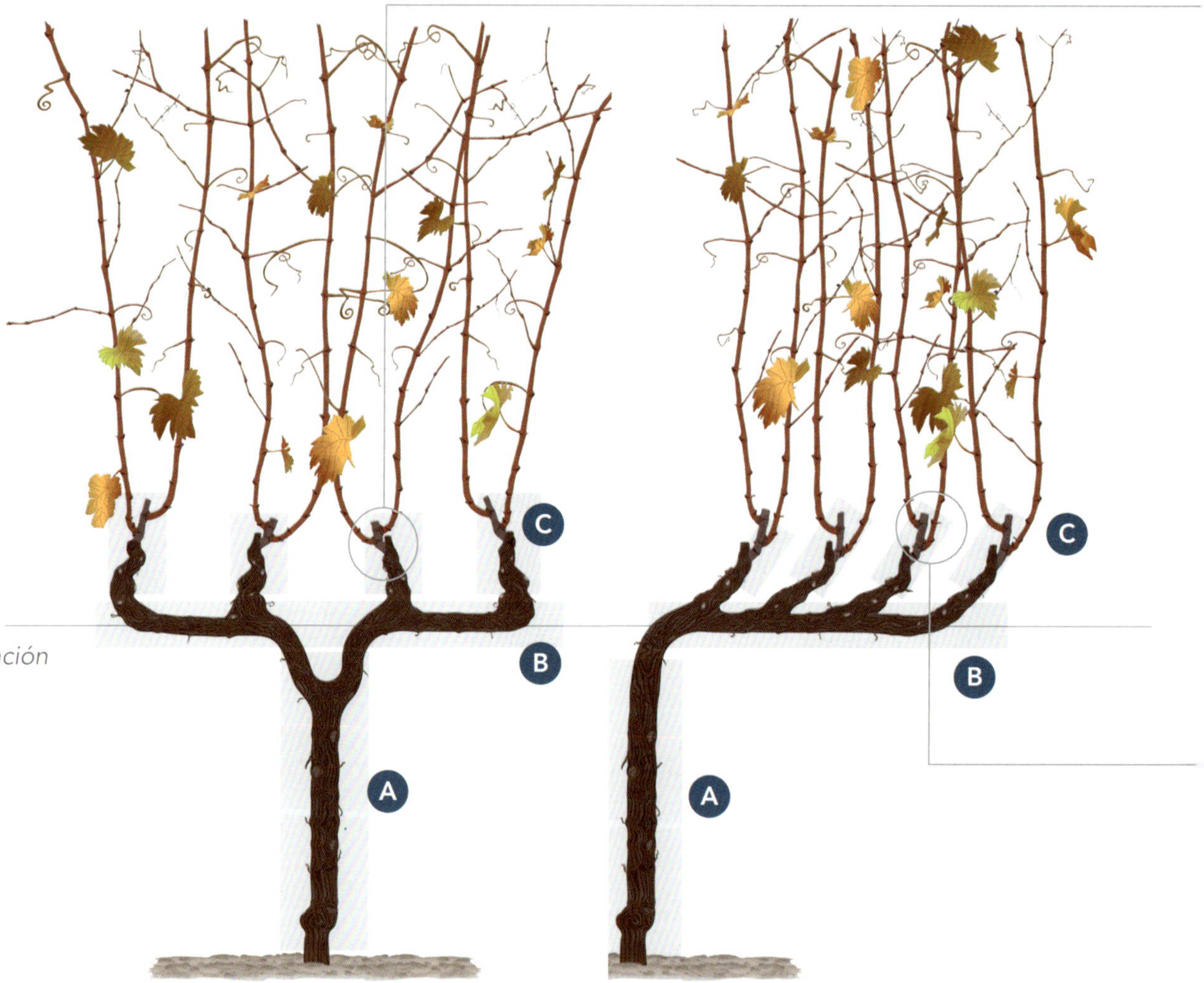

Características de los pulgares

En ambos casos de ramificación controlada, vertical u oblicua, los pulgares aseguran el desarrollo continuo de la estructura de la planta en el espacio. Las principales características de los pulgares son:

- asegurar la producción;
- permitir un desarrollo controlado de la estructura a lo largo de los años;
- estar posicionados en el extremo de los puntos vegetativos;
- estar equidistantes entre sí;
- su longitud depende del rendimiento y del tipo de ramificación (vertical u oblicua).

CRECIMIENTO DE LA ESTRUCTURA DE LA PLANTA

Ocupar el espacio de forma gradual

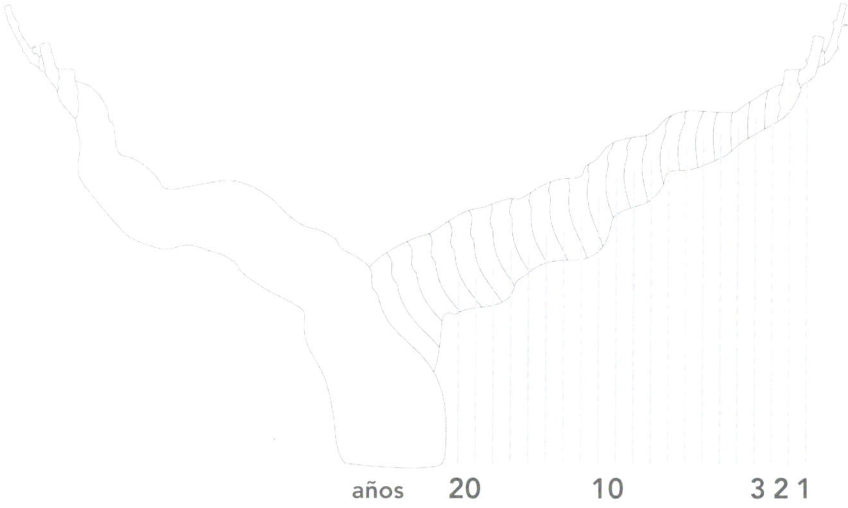

Gracias al método Simonit & Sirch, el podador tiene la posibilidad de dar una forma a la estructura de la vid y asegurar su desarrollo a lo largo del tiempo. El desarrollo de la estructura, constituida por el cordón horizontal (**A**) y de las ramificaciones controladas (**B**), debe de ser progresivo y continuo en el tiempo. El espacio del que dispone la planta se va ocupando paulatinamente cada año.
De esta manera, los principios de formación de un árbol joven son igualmente válidos para el cordón permanente: una forma reconocible (ramificada), un crecimiento continuo y controlado de la ramificación, y un desarrollo de la estructura en el espacio.

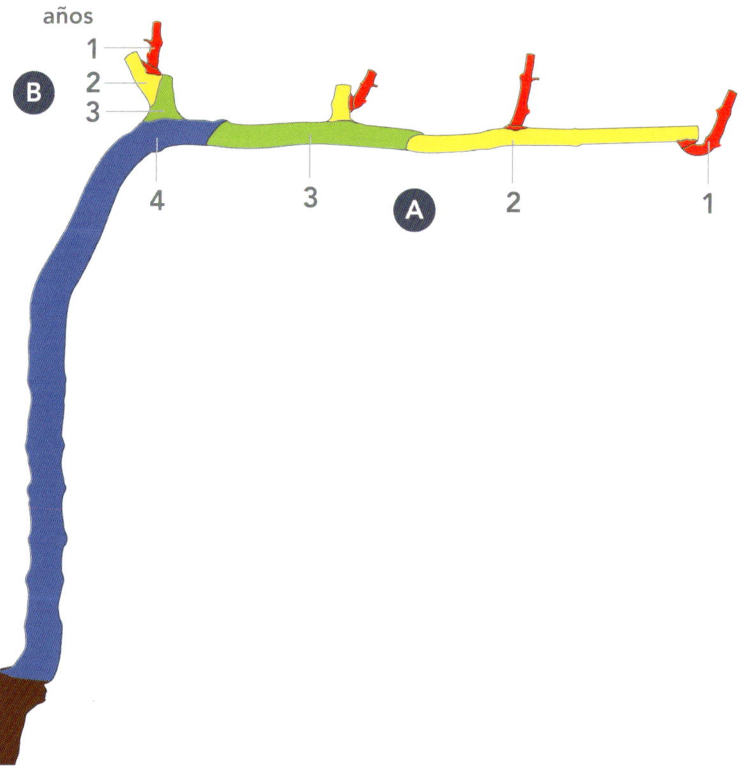

Acumulación de madera

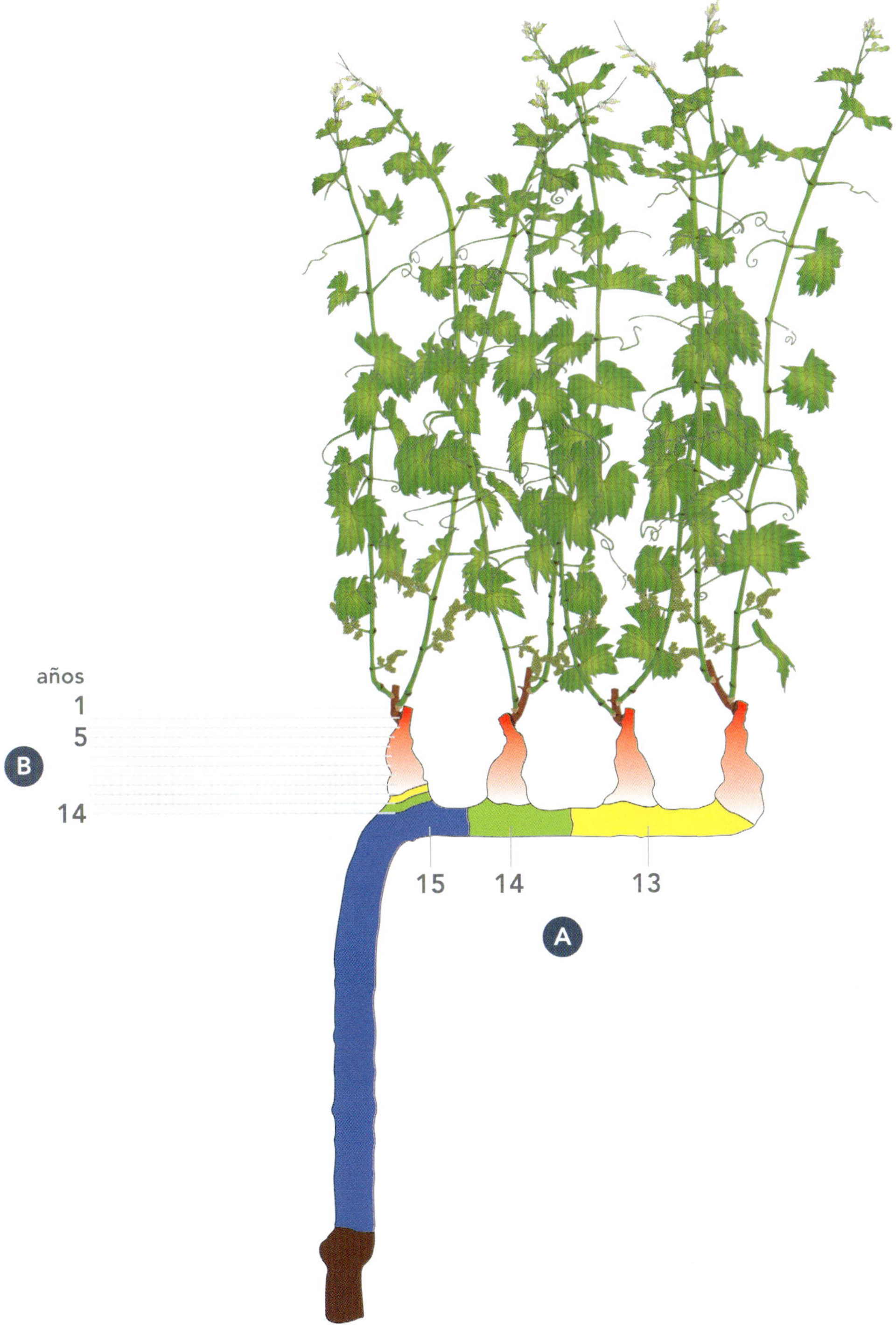

Según el método Simonit & Sirch, dar una forma a la estructura de la vid es importante para herir lo menos posible a la planta, reducir la superficie de corte y establecer un **puente** eficiente y vivo entre las raíces y la canopia.
Permitir que la estructura de la planta **crezca** ocupando **gradualmente** el espacio a lo largo de los años, y ramificar, significa **acumular** cada año más madera viva.
El crecimiento de la estructura no solo afecta a la altura (punto vegetativo) sino también al diámetro (tronco, cordón, punto vegetativo).

Capítulo 5

En la viña: indicaciones operativas

Gimnasia

Postura

Agarre

Tipos y técnicas de corte

GIMNASIA
Calentamiento

1. Levante una **pierna**. Cuando el pie cuelgue, realice 10 movimientos de pedaleo. Comience de nuevo con la otra pierna.

2. Flexiones de **rodillas**. Lleve una pierna hacia adelante. Flexione las rodillas y deje que el peso caiga sobre la pierna. Mantenga la espalda recta. 10 flexiones sobre una pierna, otras tantas sobre la otra.

3. Rote la **columna vertebral**, que está bien erguida.
No habrá riesgo de movimientos en falso si mantiene la espalda recta. 5 rotaciones hacia un lado y 5 hacia el otro.

4. El **brazo** derecho tira del izquierdo hacia arriba y hacia el lado derecho, extendiendo la columna hacia los lados. 5 movimientos de un lado y 5 del otro.

5. Junte las manos y rótelas rápidamente alrededor de las **muñecas**. Realícelo 2 veces con una duración de 15 segundos en cada sentido.

Estiramientos

1. Apoye el pie en un poste. Doble la rodilla para extender la **pantorrilla**. El pie debe permanecer alineado a la pierna con el talón apoyado en el suelo.

2. Flexione la **pierna** hacia atrás mientras agarra el empeine con la mano. Lleve el talón hacia los glúteos durante el tiempo que dura una exhalación prolongada. Siempre con la espalda recta. Realícelo 3 veces con cada muslo.

3. La **pierna** estirada, el torso inclinado hacia delante y manteniendo la espalda completamente recta. Realizar 3 veces con cada pierna, exhalando profundamente cada vez.

4. Extienda el **brazo** derecho hacia el lado izquierdo con las manos detrás de la cabeza.
Repita 3 veces con cada brazo.

5. Lleve el brazo y el **hombro** hacia atrás manteniendo el torso firme.
Repita 3 veces con cada hombro.

POSTURA

La postura **correcta** del operario es fundamental para evitar traumas y ejecutar un trabajo correcto: las piernas tienen que estar flexionadas y la espalda recta para que los ojos estén lo más alineados posible con la superficie de trabajo. Una postura **incorrecta** impide una visión adecuada de la superficie de trabajo y puede provocar molestias y dolores musculares en las extremidades.

AGARRE

Una mano sujeta las tijeras y la otra acompaña el movimiento. Un agarre **correcto** contribuye a reducir el riesgo de trastornos en las extremidades y transmite la fuerza a las tijeras de forma más eficaz. Un agarre **incorrecto** aumenta el riesgo de problemas articulares y no permite una poda precisa.

TIPOS Y TÉCNICAS DE CORTE
Técnica de alargamiento

La técnica del alargamiento tiene como principio básico la ocupación progresiva del espacio entre dos plantas.
Algo tan sencillo permite al viticultor **decidir el número de puntos vegetativos que desea**.
En este manual hablaremos sobre los cordones con cuatro puntos vegetativos.
1. Formar el cordón horizontal.
2. Ocupar progresivamente el espacio de manera modular.
3. Instalar los puntos vegetativos a igual distancia.
4. Decidir la posición de los pulgares en función del espacio a disposición (flexibilidad sobre distintos puntos de inserción).
5. Acumular madera viva a lo largo del tiempo.

Flexibilidad en la organización del espacio
Gracias a la técnica del alargamiento, el podador aprovecha la morfología del sarmiento de la vid en su propio beneficio: los primeros entrenudos de un sarmiento (3-4) son más cortos que los distales. El objetivo es disponer de un número importante de yemas para poder preparar una cantidad definida de puntos vegetativos a las distancias deseadas. De esta manera, la formación de un cordón permanente es muy sencilla para el podador porque no tiene que esforzarse por rellenar los espacios lo más rápidamente posible.
El alargamiento es un sarmiento corto (4-5 yemas) utilizado para formar el cordón horizontal, ya sea unilateral o bilateral. La última yema del alargamiento (círculo rojo) mira hacia abajo para asegurar la continuidad del flujo de savia.
La ocupación modular del espacio se realiza progresivamente a lo largo del tiempo gracias a los pulgares y al alargamiento.
Los pulgares se utilizan para

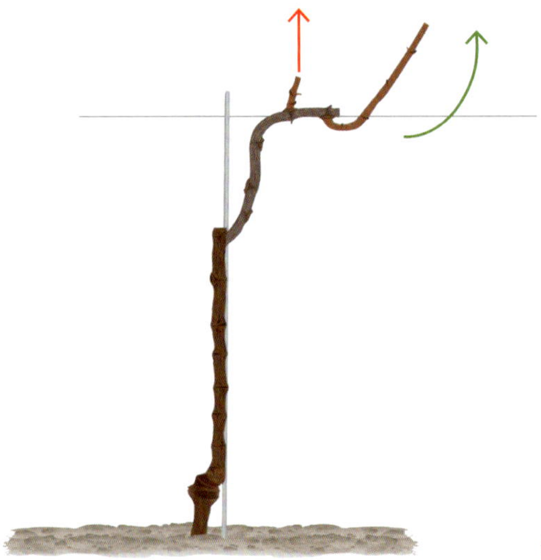

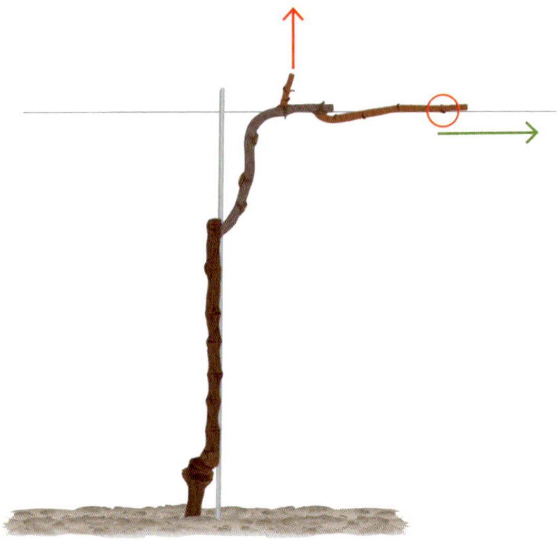

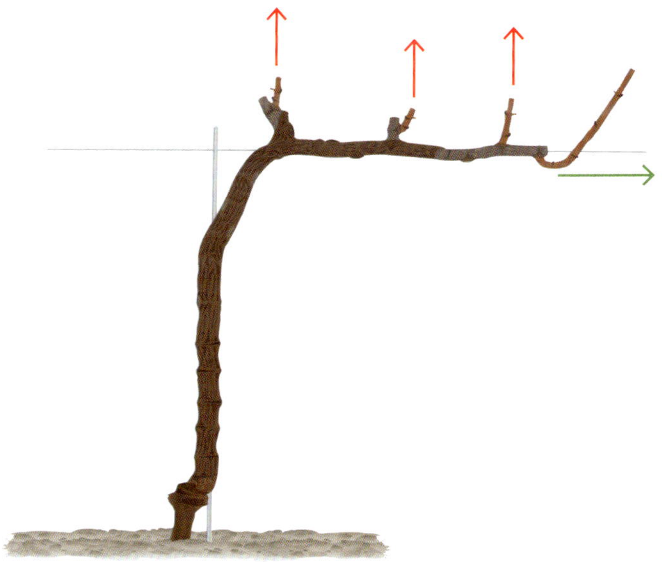

controlar el crecimiento de los puntos vegetativos hacia arriba, y los alargamientos regulan el desarrollo del cordón horizontal. De esta manera, la estructura del cordón se desarrolla progresivamente en el espacio acumulando madera viva.
Una vez que el espacio horizontal está cubierto, la planta seguirá creciendo gracias a la ramificación de los puntos vegetativos hacia arriba (ramificación vertical controlada) o de forma oblicua en el sentido del brazo del cordón (ramificación oblicua controlada).

En el caso de que haya más de 4 puntos vegetativos se sigue el alargamiento (flecha verde) hasta obtener el número de pulgares deseado.

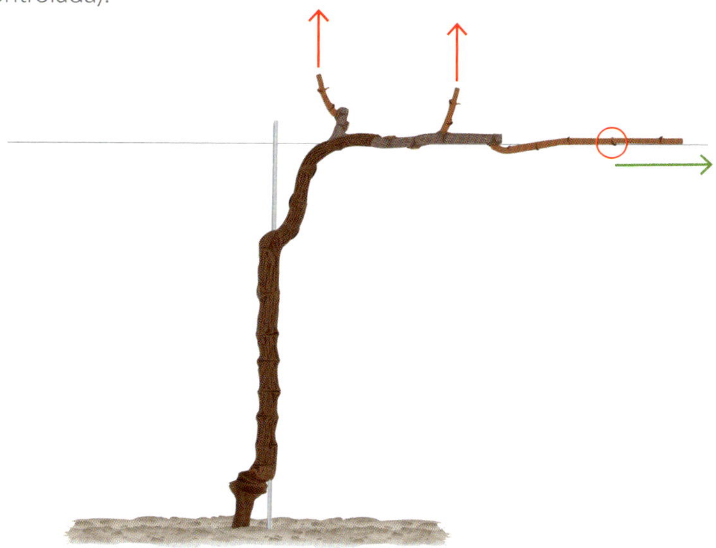

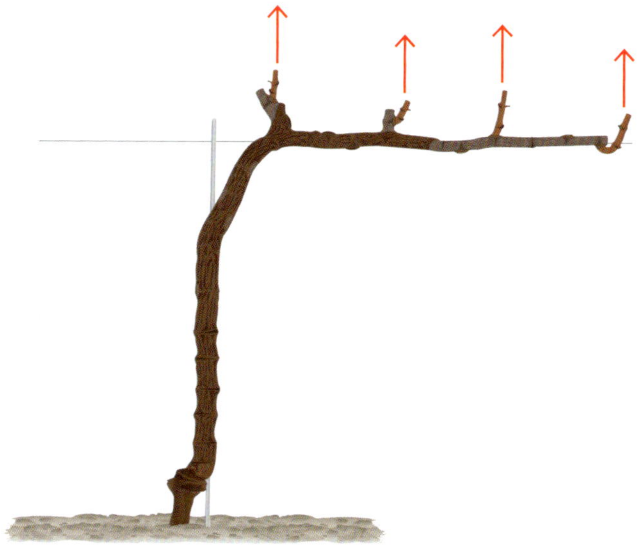

TIPOS Y TÉCNICAS DE CORTE

Corte al nivel de la corona

Todos los cortes se tienen que realizar utilizando la extremidad de las tijeras (**A**). De esta manera es más fácil ejecutar un corte correcto.

El corte al nivel de la corona se efectúa posicionando la hoja y la contrahoja justo por encima de las yemas de la corona (**A**) situada alrededor de la base del sarmiento. De esta manera, las tijeras solo cortan la madera del sarmiento podado (**B**) y el corte es pequeño.

Corte raso

El corte raso se efectúa posicionando la hoja y la contrahoja justo debajo de las yemas de la corona (**C**) que se eliminan. Gracias a esta práctica, las tijeras también cortan la madera sobre la cual está el sarmiento podado.

Obsérvense las diferentes superficies expuestas (**D**): el corte raso (**1**) provoca una herida más grande que el corte al nivel de la corona (**2**).

El podador tiene que saber evaluar en qué situaciones un corte raso es útil.

TIPOS Y TÉCNICAS DE CORTE

Poda perpendicular

La poda de los **cordones permanentes ramificados verticalmente** tiene los siguientes objetivos:

1. Crecer en altura: escoger como nuevo pulgar uno de los dos sarmientos del pulgar del año anterior.

2. Distanciar los cortes: cuando la distancia entre el primero y el segundo sarmiento es más pequeña que el diámetro del pulgar de dos años (*ver* **Entrenudo corto**).

3. Controlar el crecimiento: cuando la distancia entre el primer y el segundo sarmiento es superior al diámetro del pulgar de dos años (*ver* **Entrenudo largo**).

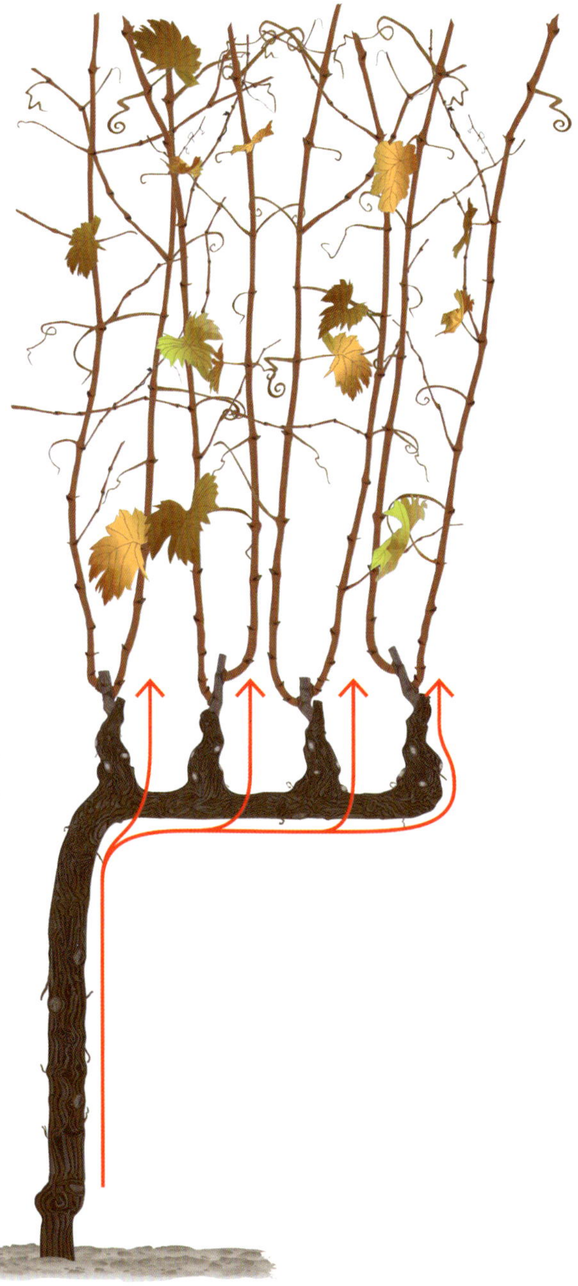

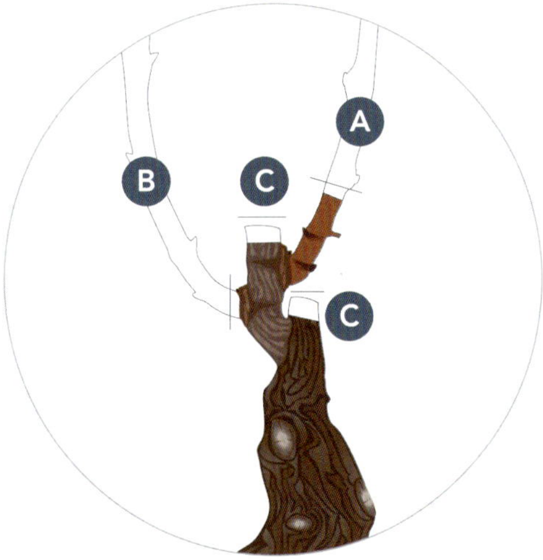

Entrenudo corto

En el caso de que el pulgar del año pasado tenga un entrenudo corto y la distancia entre los dos sarmientos del año sea poco visible, se poda el nuevo pulgar sobre el sarmiento superior (**A**) y se elimina el sarmiento inferior (**B**) con un **corte al nivel de la corona**. Se eliminan también eventuales porciones de madera seca (**C**).

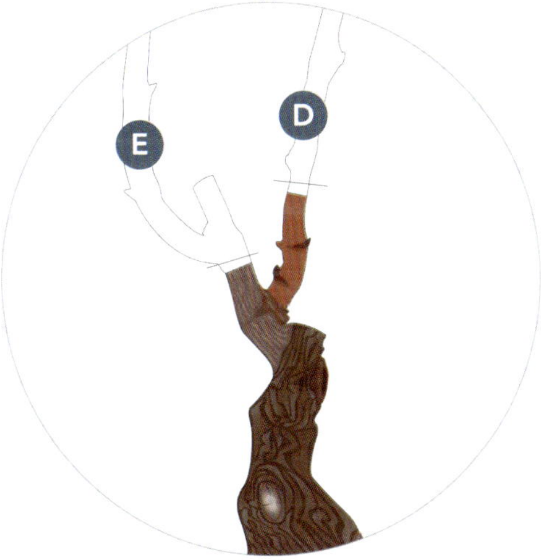

Entrenudo largo
En el caso de que el pulgar del año pasado tenga un entrenudo largo y la distancia entre los dos sarmientos del año sea evidente, se poda el nuevo pulgar sobre el sarmiento inferior (**D**) y se elimina el sarmiento (**E**) con un **corte perpendicular** (no inclinado), para reducir la dimensión de la herida.

corte perpendicular → **herida de pequeña dimensión**

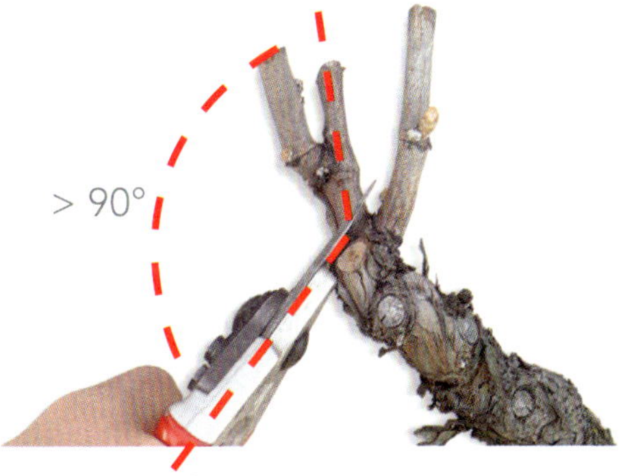

corte inclinado → **herida ovalada y grande**

TIPOS Y TÉCNICAS DE CORTE

Técnica del pulgar orientado

La poda de los **cordones permanentes con ramificación oblicua** tiene los siguientes objetivos:

1. Crecer alineado con la hilera, escoger como nuevo pulgar los sarmientos que crecen en el sentido del brazo del cordón (**A**).

2. Identificar la yema de continuidad en los sarmientos que se convertirán en pulgares siguiendo la dirección del flujo de savia.

3. Decidir la longitud del pulgar en función de la orientación de las yemas.

Técnica del pulgar orientado a dos yemas

Cuando la primera yema está posicionada en el eje del flujo de savia, el pulgar será a dos yemas: en este caso, la yema de continuidad es la primera y el corte se efectúa después del siguiente nudo a la yema de continuidad.

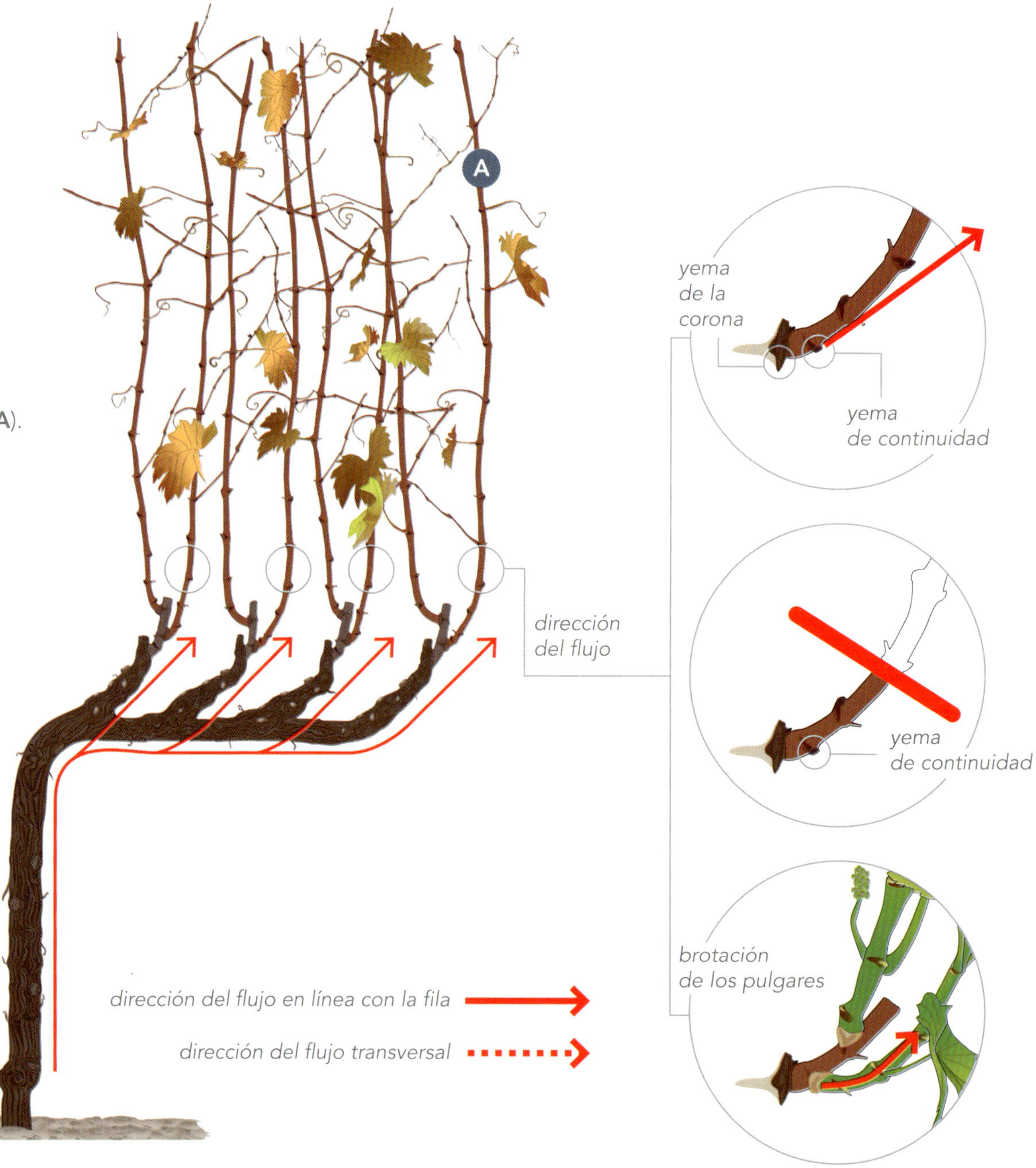

Técnica del pulgar orientado a tres yemas
Cuando la primera yema está posicionada en el lado opuesto al eje del flujo de savia, el pulgar será más largo. En este caso, la yema de continuidad será la segunda y el corte se efectúa después del siguiente nudo a la yema de continuidad.

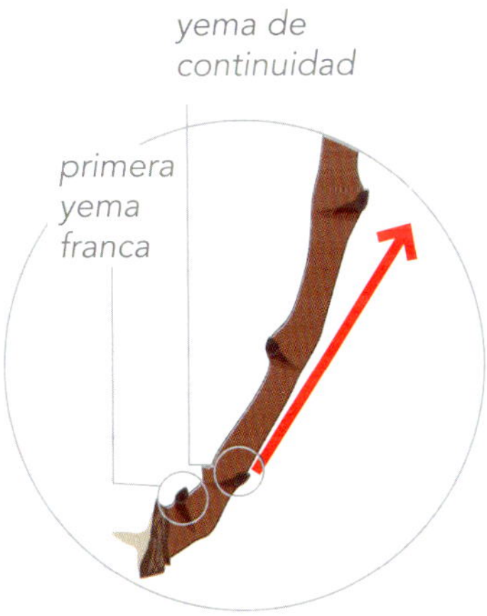

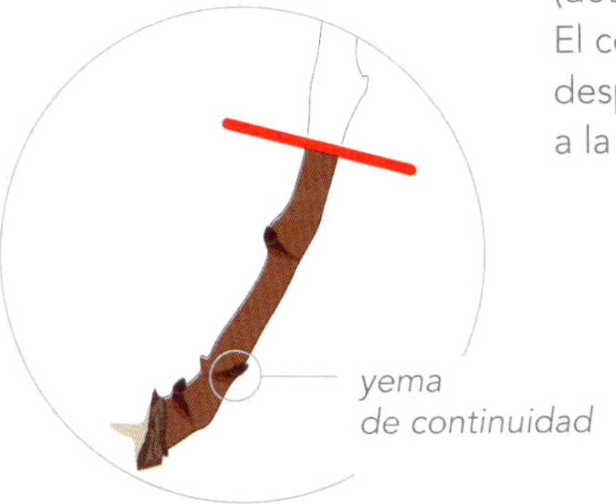

Yemas transversales a la hilera
En este caso particular, las yemas del sarmiento están giradas y orientadas transversalmente a la hilera. Se utiliza como yema de continuidad la primera yema orientada en el eje del alambre de formación (detrás del sarmiento). El corte del pulgar se efectúa después del siguiente nudo a la yema de continuidad.

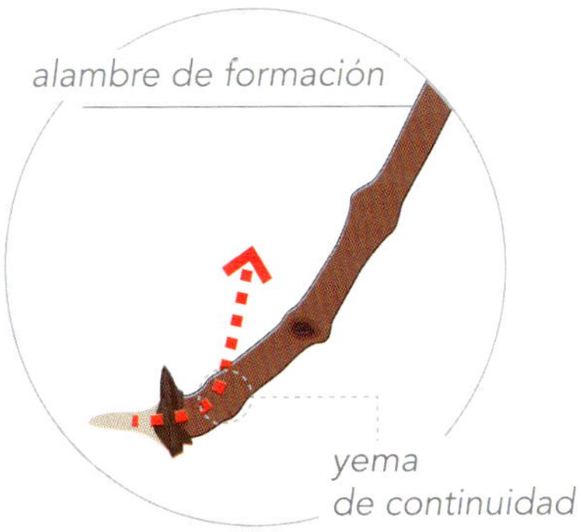

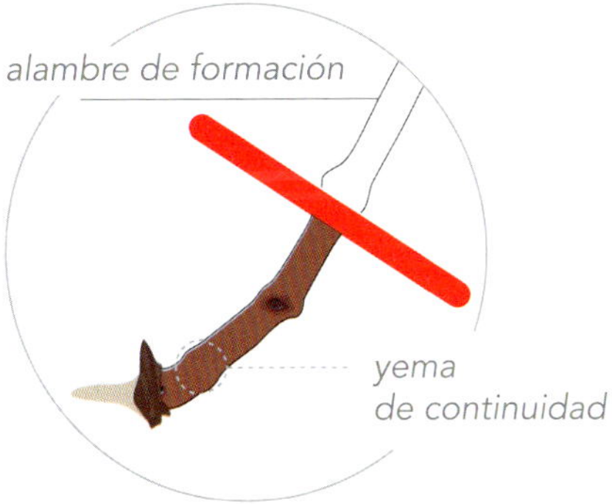

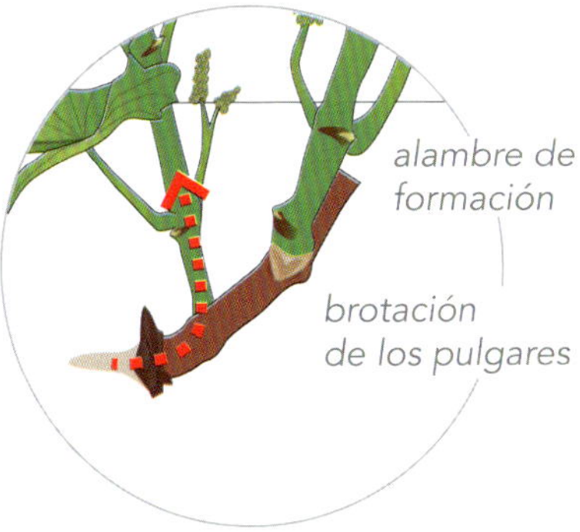

TIPOS Y TÉCNICAS DE CORTE

Técnica de la madera de respeto

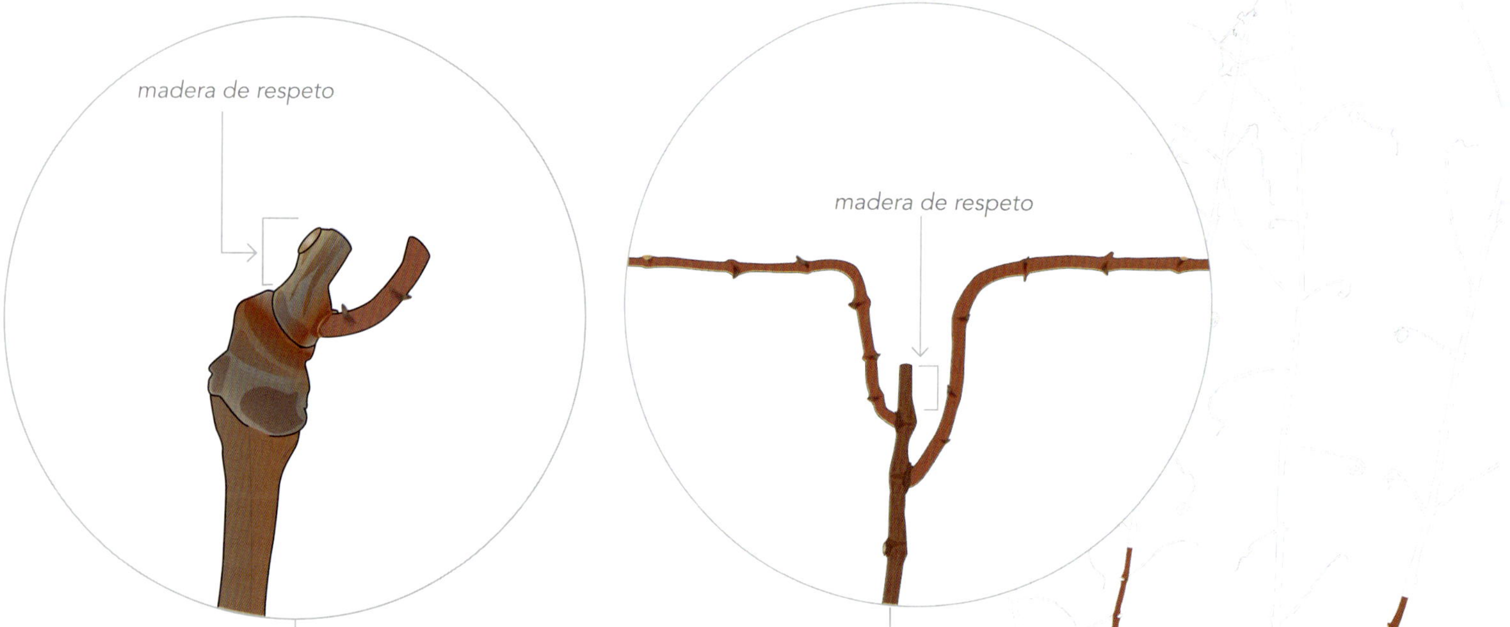

Sobre plantas jóvenes
La regla básica para la madera joven de dos años es podar a una distancia correspondiente al diámetro del sarmiento a eliminar. Para el cordón permanente, la técnica de la madera de respeto se practica durante las fases de formación del tronco.

Sobre plantas adultas
Si el corte afecta a ramas o puntos vegetativos, se aconseja alejarse lo máximo posible del punto de regeneración (**A**). Si el corte afecta al tronco, se aconseja aumentar la longitud de la madera de respeto hasta 30-40 cm por encima del punto de regeneración (**B**).

Capítulo 6

Poda de formación

GUION DEL CAPÍTULO

Objetivos
1. Establecer el flujo de savia principal de la futura planta.
2. Formar el tronco en un único eje con un sarmiento que cubra la distancia entre el suelo y el alambre de formación.
Estos objetivos se consiguen a través de dos etapas operativas distintas: la formación del pie y la formación vertical del tallo.

Plantación
En el momento de la plantación, se recomienda colocar el sarmiento con el pulgar hacia el mismo lado (*figura inferior*). Esta operación hará más fáciles los trabajos posteriores de poda en verde y poda de invierno, facilitando a los operarios la fijación del flujo de savia principal, que en todas las plantas estará del mismo lado.

Fase 1 – Formación del pie
Durante esta fase se establece el flujo de savia principal de la futura planta a partir del punto de injerto del sarmiento, con el máximo respeto a la continuidad.

Fase 2 – Formación del tronco vertical
En esta fase se forma el tronco propiamente dicho a partir de un sarmiento que debe tener las siguientes características:
- homogéneo en su desarrollo (entrenudos regulares) y en su diámetro en toda su longitud;
- continuidad de los vasos con el portainjerto y ausencia de estrechamientos o impedimentos para un flujo de savia óptimo.

Las operaciones de poda, en esta fase, varían en función del vigor de la planta. Hemos considerado dos situaciones diferentes:
- planta con **poco vigor**
- planta de **vigor medio o fuerte**

A lo largo del capítulo le guiaremos en el manejo correcto de los dos casos.

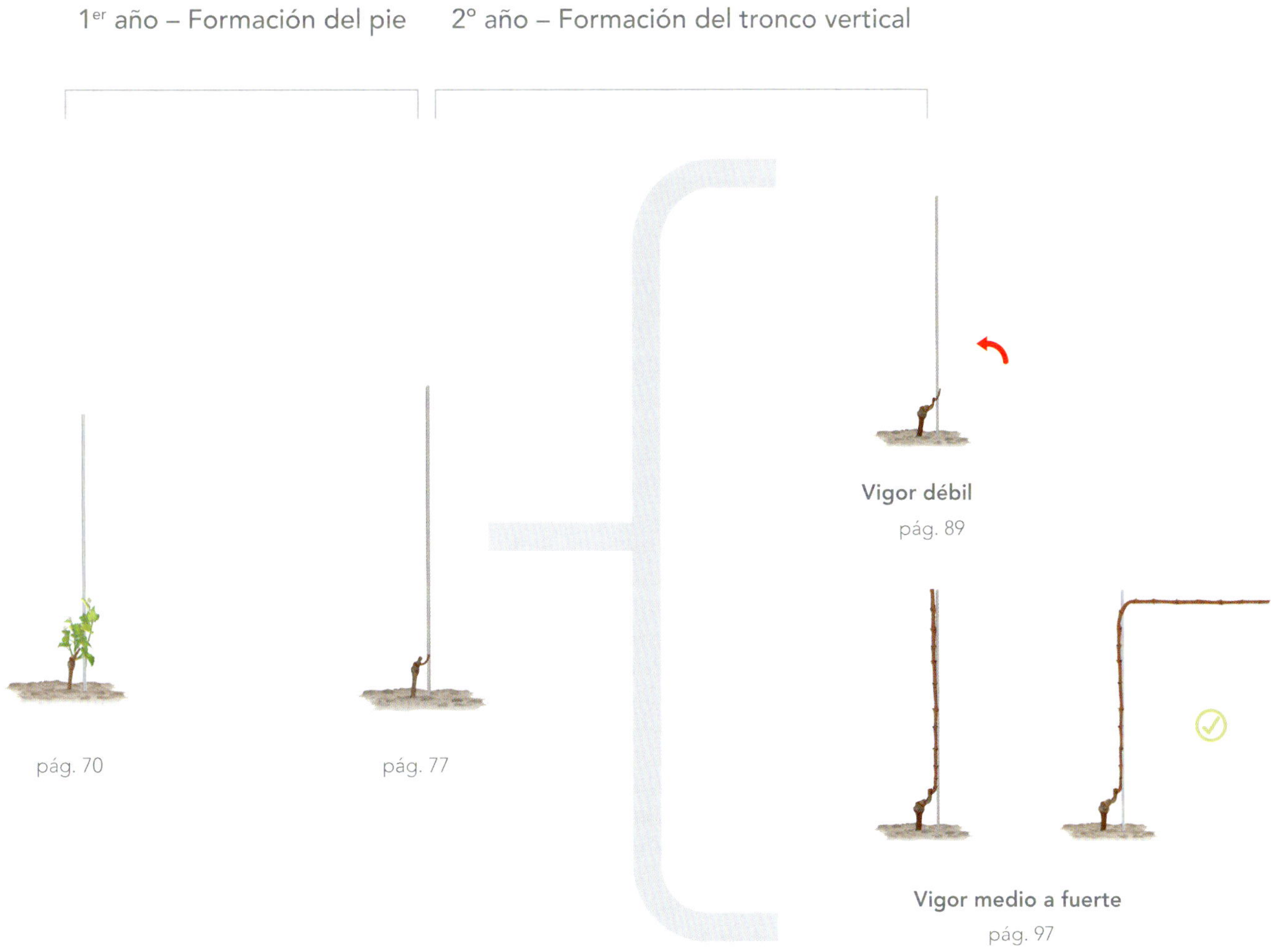

✓ Tronco formado. Pasar a la fase siguiente

↶ Tronco no formado. Repetir las fases de formación

FORMACIÓN DEL PIE
Brotación– 1er año

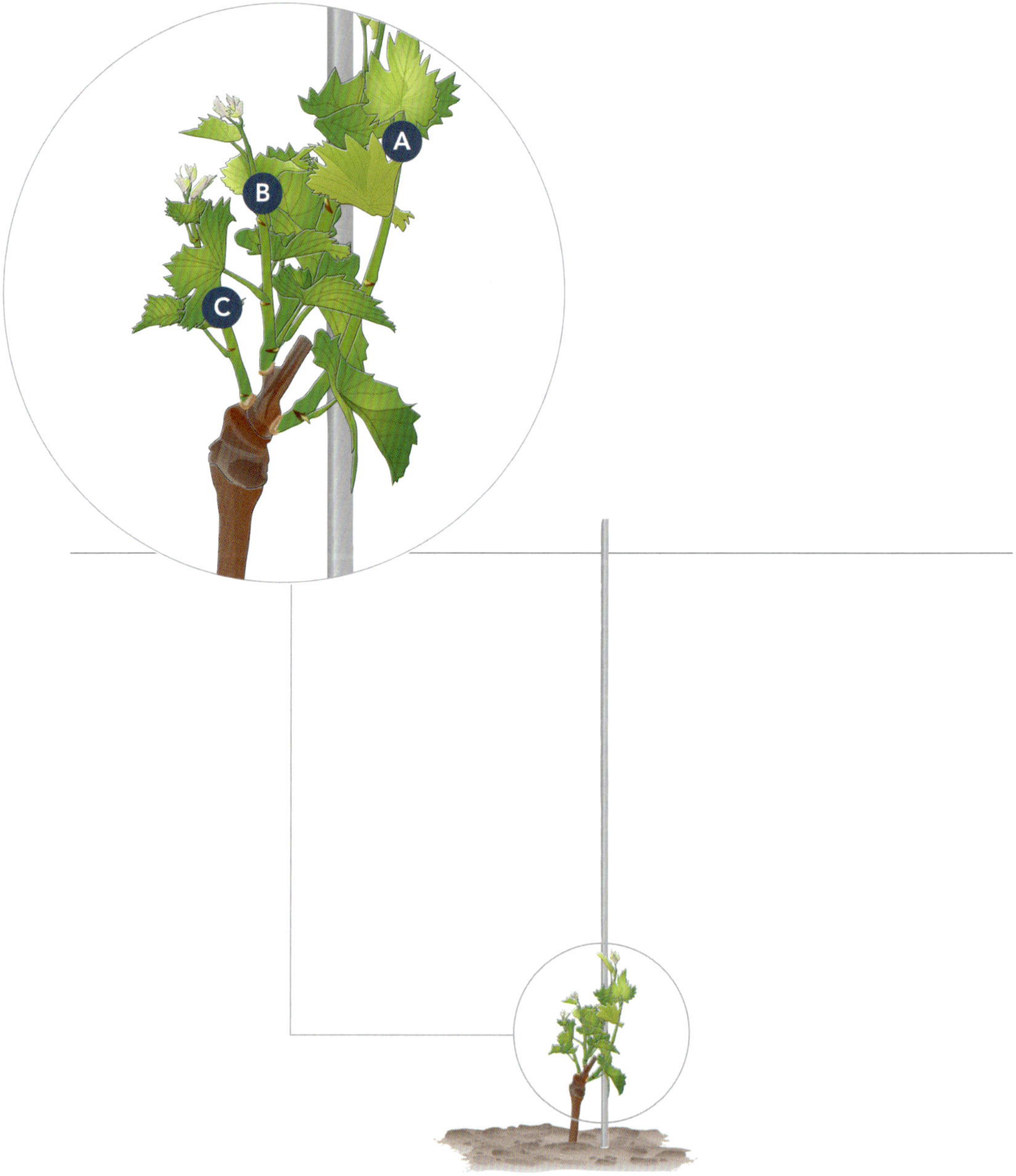

Poda en verde
En la brotación se realiza la primera poda en verde con el objetivo principal de respetar la continuidad de los flujos de savia entre el portainjerto y el injerto.

Por qué
Para eliminar los brotes superfluos, evitar los cortes en invierno y así reducir el número de heridas, dirigir las sustancias de reserva hacia los brotes mejor situados para la formación del tronco.

Cuándo
Intervenir en brotes de 20 a 25 cm de longitud.

Cómo
Manteniendo los dos brotes que salen del pulgar (**A** y **B**). El brote **A** garantiza la continuidad del flujo de savia, ya que está fuera del corte del injerto; el brote **B** sirve de reserva en caso de que el brote **A** se rompa. El brote **C** se eliminará.

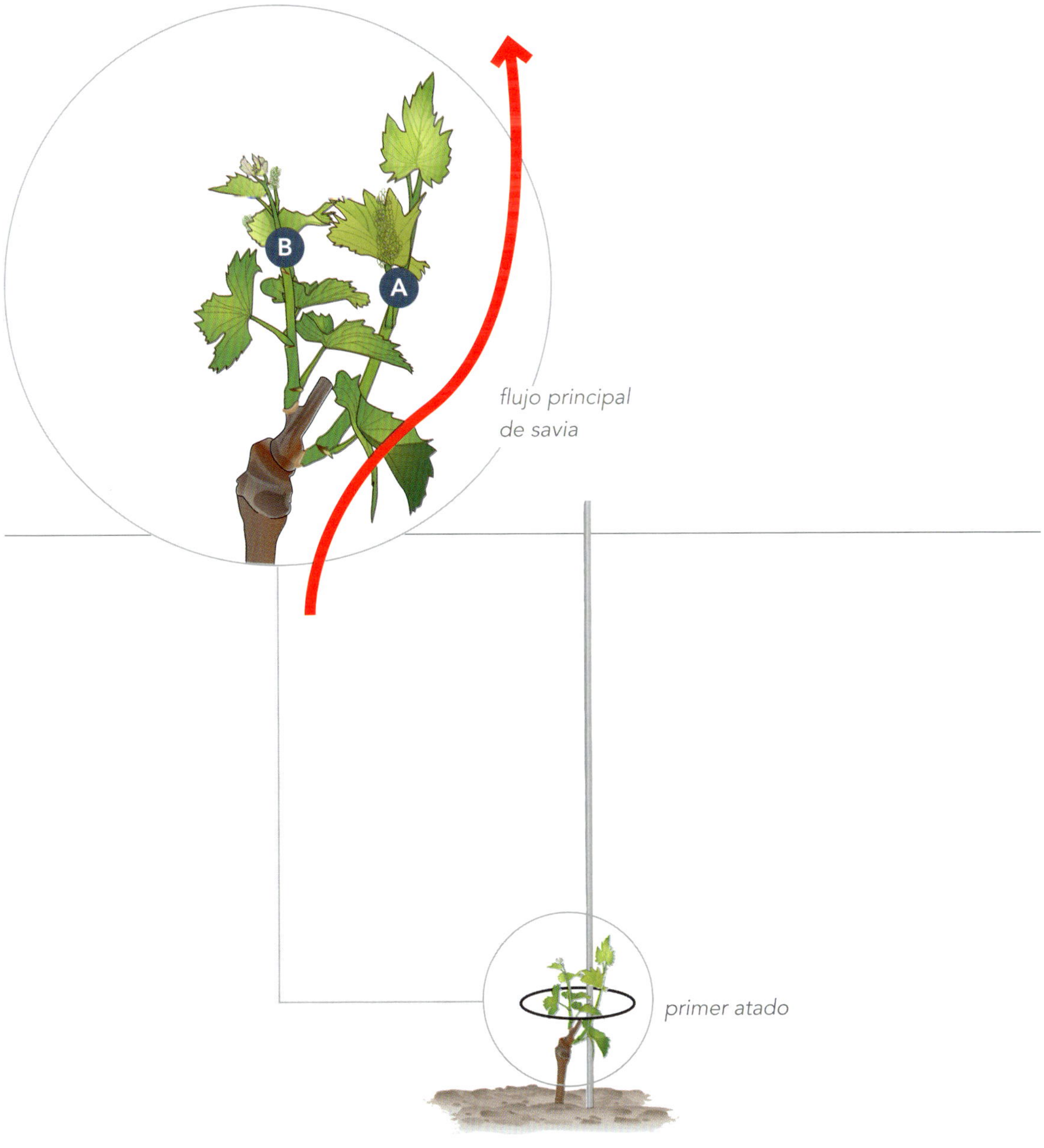

Atado
Una vez realizada la poda en verde, se aconseja atar inmediatamente los dos brotes restantes (**A** y **B**) al tutor, para evitar cualquier rotura accidental.

FORMACIÓN DEL PIE
Verano, otoño – 1er año

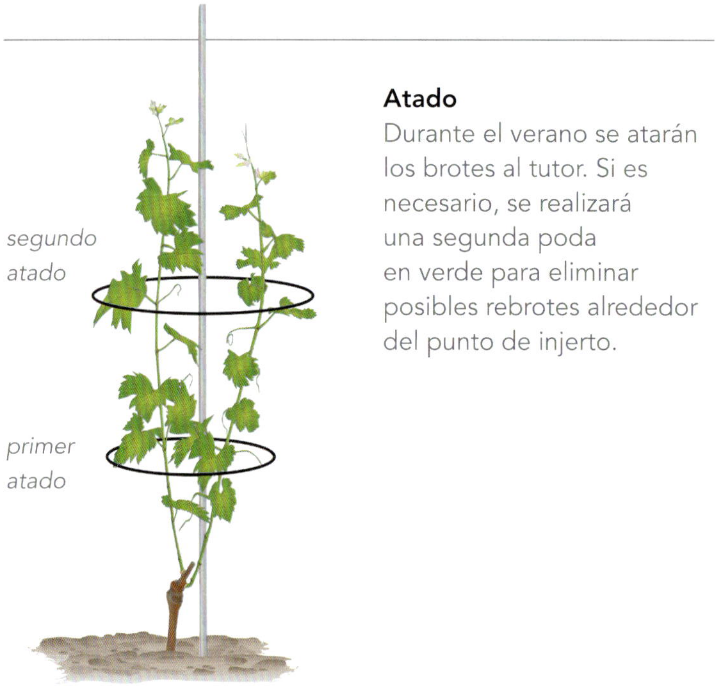

Atado
Durante el verano se atarán los brotes al tutor. Si es necesario, se realizará una segunda poda en verde para eliminar posibles rebrotes alrededor del punto de injerto.

Agostamiento del sarmiento
En esta estación la planta completa el ciclo de desarrollo de los brotes. Con el agostamiento comienza el proceso de lignificación que llevará al brote a convertirse en sarmiento.

Invierno – 1er año

Vigor
Al final del primer año la planta presenta, por lo general, poco vigor, con los dos sarmientos lignificados desarrollados de manera desigual, entrenudos más bien cortos e irregulares (a veces en zigzag), diámetro insuficiente para la formación correcta del tronco y el paso a la fase siguiente de ramificación.

FORMACIÓN DEL PIE
Invierno – 1er año

Elección del sarmiento
El sarmiento **A** garantiza la continuidad del flujo de savia principal por el hecho de estar situado en el lado de la planta que no ha sufrido cortes. En cambio, el sarmiento **B** está situado entre dos cortes.

Se recomienda una poda corta, de pulgar, con el objetivo de recuperar el vigor necesario para la formación del tronco.

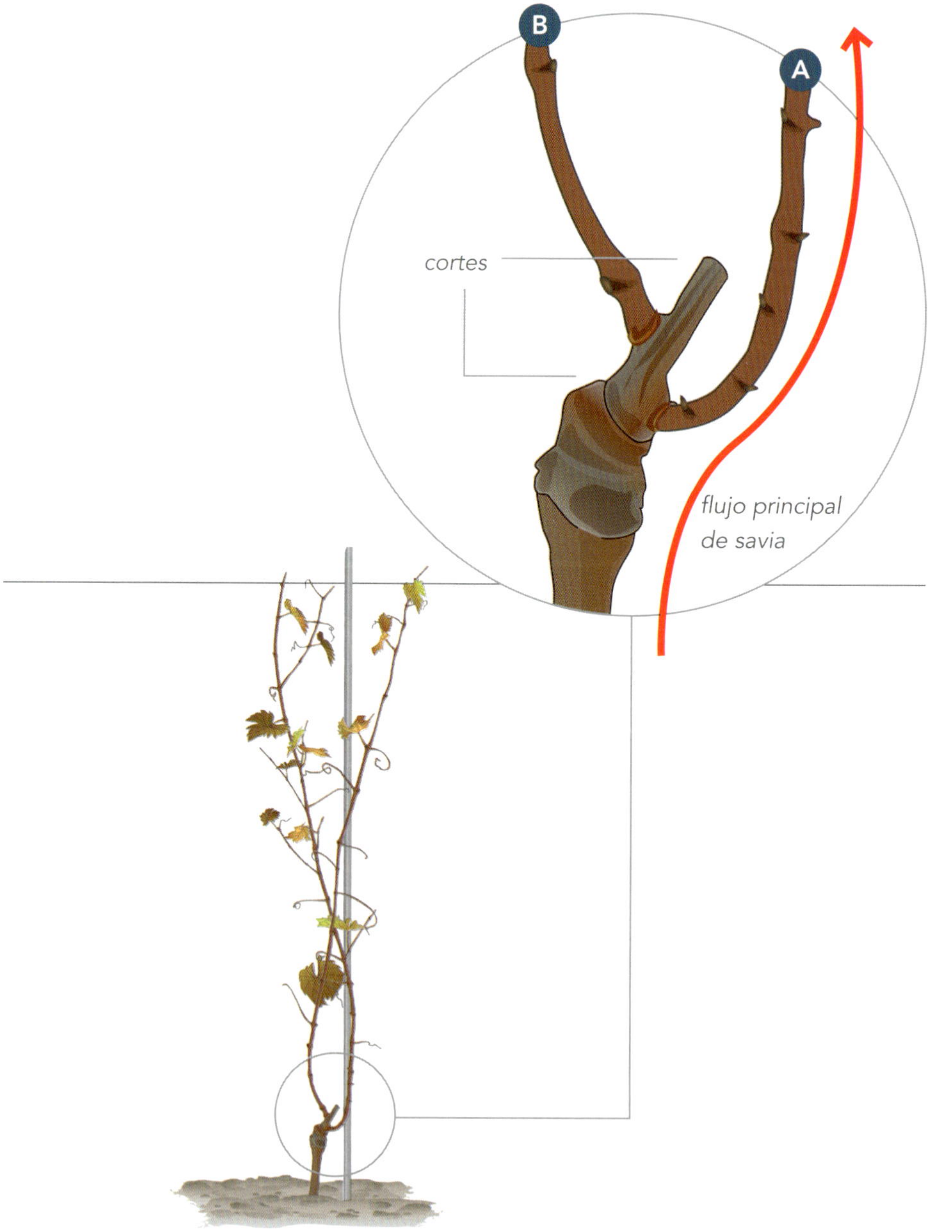

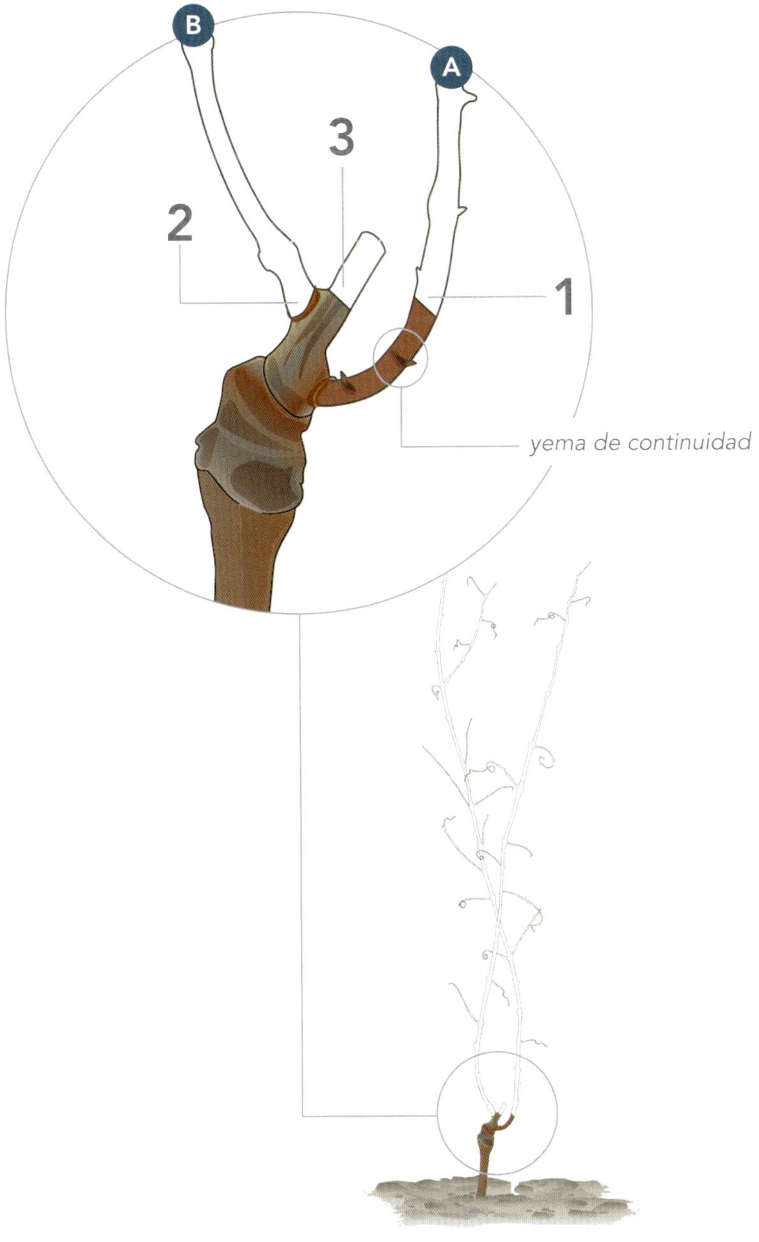

Poda de pulgar

1. Efectuar un corte del pulgar en el sarmiento **A**, tomando la precaución de conservar un buen trozo de madera de respeto por encima de la yema de continuidad (al menos 1 cm).

2. Eliminar el sarmiento **B**, que está situado fuera del flujo principal de savia, con un corte raso.

3. Recortar la parte de madera seca del antiguo pulgar.

FORMACIÓN DEL PIE
Cómo hemos podado – Invierno 1er año

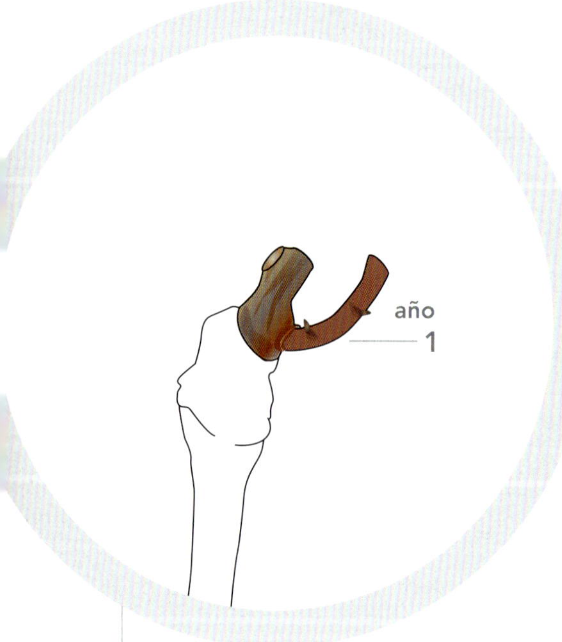

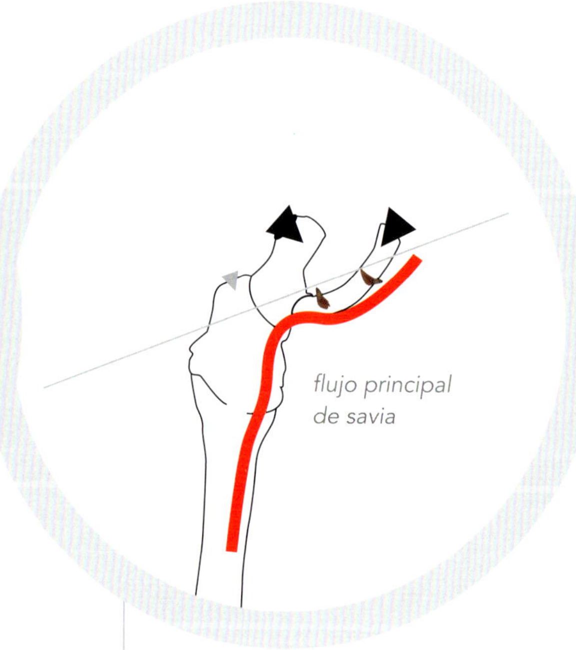

1 Ramificación

Respetando la cronología natural del crecimiento de la planta.

2 Continuidad del flujo de savia

Orientando los cortes hacia el mismo lado para separar el flujo principal de savia de la zona de los conos de desecación.

3 Cortes y coronas

Realizando cortes de pequeñas dimensiones (en madera de uno y dos años), eliminando las yemas de la corona situadas fuera del flujo principal de savia.

▲ *Conos de desecación de los cortes realizados en el año actual*
▲ *Conos de desecación de los cortes realizados en años anteriores*

4 Madera de respeto

Dejando un trozo de madera de respeto.

FORMACIÓN DEL TRONCO VERTICAL
Primavera – 2° año

Poda en verde
En la brotación se realiza la poda en verde con el objetivo principal de respetar la continuidad del flujo de savia entre el portainjerto y el injerto.

Por qué
Para eliminar los brotes superfluos, evitar los cortes en invierno y así reducir el número de heridas; dirigir las sustancias de reserva hacia los brotes mejor situados para la formación del tronco.

Cuándo
Intervenir en brotes de 20 a 25 cm de longitud.

Cómo
Manteniendo los dos brotes que salen del pulgar (**A** y **B**), eliminando los brotes dobles **C** y **G** y el brote basal **D**. Los brotes **E** y **F** se eliminarán igualmente al no provenir del pulgar.

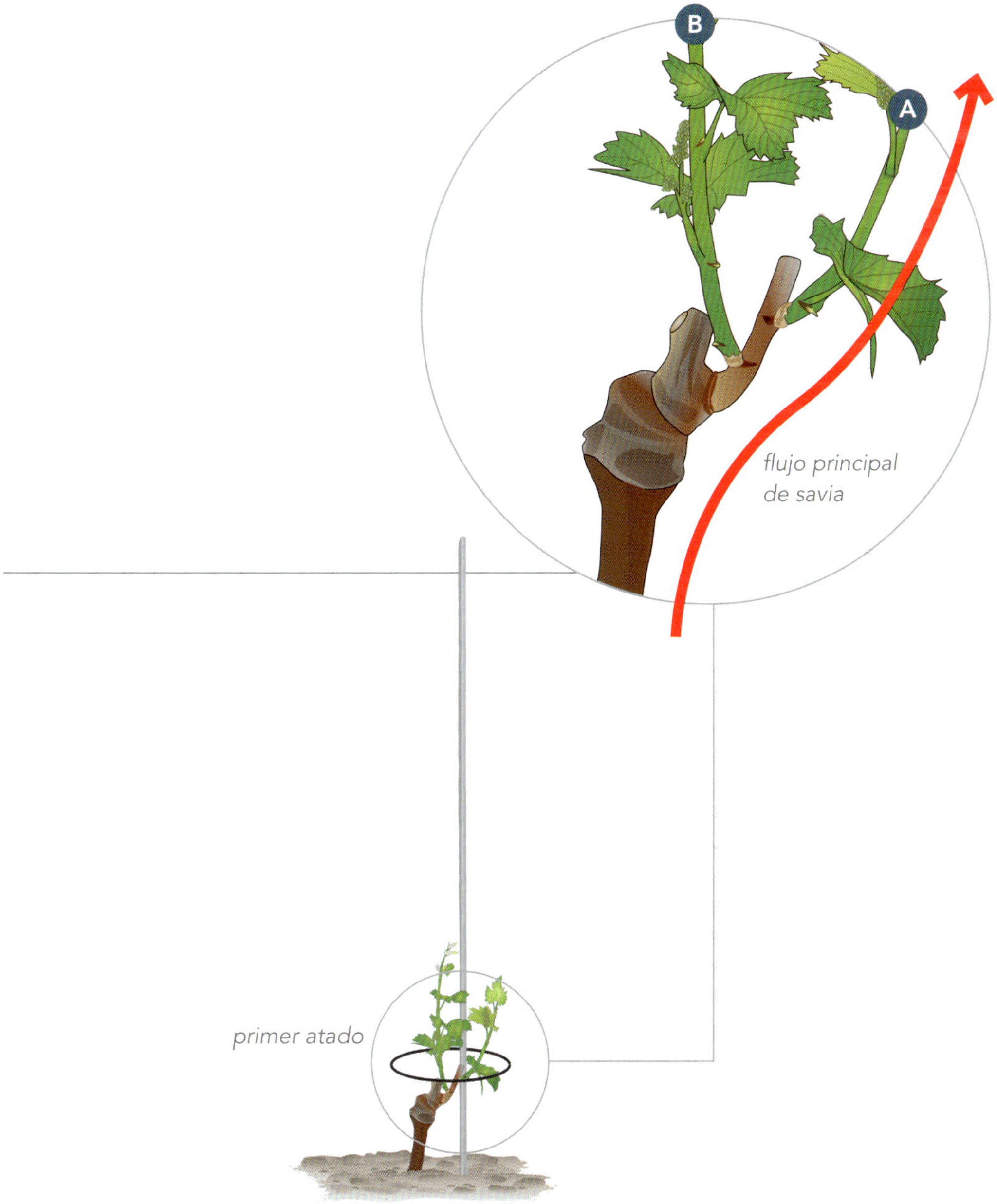

Atado

Después de la poda en verde, se aconseja atar inmediatamente los dos brotes restantes (**A** y **B**) al tutor para evitar cualquier rotura accidental.

El brote **A**, al situarse fuera de los cortes, garantiza la continuidad del flujo de savia. El brote **B** es una reserva en caso de rotura del brote **A**.

FORMACIÓN DEL TRONCO VERTICAL
Verano – 2º año

En esta fase ya es posible identificar diferencias entre el vigor de las distintas plantas al observar el desarrollo de los dos brotes que se dejaron en la poda en verde.

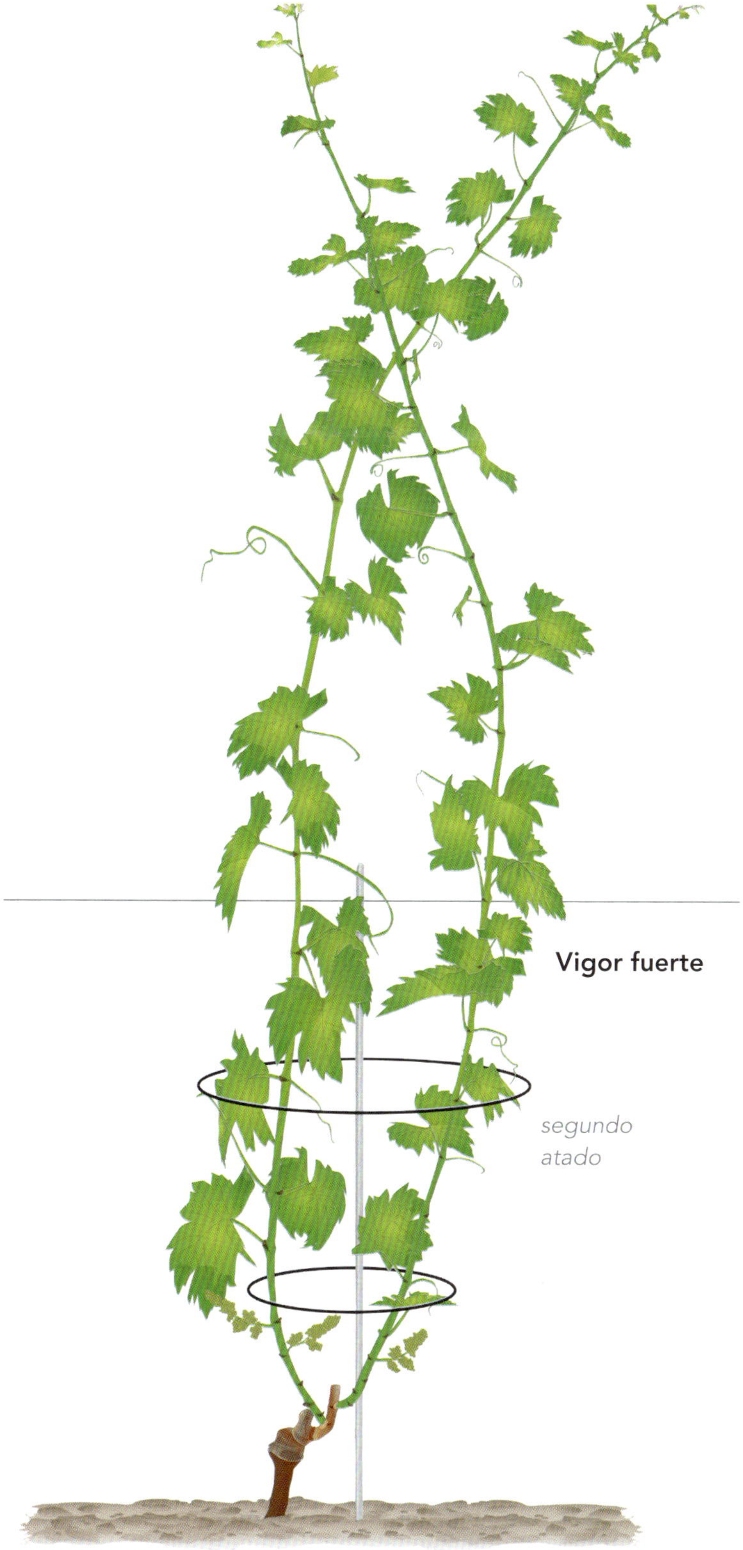

Atado, conducción, primer despuntado

Durante el verano, se atarán los brotes y la conducción vertical de la vegetación.

Se aconseja despuntar los brotes cuando la vegetación sobrepase el último alambre de soporte.

Si es necesario, se realizará una segunda poda en verde para eliminar posibles rebrotes alrededor del punto de injerto.

FORMACIÓN DEL TRONCO VERTICAL
Otoño – 2º año

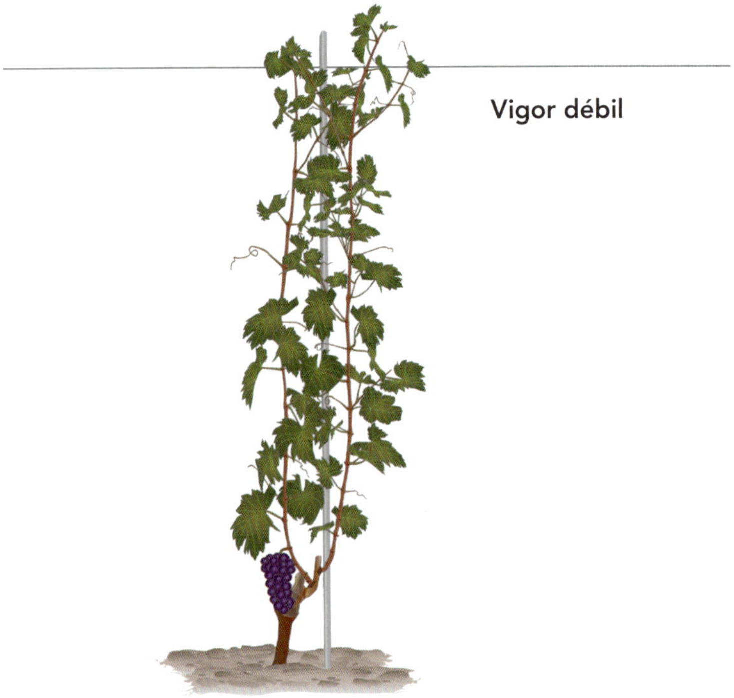

Vigor débil

Vigor medio

Agostamiento y lignificación
En esta estación la planta completa el ciclo de desarrollo de los brotes.

Con el agostamiento, que empieza en verano, se inicia el proceso de lignificación que transformará los brotes en sarmientos.

FORMACIÓN DEL TRONCO VERTICAL

Invierno – 2º año

Antes de empezar a podar es importante saber identificar las tres clases de vigor con el objetivo de intervenir correctamente con diferentes podas.

Vigor débil

La vid presenta, incluso en el segundo año, un desarrollo no uniforme de los dos sarmientos lignificados, los entrenudos son más bien cortos e irregulares (a veces en zigzag) y el diámetro no es suficiente para garantizar la formación correcta del tronco. La producción de nietos es escasa.

Poda página 86

Vigor medio

La vid presenta los dos sarmientos lignificados y bien desarrollados, entrenudos regulares y un diámetro suficiente para garantizar la formación correcta del tronco. Crecen algunos nietos.

Poda página 90

Vigor fuerte
La vid presenta dos sarmientos lignificados excesivamente desarrollados, un diámetro grande y entrenudos excesivamente largos. La producción de nietos es abundante.

Poda página 90

FORMACIÓN DEL TRONCO VERTICAL
Invierno – 2º año, vigor débil

Selección del sarmiento
El sarmiento **A** garantiza la continuidad del flujo de savia principal y está situado en el lado de la vid que no tiene cortes. En cambio, el sarmiento **B** está situado entre dos cortes.

Como se trata de vides de vigor débil, se recomienda realizar una nueva poda de pulgar corta con el objetivo de recuperar el vigor necesario para la formación del tronco.

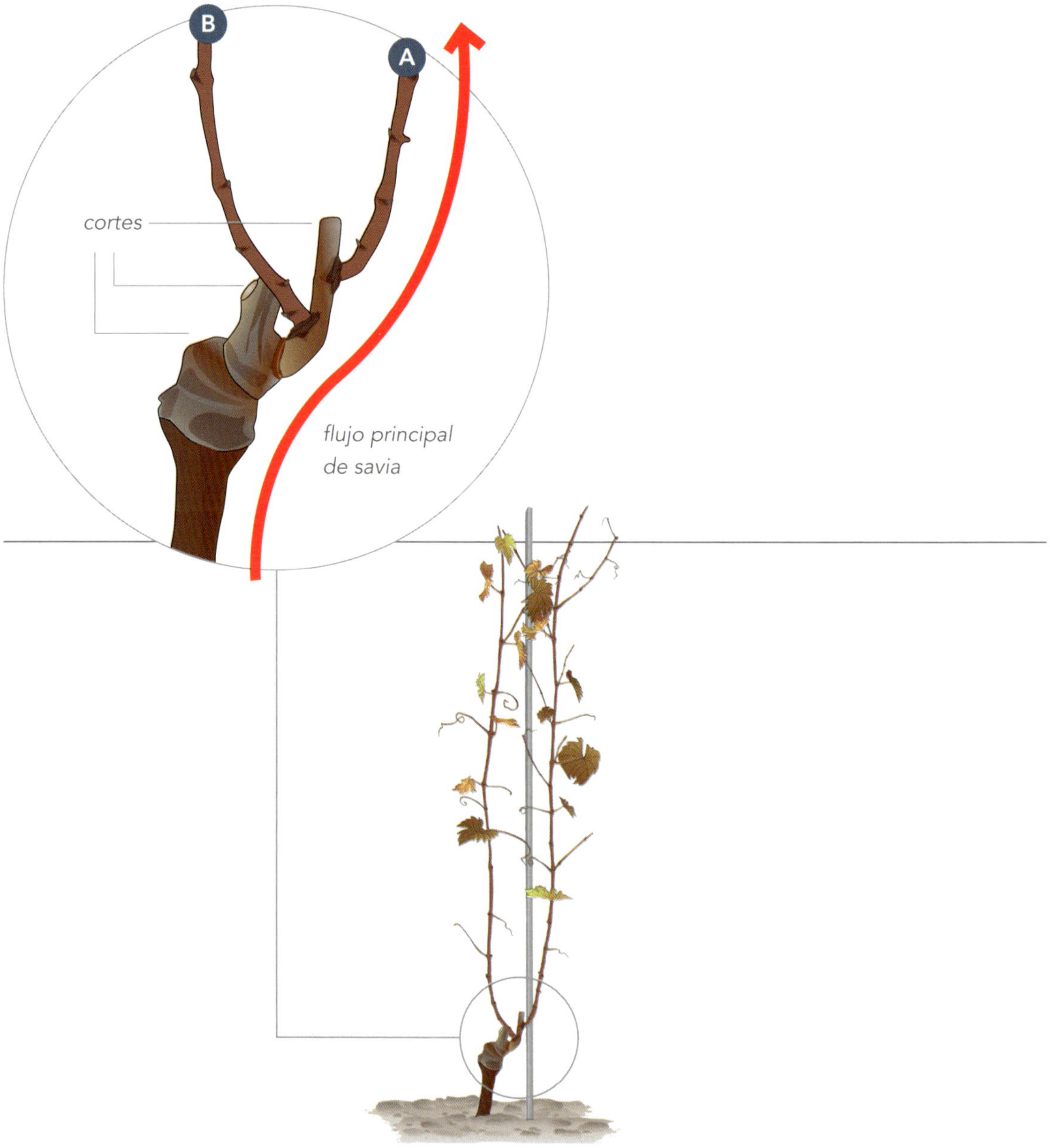

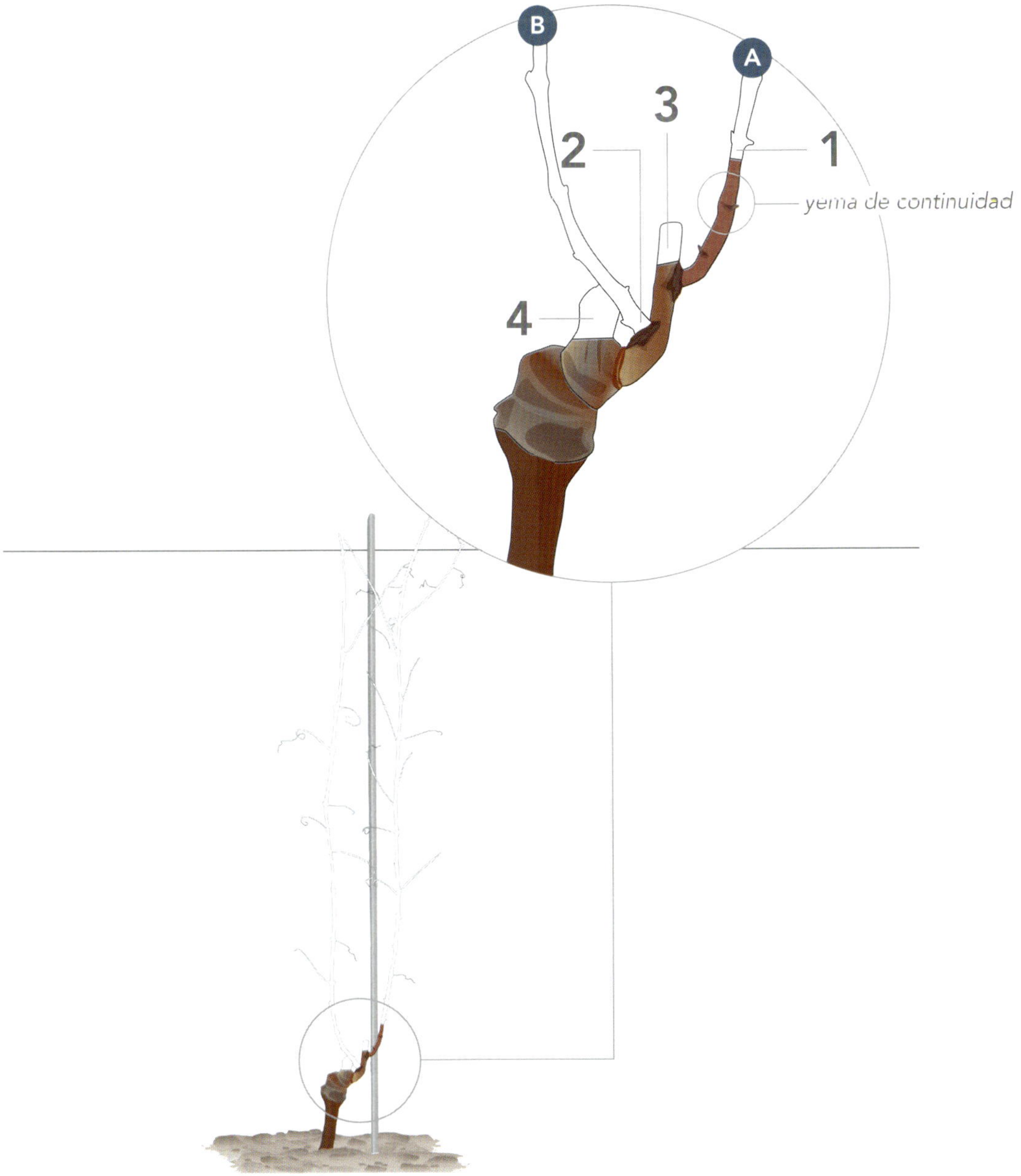

Poda de pulgar

1. Efectuar un corte de pulgar en el sarmiento **A**, tomando la precaución de conservar un buen trozo de madera de respeto por encima de la yema de continuidad (al menos 1 cm).

2. Eliminar el sarmiento **B** con un corte al nivel de la corona.

3-4. Recortar la parte de madera seca del antiguo pulgar.

FORMACIÓN DEL TRONCO VERTICAL
Cómo hemos podado – Invierno 2° año, vigor débil

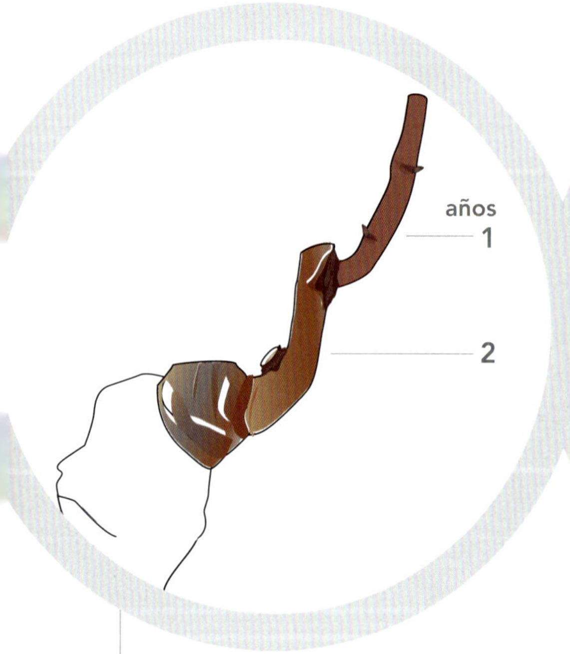

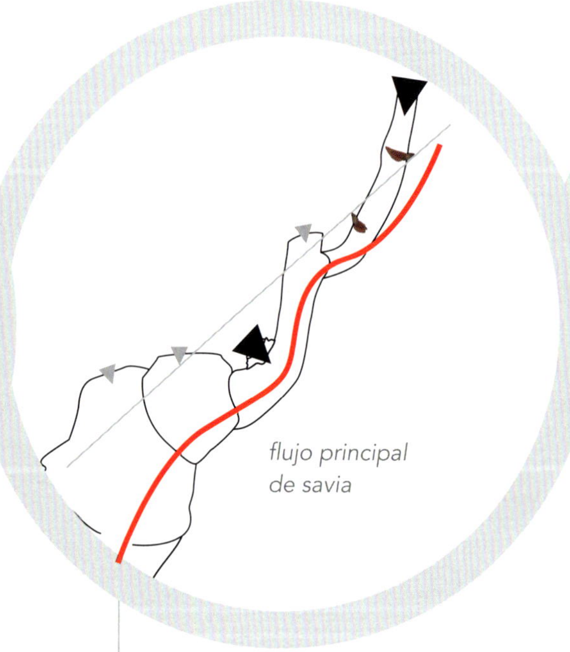

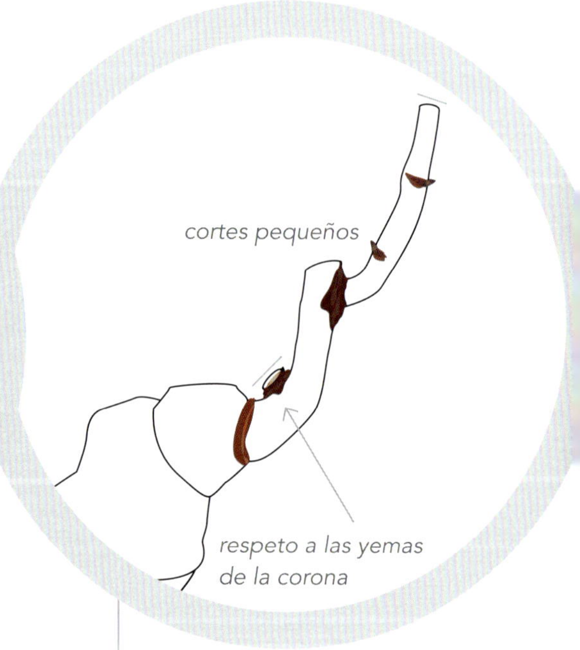

1 Ramificación

Respetando la cronología natural del desarrollo de la planta.

2 Continuidad del flujo de savia

Orientando los cortes hacia el mismo lado para separar el flujo principal de savia de la zona de los conos de desecación.

3 Cortes y coronas

Efectuando cortes de pequeñas dimensiones (en madera de uno y dos años), respetando las yemas de la corona que están en el flujo principal de savia.

▲ *Conos de desecación de los cortes realizados en el año actual*

▲ *Conos de desecación de los cortes realizados en años anteriores*

4 Madera de respeto

Dejando un trozo de madera de respeto.

Si el sarmiento muestra un vigor débil incluso en el segundo año, es necesario repetir la poda de pulgar. De esta manera, será posible obtener sarmientos bien desarrollados con los que poder formar el tronco del futuro cordón al año siguiente.

Fase incompleta, tronco sin formar
pág. 78

FORMACIÓN DEL TRONCO VERTICAL

Invierno – 2º año, vigor medio o fuerte

Cuando las **yemas están alineadas con la dirección de la hilera**, se procede de la siguiente manera.

Selección del sarmiento
El sarmiento **A** garantiza la continuidad del flujo de savia principal porque está situado hacia el lado de la planta que no tiene cortes. En cambio, el sarmiento **B** está situado entre dos cortes.

Para vigores medio o fuerte se recomienda podar al nivel del alambre de formación.

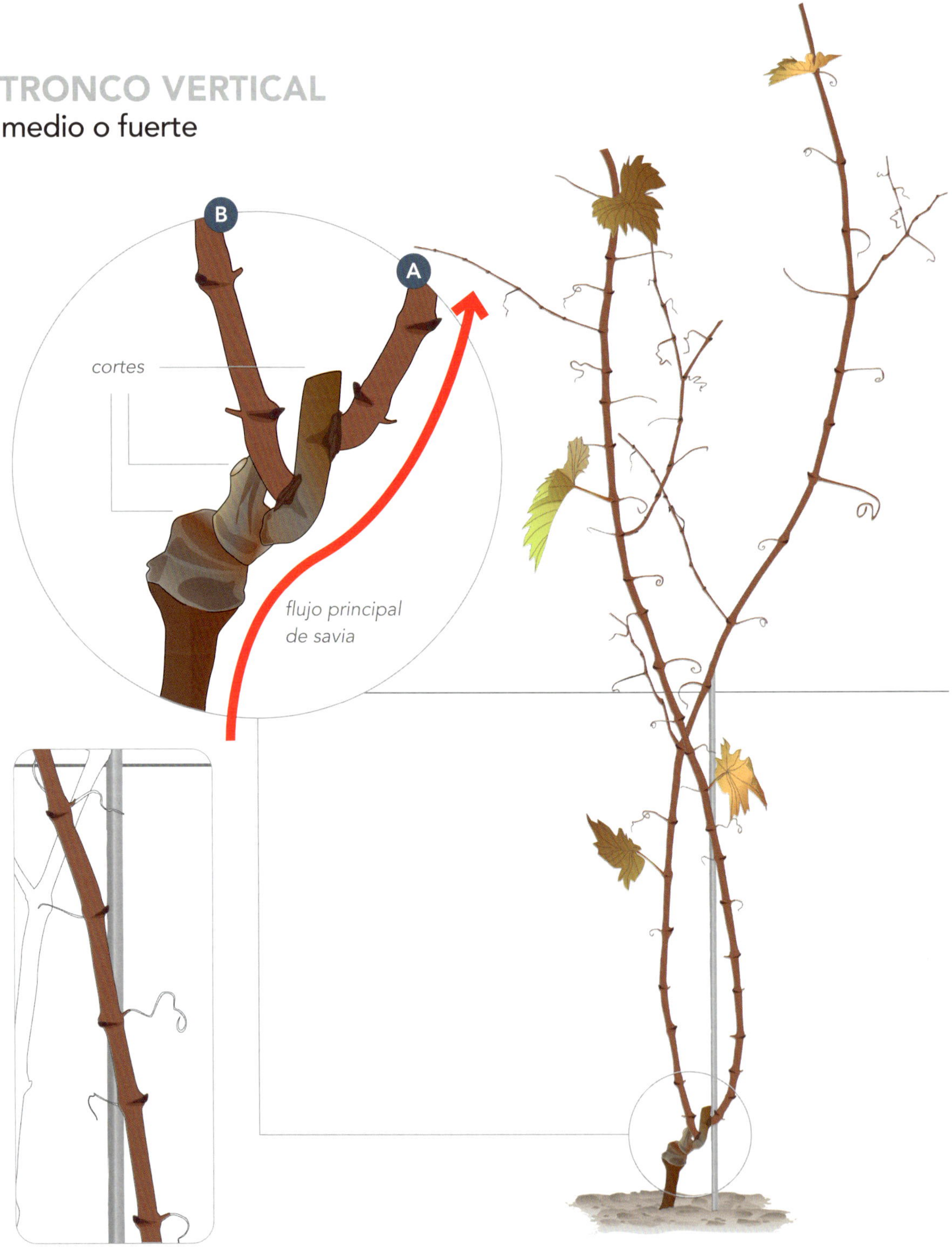

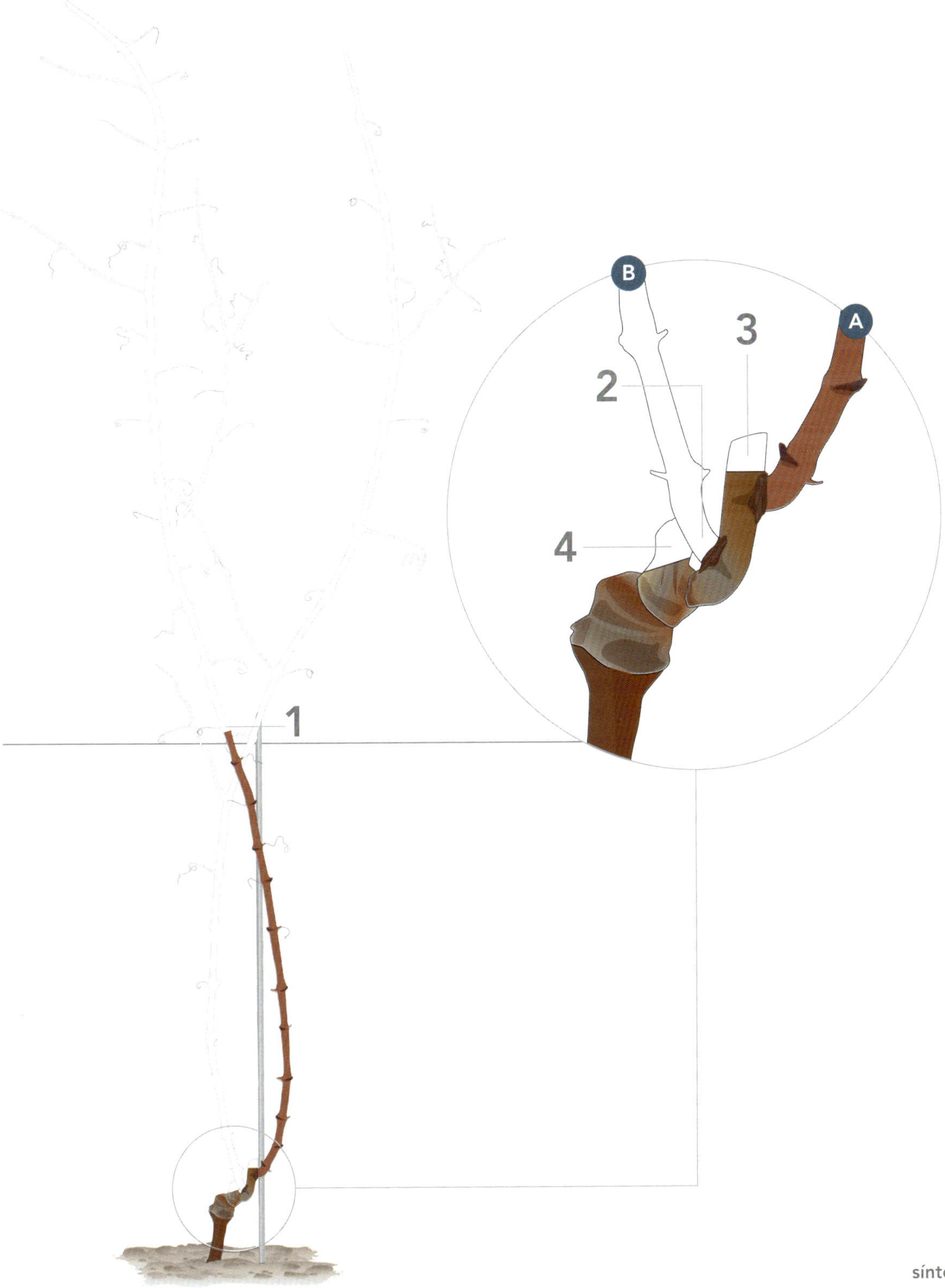

Poda al nivel del alambre de formación

1. Podar el sarmiento **A**, que asegurará la continuidad del flujo de savia principal, al nivel del alambre de formación.

2. Eliminar el sarmiento **B** con un corte al nivel de la corona.

3-4. Recortar la parte de madera seca del antiguo pulgar.

Tronco formado
síntesis en la pág. 96

FORMACIÓN DEL TRONCO VERTICAL

Invierno – 2º año, vigor medio o fuerte

Cuando las **yemas son transversales al sentido de la hilera**, se procede de la siguiente manera.

Selección del sarmiento

El sarmiento **A** garantiza la continuidad del flujo de savia principal porque está situado hacia el lado de la planta que no tiene cortes. En cambio, el sarmiento **B** está situado entre dos cortes.

Para vigores medio o fuerte se recomienda podar por encima del alambre de formación.

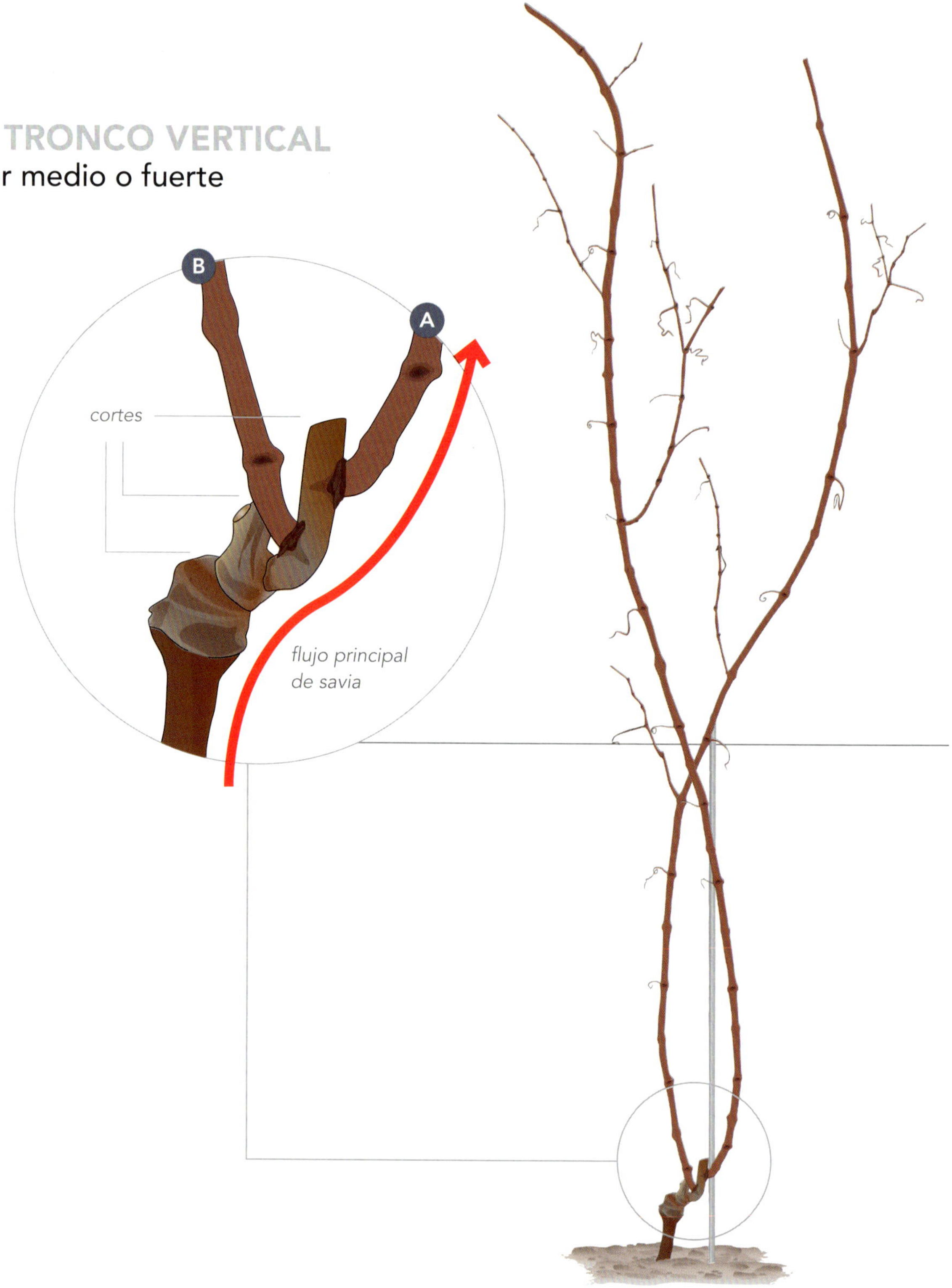

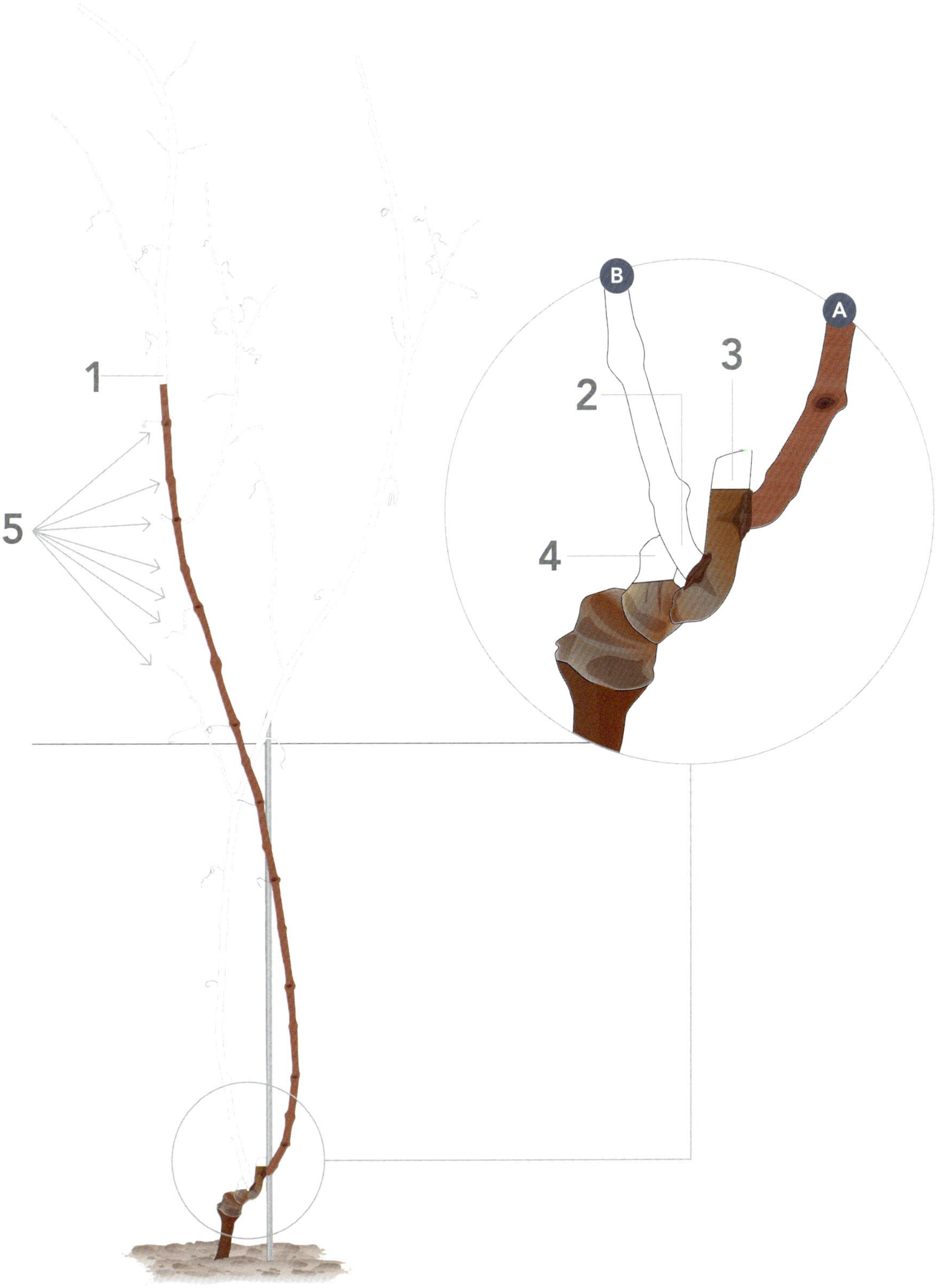

Poda por encima del alambre de formación

1. Podar el sarmiento **A** en 5-6 entrenudos por encima del alambre de formación para asegurar la continuidad del flujo de savia principal.

2. Eliminar el sarmiento **B** con un corte al nivel de la corona.

3-4. Recortar la parte de madera seca del antiguo pulgar.

5. Eliminar todas las yemas del sarmiento situadas por encima del alambre de formación (*fotos inferiores*).

FORMACIÓN DEL TRONCO VERTICAL
Invierno – 2º año, vigor medio o fuerte, yemas transversales

Orientación de las yemas transversales
Para cambiar la orientación transversal de las yemas y alinearlas con la dirección de la hilera, se gira la parte vertical del sarmiento en la fase de arqueado.

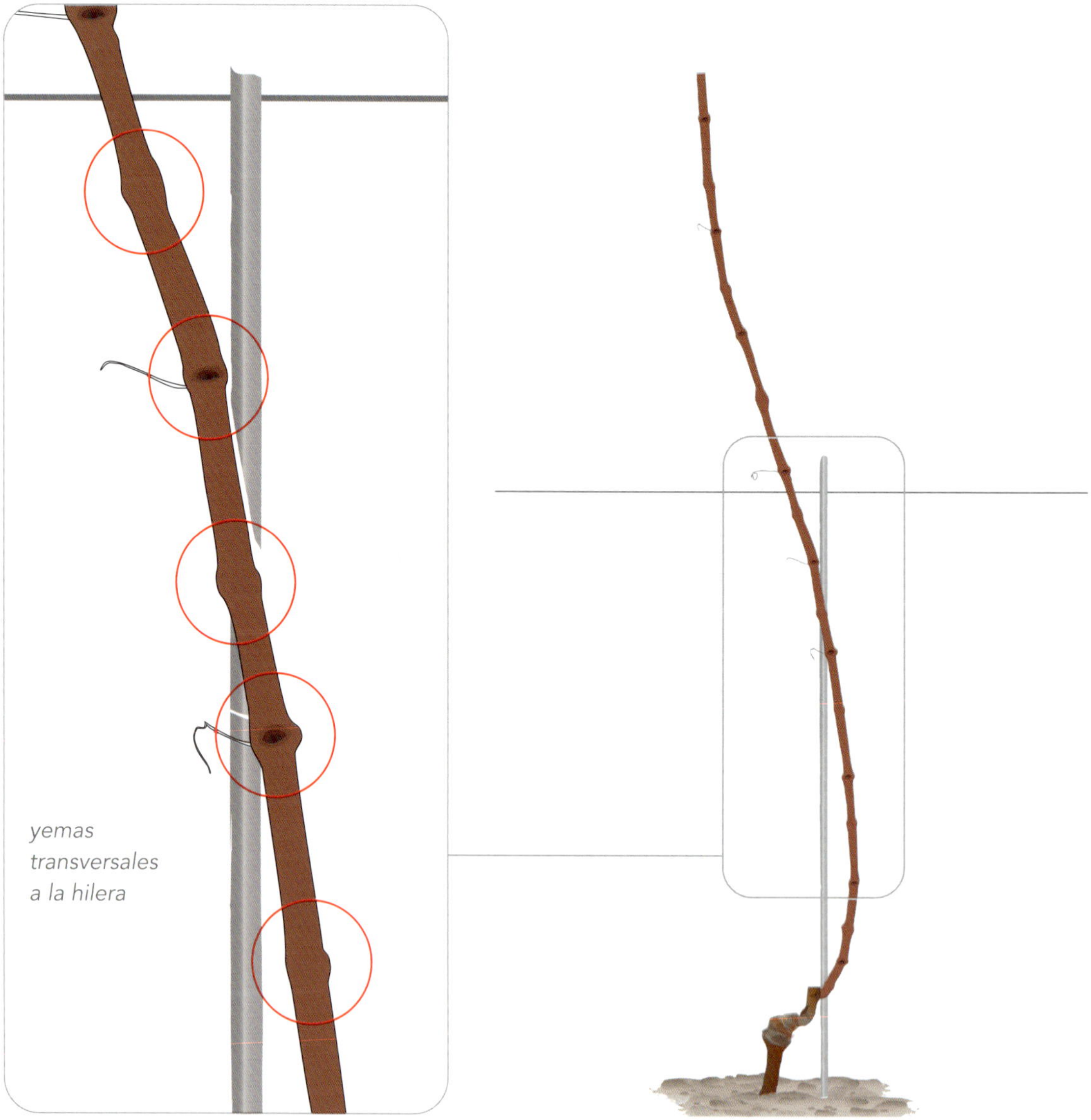

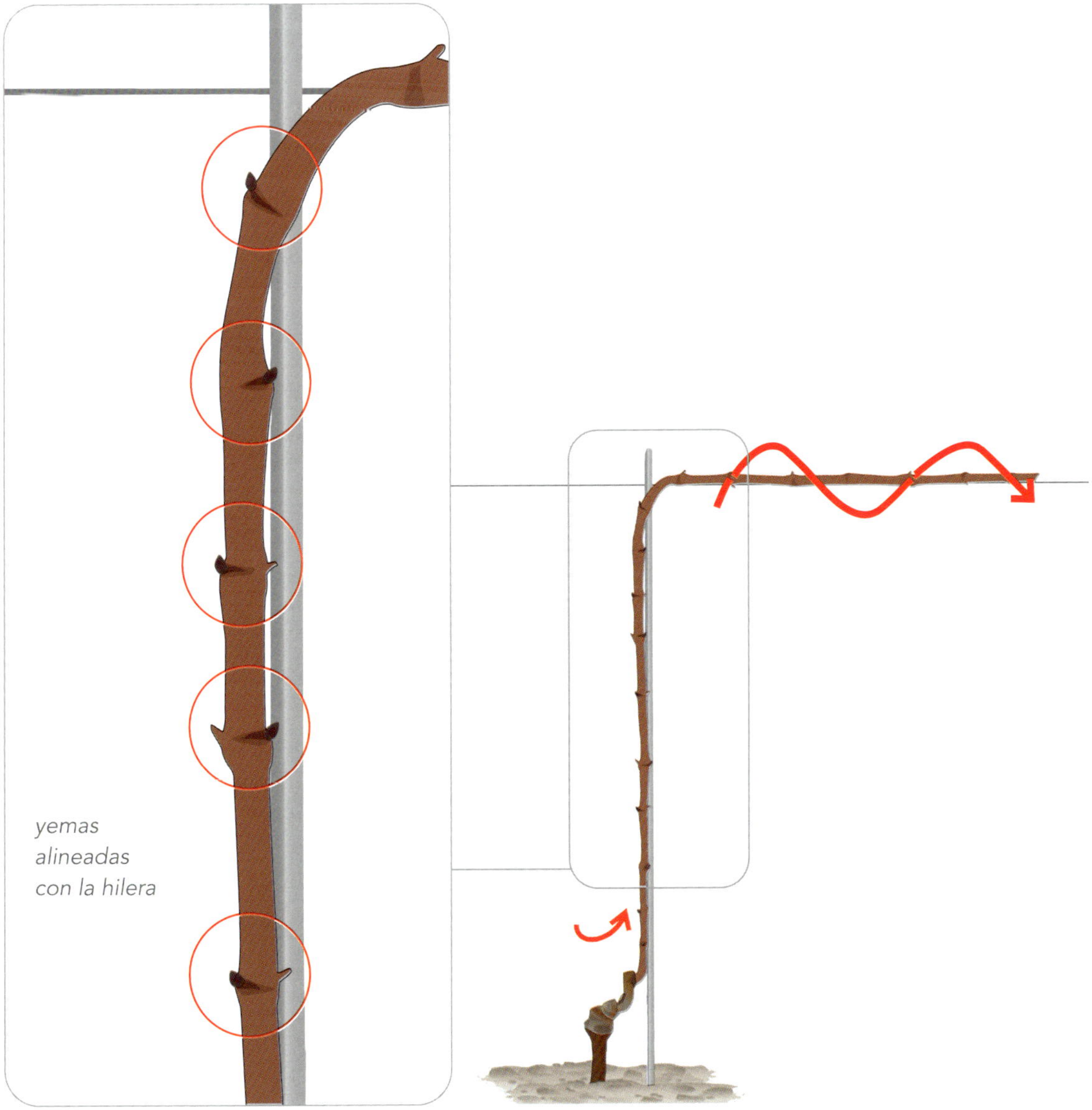

Arqueado
Para mantener la nueva orientación de las yemas en la parte vertical, se enrolla la parte final del sarmiento alrededor del alambre de formación.

Atado
La parte vertical del sarmiento se fija al tutor con cuidado de no aplastar las yemas contra el tutor.

FORMACIÓN DEL TRONCO VERTICAL

Cómo hemos podado – Invierno 2° año, vigor medio o fuerte, yemas transversales

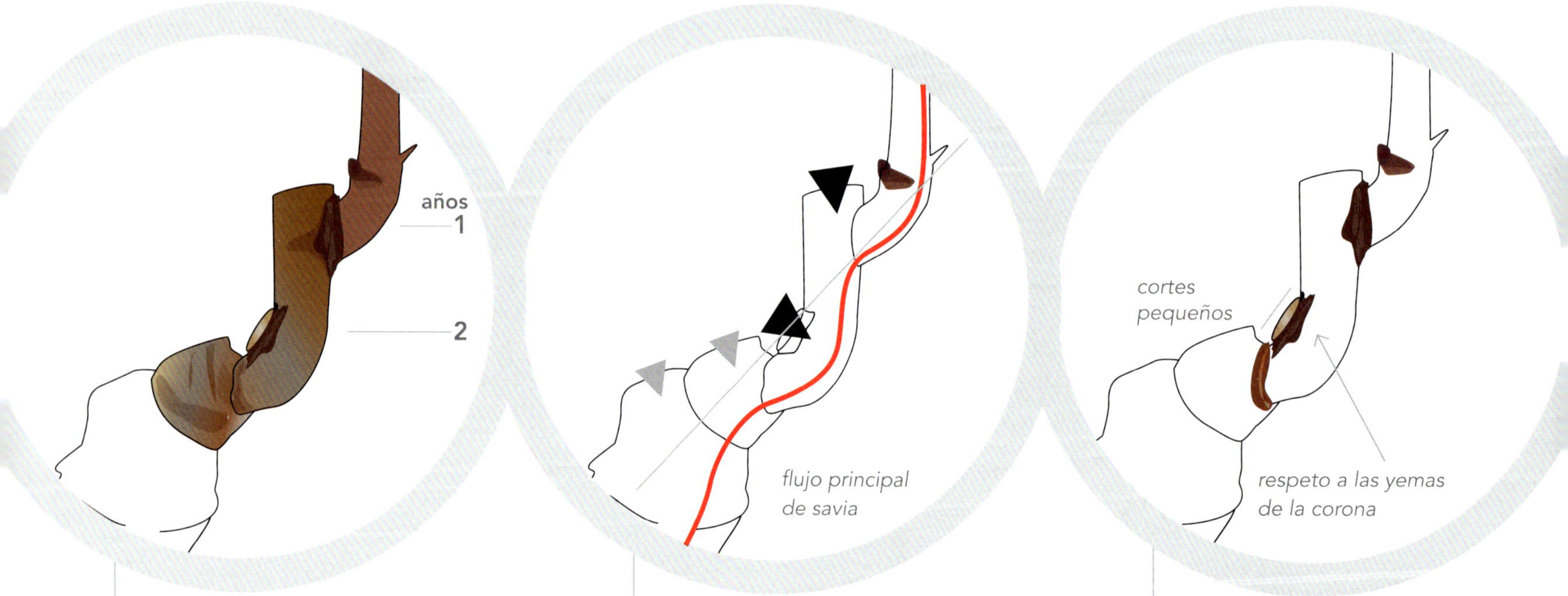

1 Ramificación

Respetando la cronología natural del desarrollo de la planta.

2 Continuidad del flujo de savia

Orientando los cortes hacia el mismo lado para separar el flujo principal de savia de la zona de los conos de desecación.

3 Cortes y coronas

Efectuando cortes de pequeñas dimensiones (en madera de uno y dos años), respetando las yemas de la corona que están en el flujo principal de savia.

▲ *Conos de desecación de los cortes realizados en el año actual*

▲ *Conos de desecación de los cortes realizados en años anteriores*

Cómo hemos atado
El atado de la parte vertical del sarmiento al tutor se realiza con mucho cuidado de no aplastar las yemas contra el tutor.

¿Qué forma dar a la estructura?
Al año siguiente se decide qué tipo de estructura dar al cordón: doble, simple vertical o simple oblicuo.

Tronco formado

Formación del cordón doble cap. 7

Formación del cordón simple vertical cap. 8

Formación del cordón simple oblicuo cap. 9

Capítulo 7

Formación del cordón doble

Cordón doble
a cuatro puntos vegetativos

GUION DEL CAPÍTULO

Objetivos

1. Formar el cordón doble.
2. Ocupar progresivamente el espacio entre dos plantas.
3. Formar la ramificación vertical de los puntos vegetativos.

Características del cordón doble

En esta fase empieza la ramificación modular de la estructura del cordón, que continuará en los años siguientes con el desarrollo de los puntos vegetativos.

Características de los puntos vegetativos:

- desarrollo vertical a partir del alambre de formación;
- equidistancia;
- en línea con la hilera.

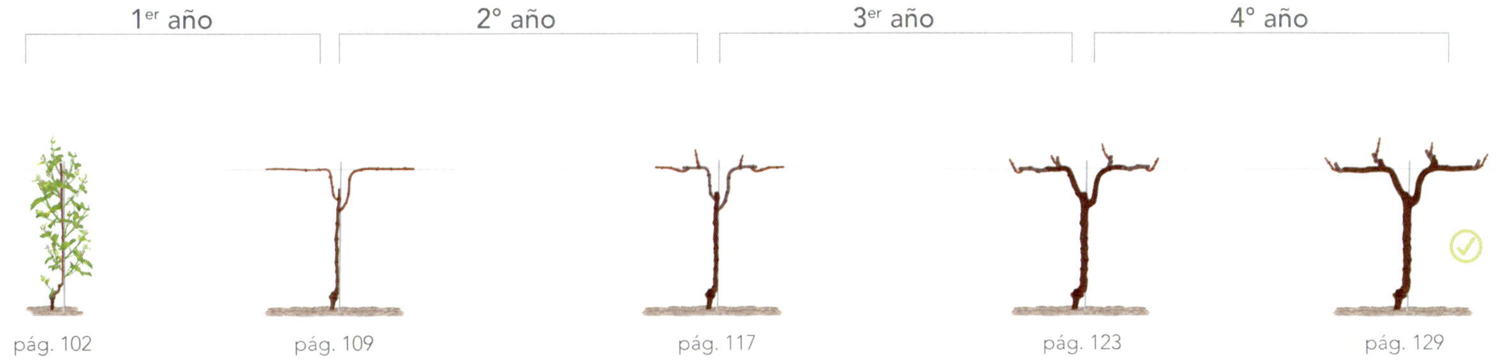

Cordón doble a cuatro puntos vegetativos
Poda y selección de los sarmientos que formarán los futuros cordones horizontales.

Formación de los brazos horizontales y los puntos vegetativos
Durante los dos primeros años se realizan podas para fijar los cordones horizontales y los puntos vegetativos.
Con el alargamiento, el espacio entre plantas se irá ocupando progresivamente.

Ramificación controlada de los puntos vegetativos
Con esta fase se termina la formación de la estructura principal del cordón.
A partir de este momento, la planta continúa su desarrollo mediante la ramificación vertical de los puntos vegetativos.

Cordón formado. Siguiente fase en el capítulo 10

CORDÓN DOBLE A CUATRO PUNTOS VEGETATIVOS

Primavera – 1er año

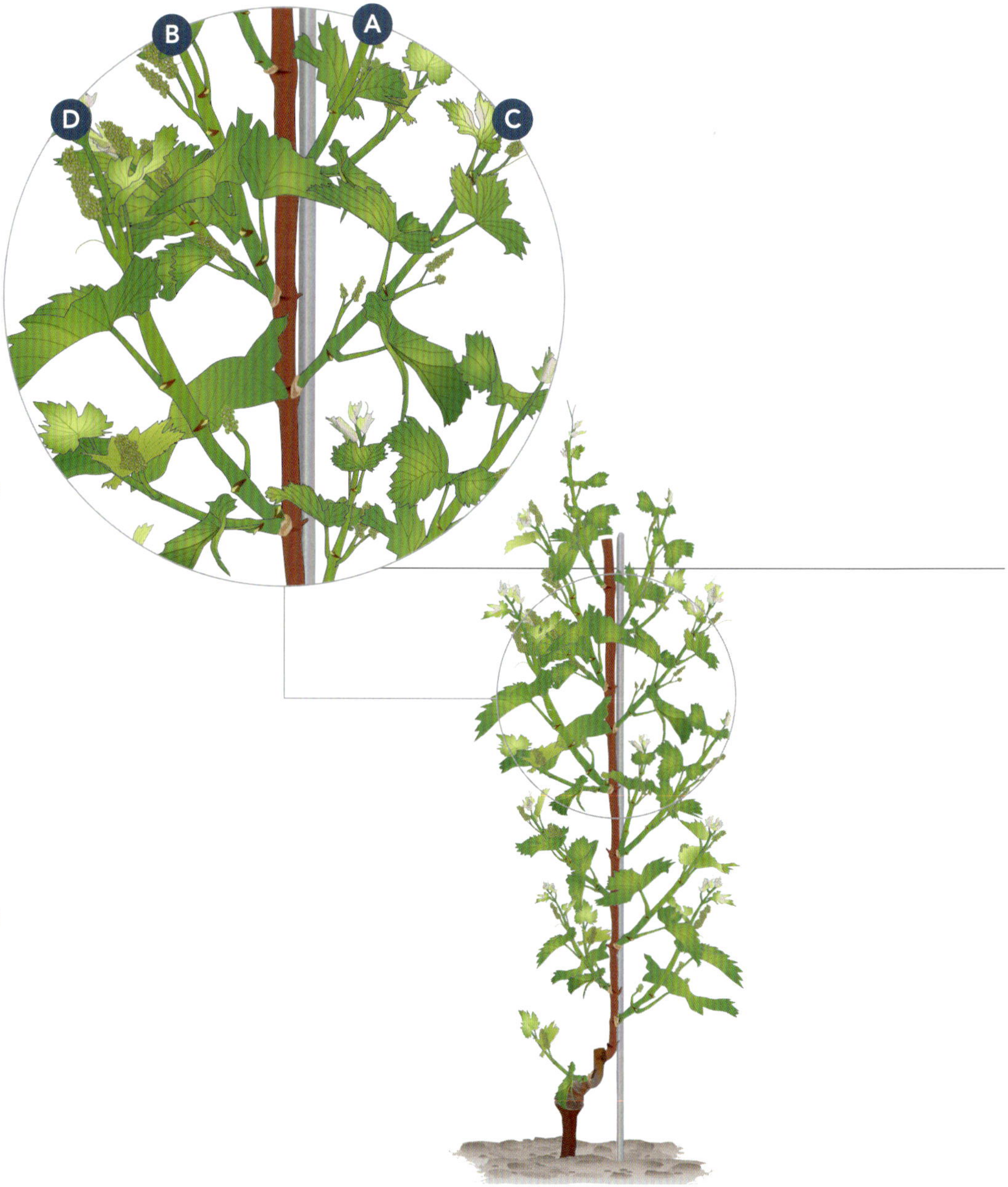

Poda en verde
En la brotación se realiza la poda en verde, eliminando todos los brotes superfluos y conservando solo los que están mejor situados para la ramificación del tronco.

Por qué
Para evitar cortes en invierno y así reducir el número de heridas, dirigir las sustancias de reserva hacia las yemas restantes con el objetivo de garantizar un desarrollo homogéneo de la planta (longitud de los entrenudos, diámetro, longitud de los sarmientos) y evitar el amontonamiento excesivo de la vegetación.

Cuándo
Intervenir en brotes de 5 a 10 cm de longitud.

Cómo
Identificando y manteniendo los cuatro brotes de referencia **A**, **B**, **C** y **D** por debajo del alambre de formación y a la altura que se decida formar el tronco lateral. Eliminar los demás brotes.

Eliminación de los brotes secundarios

Después de la limpieza del tronco se procede a la eliminación de los brotes secundarios.

En el caso del cordón doble, los brotes **B** y **C** constituirán los futuros cordones horizontales. Los brotes **A** y **D** son brotes de reserva.

CORDÓN DOBLE A CUATRO PUNTOS VEGETATIVOS

Verano – 1er año

Conducción de la vegetación
Durante el verano se continúa con la conducción vertical de la vegetación.

Atado
Si es necesario, se atarán los brotes que corren el riesgo de romperse.

Despuntado
Se aconseja proceder a un despuntado cuando los brotes sobrepasen el último alambre de soporte.

Si es necesario, se realizará una segunda poda en verde para eliminar posibles rebrotes en el tronco y alrededor del punto de injerto.

Otoño – 1er año

Agostamiento y lignificación
En esta estación la planta completa el ciclo de desarrollo de los brotes.

Con el agostamiento, que empieza en verano, se inicia el proceso de lignificación que transformará los brotes en sarmientos.

En esta fase se puede regular la carga productiva con un aclareo de racimos.

CORDÓN DOBLE A CUATRO PUNTOS VEGETATIVOS

Invierno – 1er año

Selección de los futuros cordones horizontales

En esta fase se eligen los dos sarmientos mejor situados (**B** y **C**) que constituirán los futuros cordones a la izquierda y a la derecha del tronco. Los sarmientos de reserva **A** y **D** se eliminan.

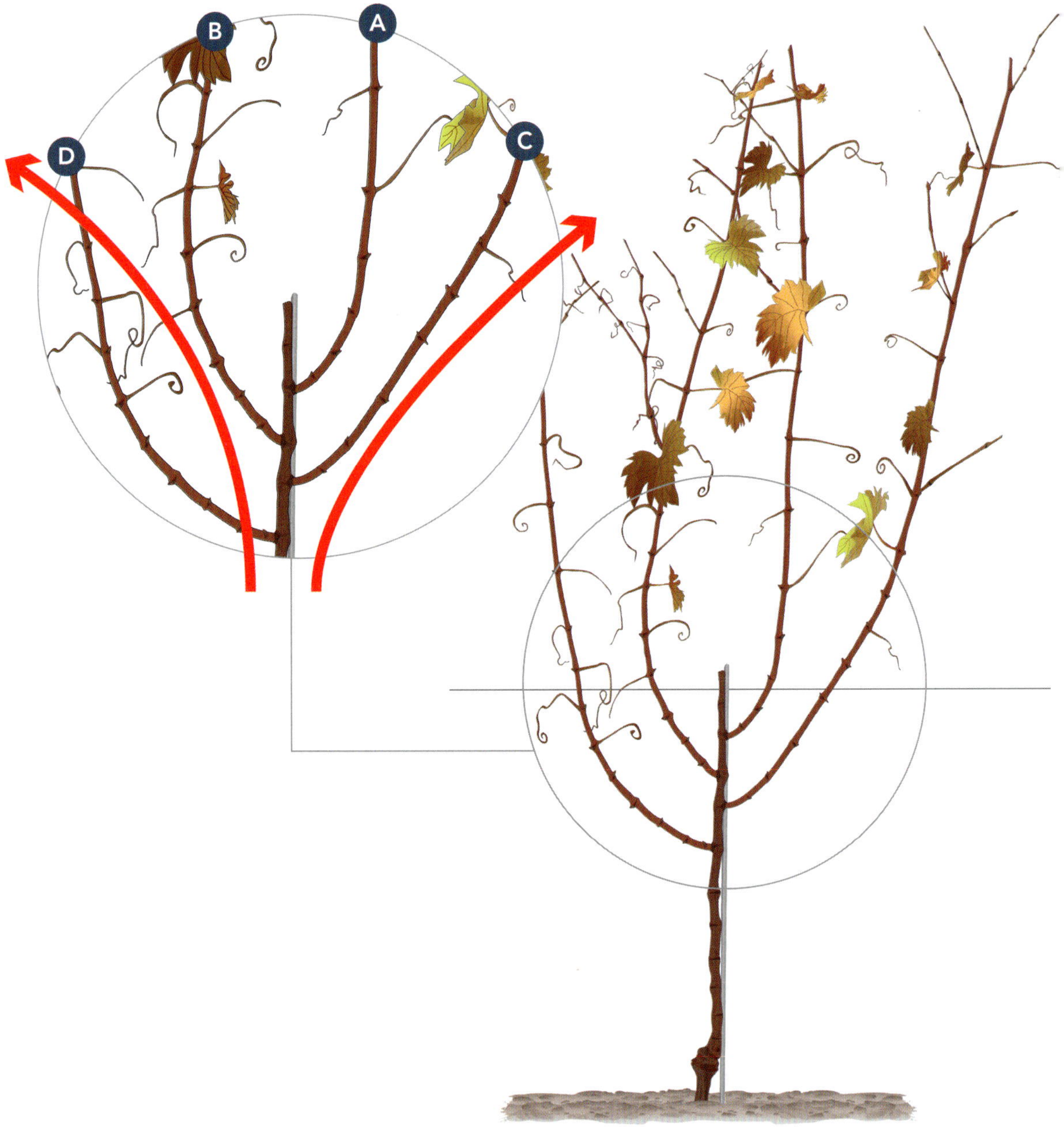

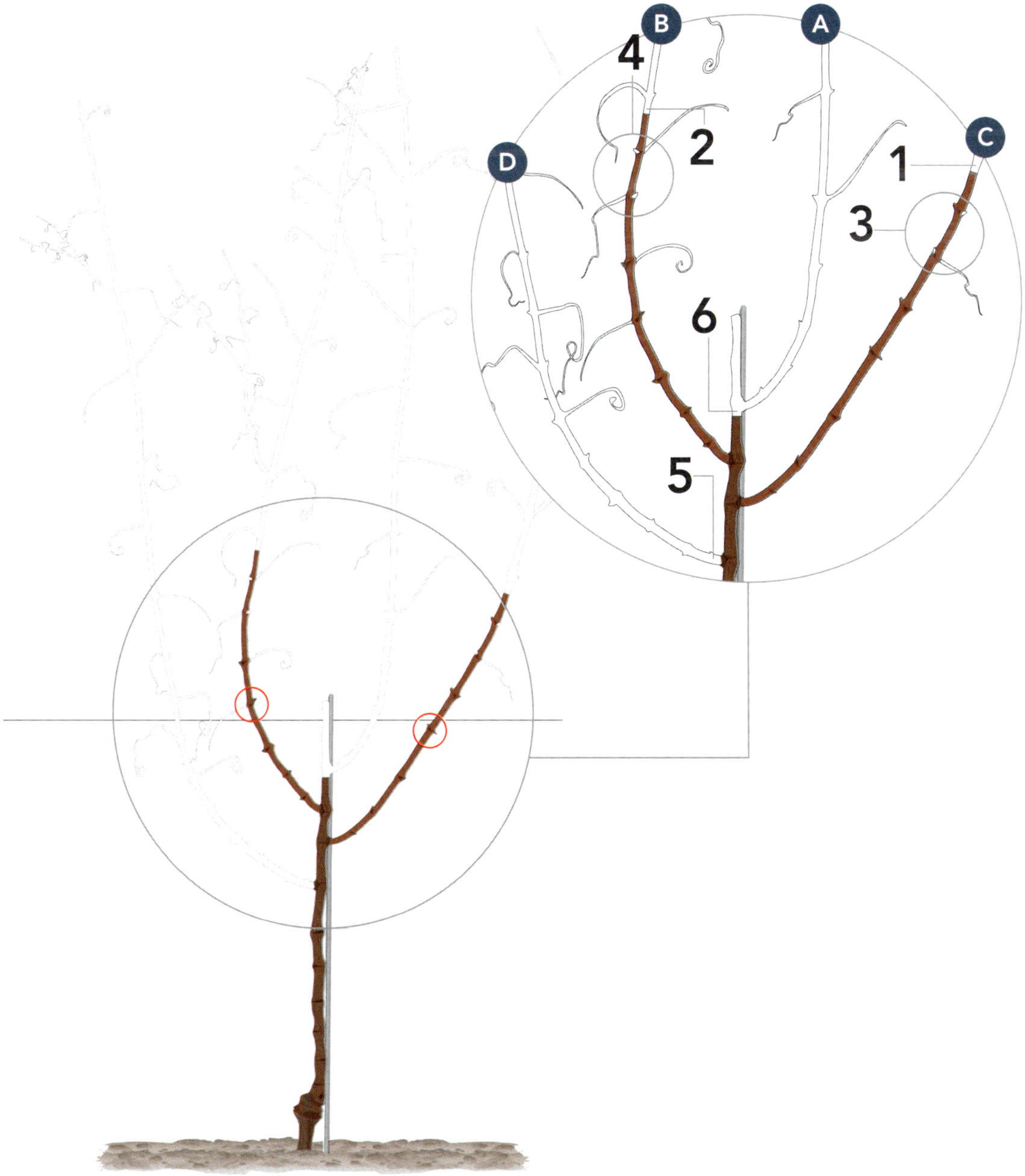

Poda

1-2. En los sarmientos **B** y **C**, localizar la primera yema que esté cerca del alambre de formación (*círculo rojo*) y cortar dejando tres nudos sucesivos.

3-4. Eliminar (*foto inferior*) las dos últimas yemas de los sarmientos **B** y **C** (*círculo gris*).

5. Eliminar el sarmiento de reserva **D** cortándolo al nivel de la corona.

6. Eliminar el sarmiento de reserva **A** dejando un trozo de madera de respeto suficientemente largo.

CORDÓN DOBLE A CUATRO PUNTOS VEGETATIVOS
Cómo hemos podado – Invierno 1er año después de la poda de formación

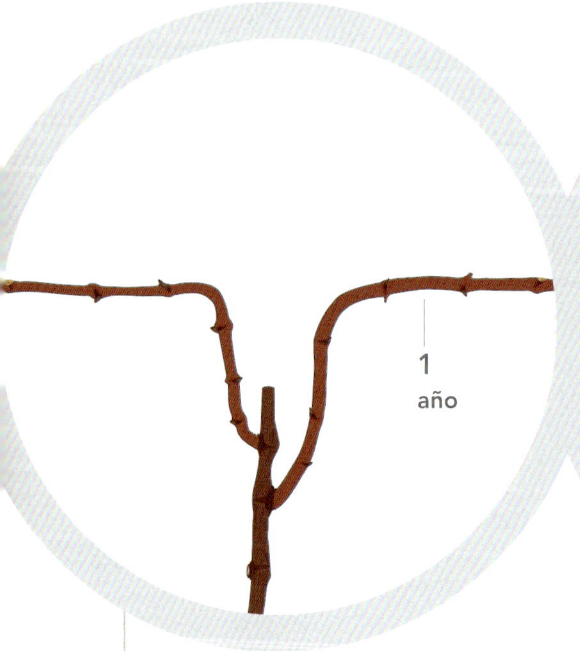

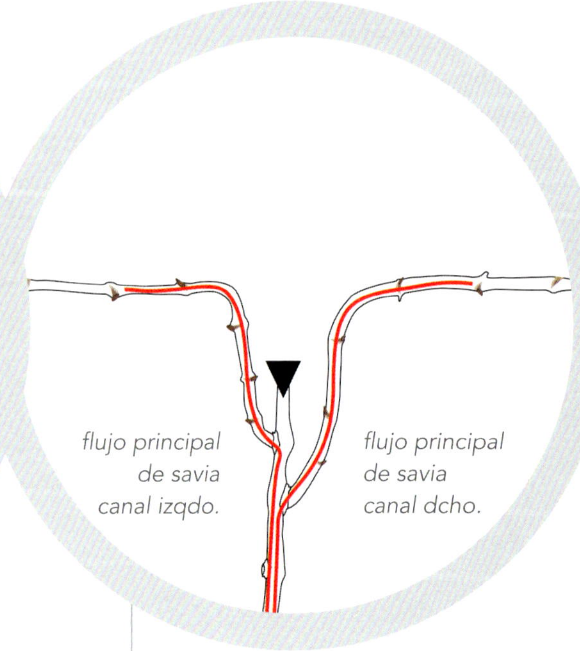

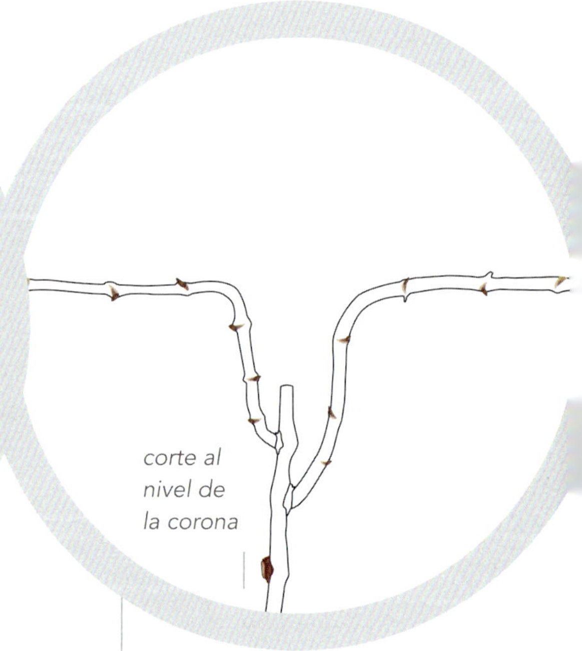

1 Ramificación

Respetando la cronología natural del crecimiento de la planta.

2 Continuidad del flujo de savia

Eligiendo un sarmiento del lado izquierdo y otro del lado derecho del tronco para fijar los dos cordones horizontales.

3 Cortes y coronas

Efectuando cortes de pequeñas dimensiones (en madera de uno y dos años), respetando las yemas de la corona que están en el flujo principal de savia.

▲ *Conos de desecación de los cortes realizados en el año actual*

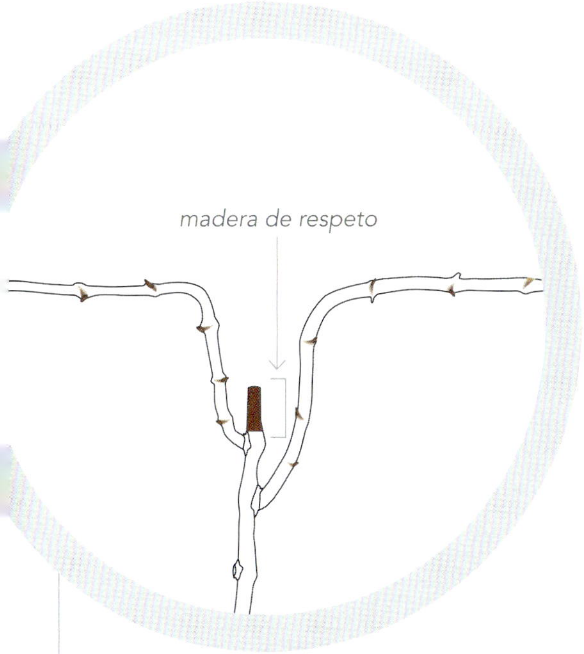

4 Madera de respeto

Manteniendo un trozo de madera de respeto.

Cómo hemos arqueado
Los sarmientos han sido arqueados sobre el alambre de formación. Para facilitar el arqueado hemos eliminado las dos últimas yemas.

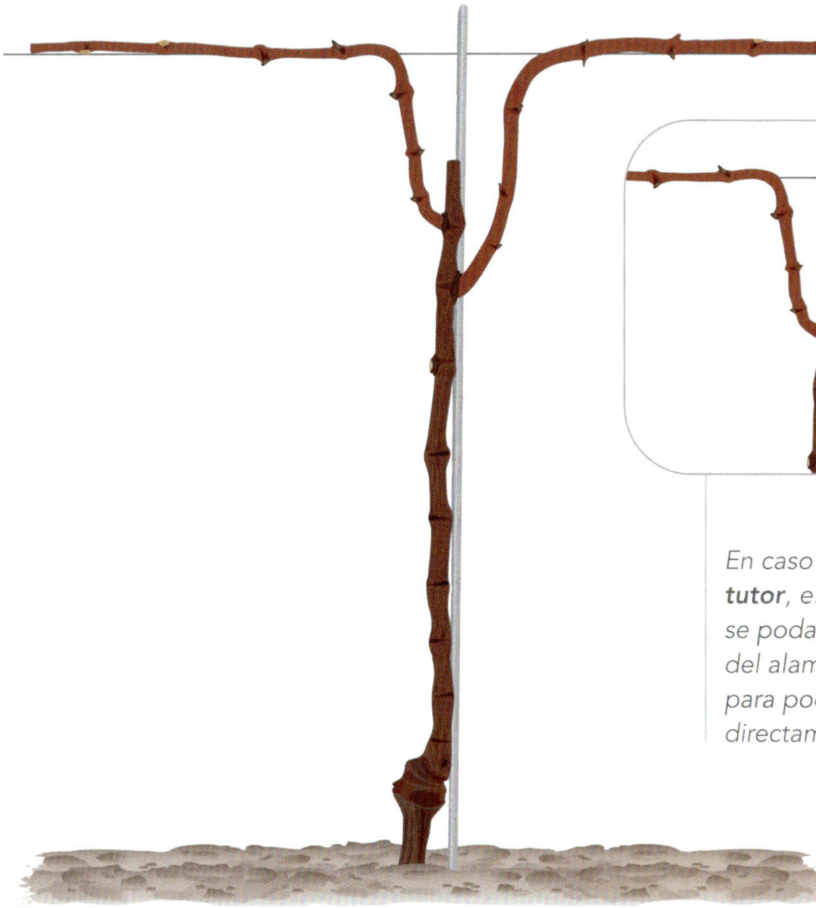

En caso de que ***no haya tutor****, el tronco vertical se podará por encima del alambre de formación para poder fijar la planta directamente al alambre.*

CORDÓN DOBLE A CUATRO PUNTOS VEGETATIVOS

Primavera – 2º año

Poda en verde
En la brotación se realiza la poda en verde para eliminar los brotes superfluos, mientras que los que están en posiciones correctas se conservan para desarrollar la ramificación vertical.

Por qué
Para evitar cortes en invierno y así reducir el número de heridas, dirigir las sustancias de reserva hacia las yemas restantes con el objetivo de garantizar un desarrollo homogéneo de la planta (longitud de los entrenudos, diámetro, longitud de los sarmientos) y evitar el amontonamiento excesivo de la vegetación.

Cuándo
Intervenir en brotes de 5 a 10 cm de longitud

Cómo
Identificar los cordones horizontales, mantener los últimos brotes de cada cordón (**A**, **B** y **C**, **D**), mantener un brote de reserva de cada lado (**E** y **F**), eliminar los demás brotes.

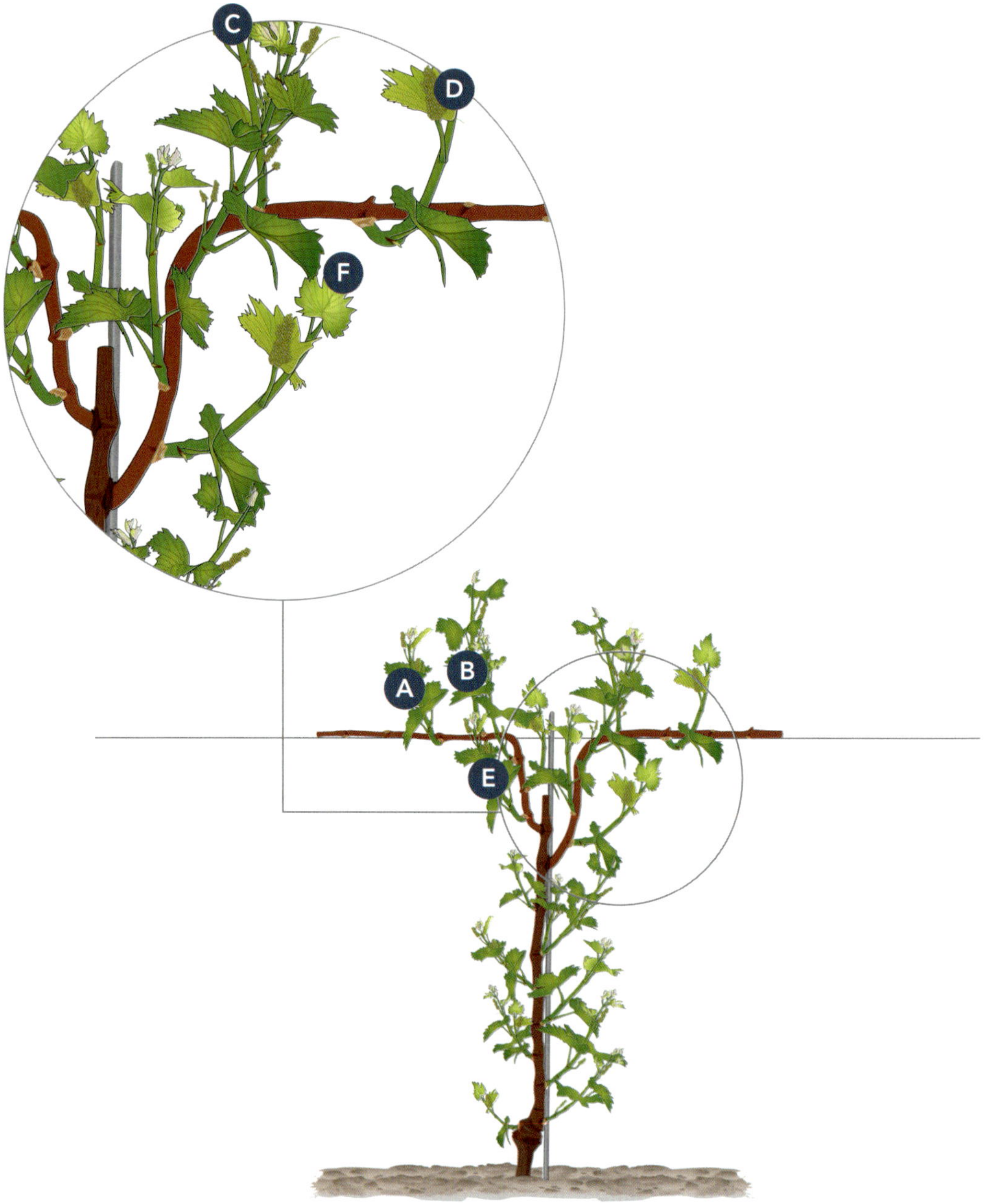

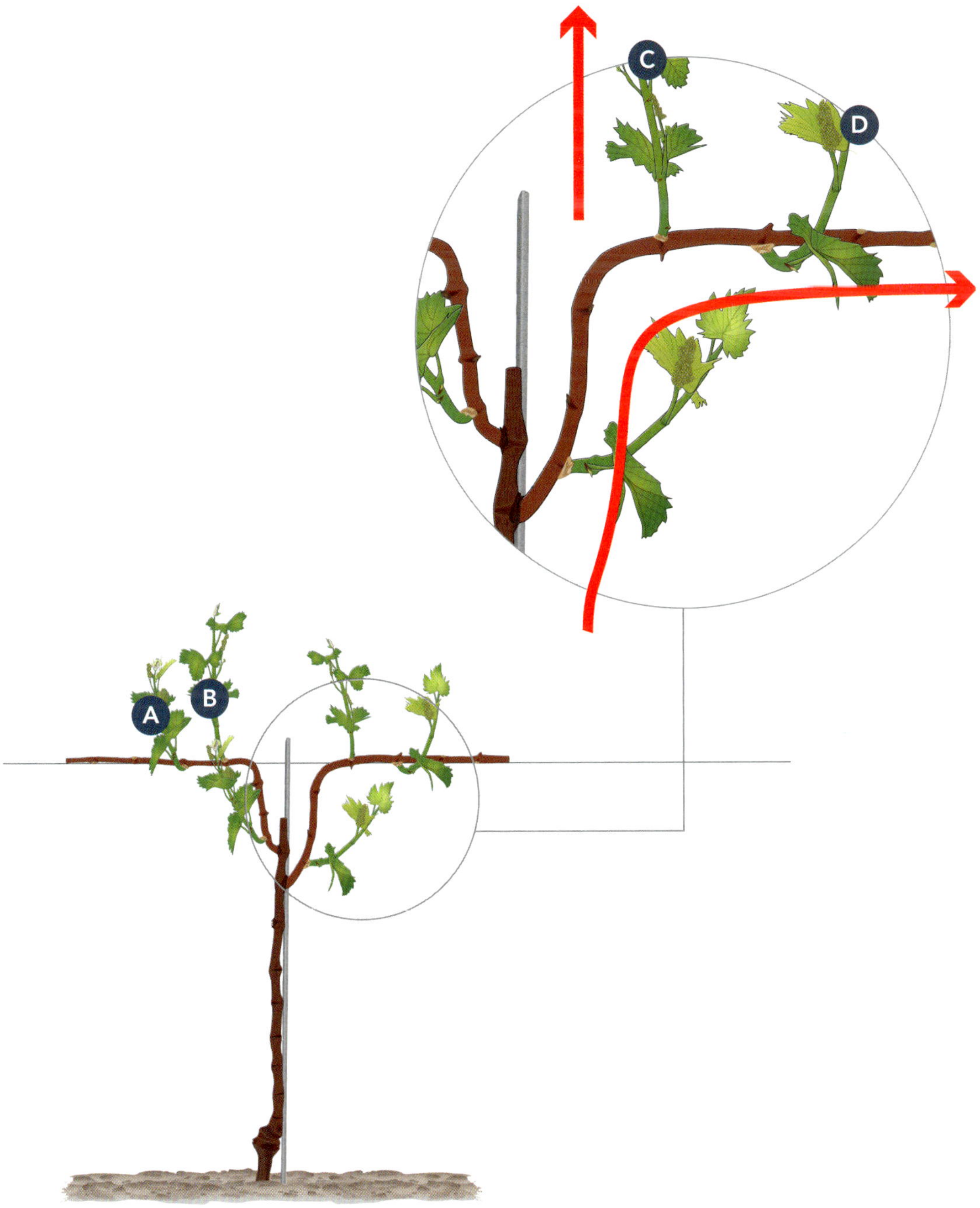

Eliminación de los brotes secundarios

Después de la limpieza del tronco se procede a la eliminación de los brotes secundarios.

Los brotes **B** y **C**, situados respectivamente en los cordones izquierdo y derecho, son los futuros pulgares que permitirán iniciar la ramificación vertical. En cambio, los brotes **A** y **D** servirán para completar la formación de los cordones horizontales.

CORDÓN DOBLE A CUATRO PUNTOS VEGETATIVOS
Verano – 2º año

Conducción de la vegetación
Durante el verano se continúa con la conducción vertical de la vegetación.

Atado
Si es necesario, se atarán los brotes que corren el riesgo de romperse.

Despuntado
Se aconseja despuntar los brotes cuando la vegetación sobrepase el último alambre de soporte.

Si es necesario, se realizará una segunda poda en verde para eliminar posibles rebrotes en el tronco y alrededor del punto de injerto.

Otoño – 2º año

Agostamiento y lignificación
En esta estación la planta completa el ciclo de desarrollo de los brotes.

Con el agostamiento, que empieza en verano, se inicia el proceso de lignificación que transformará los brotes en sarmientos.

En esta fase se puede regular la carga productiva con un aclareo de racimos.

CORDÓN DOBLE A CUATRO PUNTOS VEGETATIVOS
Invierno – 2° año

Selección de los pulgares y de las prolongaciones
Los sarmientos de la vid están bien lignificados, son homogéneos y presentan un buen desarrollo del eje principal y de los nietos. Los entrenudos tienen una longitud media y regular.

En esta fase se localizan los dos primeros puntos vegetativos y se podan a pulgar los dos sarmientos (**B** y **C**) procedentes de los cordones horizontales.
A continuación, se seleccionan los sarmientos (**A** y **D**) para prolongar los cordones.
A y **D** deben ser podados a 3 o 4 yemas, de manera que la última yema esté orientada hacia abajo para respetar el flujo de savia.
Luego se eliminan los sarmientos restantes.

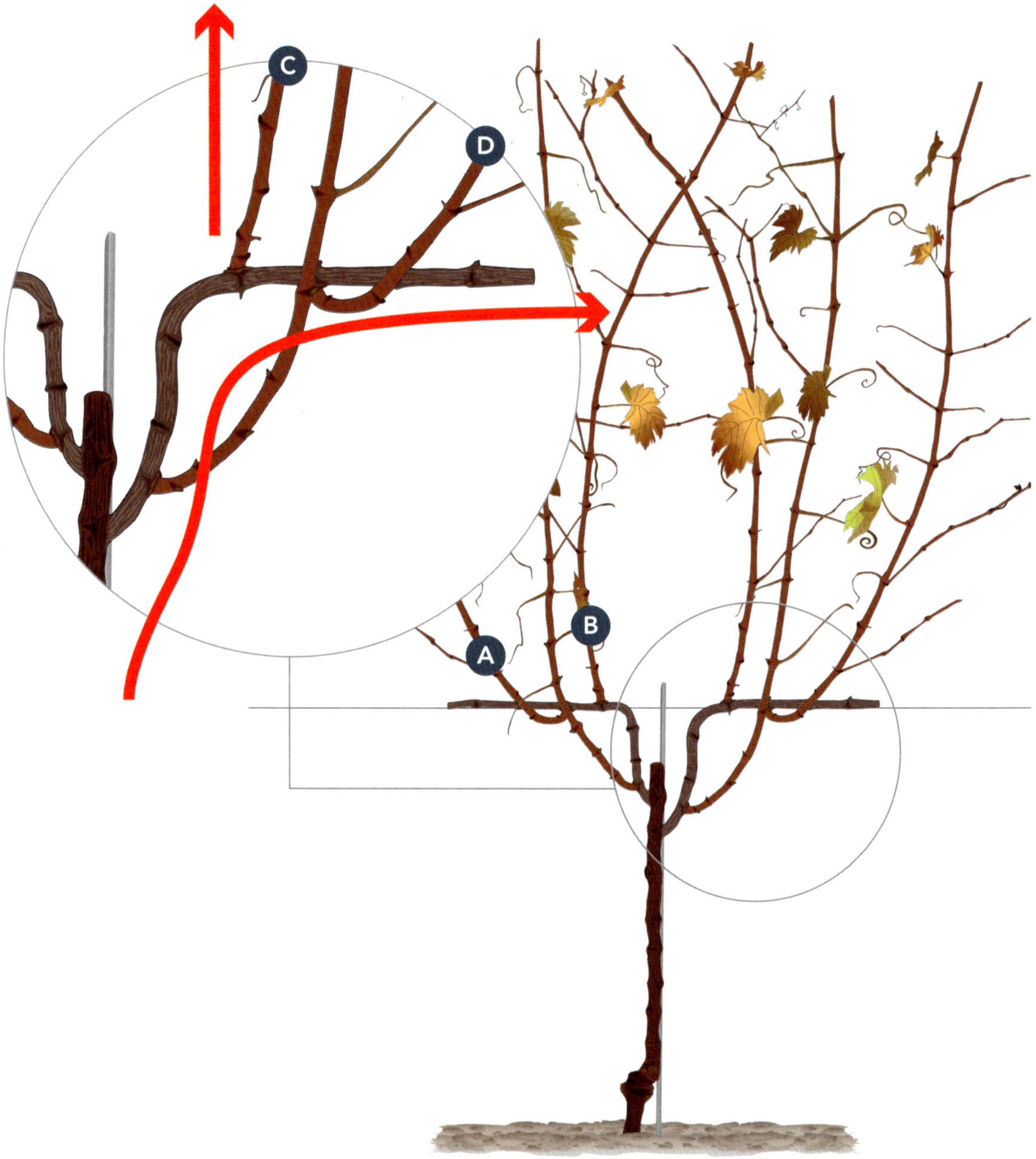

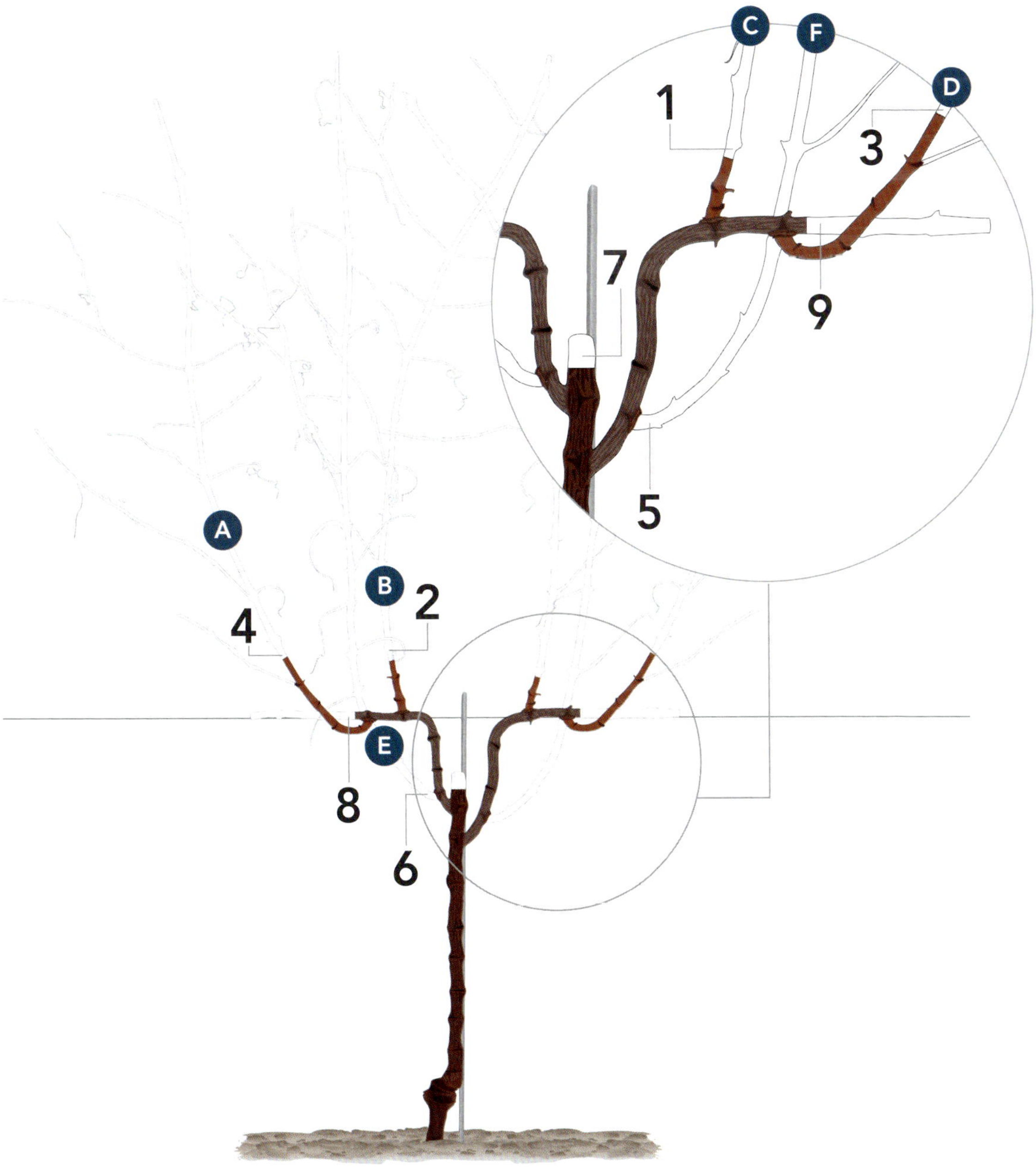

Poda

1-2. Podar a pulgar con dos yemas francas los sarmientos **B** y **C** situados en la parte superior de los cordones horizontales.

3-4. Podar los sarmientos de prolongación **A** y **D** a 4-5 yemas, vigilando que la última yema esté dirigida hacia abajo.

5-6. Eliminar los sarmientos de reserva (**E**, **F**) cortándolos al nivel de la corona.

7-8-9. Eliminar el trozo de madera seca.

CORDÓN DOBLE A CUATRO PUNTOS VEGETATIVOS

Cómo hemos podado – Invierno 2° año

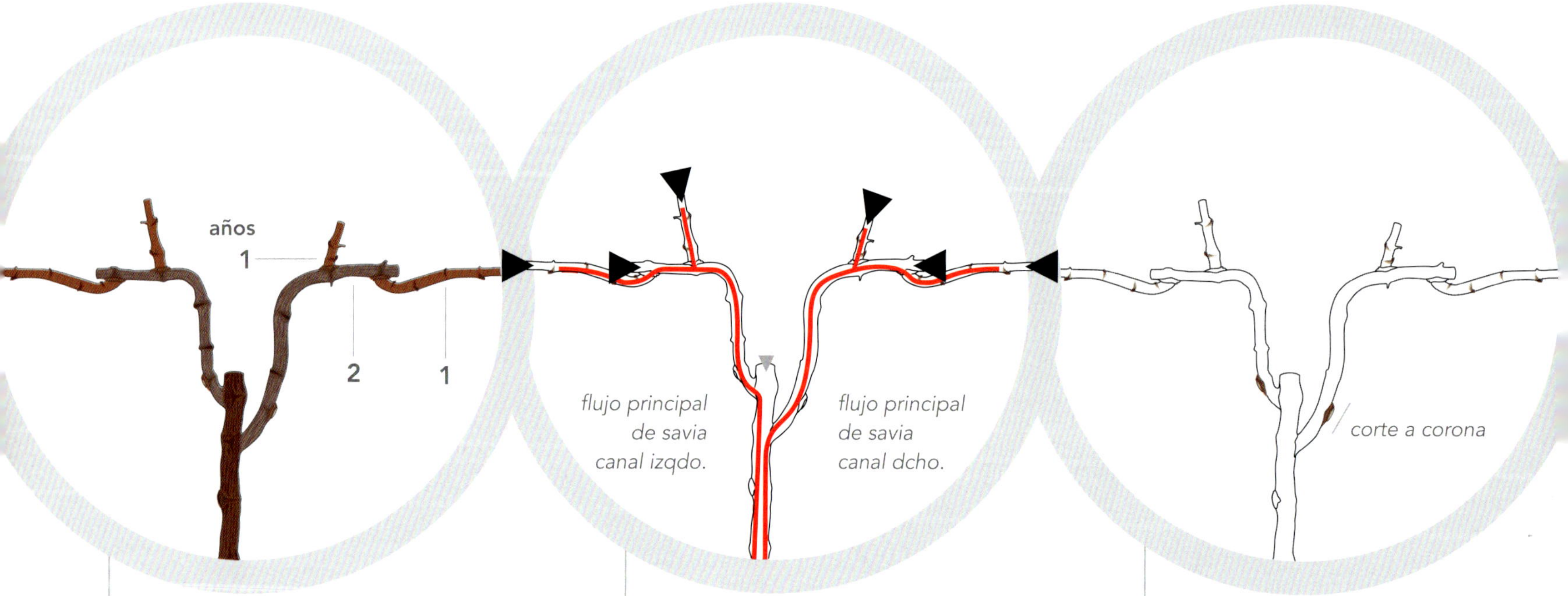

1 Ramificación

Respetando la cronología natural del crecimiento de la planta.

2 Continuidad del flujo de savia

Completando el cordón con su prolongación y formando los dos primeros puntos vegetativos.

3 Cortes y coronas

Efectuando cortes de pequeñas dimensiones (en madera de uno y dos años), respetando las yemas de la corona que están en el flujo principal de savia.

▲ *Conos de desecación de los cortes realizados en el año actual*

▲ *Conos de desecación de los cortes realizados en años anteriores*

Cómo hemos arqueado
Las prolongaciones se han apoyado y atado al alambre de formación.

CORDÓN DOBLE A CUATRO PUNTOS DE VEGETACIÓN
Primavera – 3er año

Poda en verde
En la brotación se realiza la poda en verde para eliminar los brotes superfluos, mientras que los que están en posiciones correctas se conservan para desarrollar la ramificación vertical.

Por qué
Para evitar cortes en invierno y así reducir el número de heridas, dirigir las sustancias de reserva hacia los brotes restantes con el objetivo de garantizar un desarrollo homogéneo de la planta (longitud de los entrenudos, diámetro, longitud de los sarmientos) y evitar el amontonamiento excesivo de la vegetación.

Cuándo
Intervenir en brotes de 5 a 10 cm de longitud.

Cómo
Localizar los pulgares y mantener los brotes principales que se han desarrollado en ellos (**A**, **B**, **C**, **D**); mantener los tres últimos brotes de la prolongación izquierda (**E**, **F**, **G**) y derecha (**H**, **I**, **L**); eliminar los demás brotes.

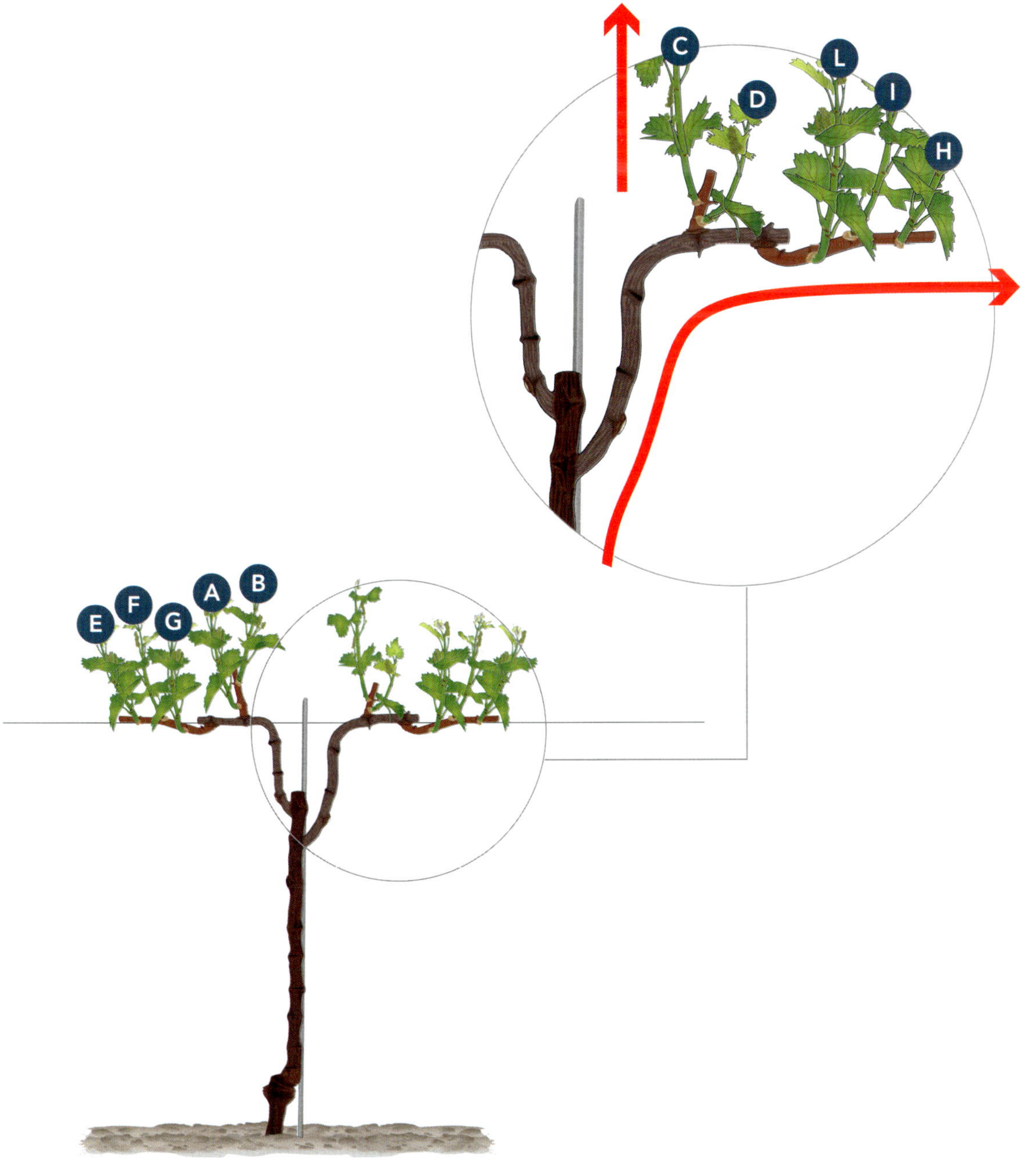

Eliminación de los brotes secundarios

Después de la limpieza del tronco se procede a la eliminación de los brotes secundarios.

Los brotes **E** y **H**, situados respectivamente en el extremo de los cordones izquierdo y derecho, constituyen los futuros pulgares de los dos nuevos puntos vegetativos. Los brotes **A** y **D** son los futuros pulgares que permitirán continuar la ramificación vertical controlada. Los brotes **G** y **L** son de reserva.

CORDÓN DOBLE A CUATRO PUNTOS VEGETATIVOS
Invierno – 3er año

Selección de los pulgares

Los sarmientos de la vid están bien lignificados, son homogéneos y presentan un buen desarrollo del eje principal y de los nietos. Los entrenudos tienen una longitud media y regular.

Durante esta fase, se continúa con la ramificación vertical de los dos primeros puntos vegetativos podando a pulgar los sarmientos **A** y **C**, que proceden de los pulgares del año anterior.
A continuación, se seleccionan los dos nuevos puntos vegetativos podando los sarmientos **E** y **F**.
Los sarmientos restantes se eliminan.

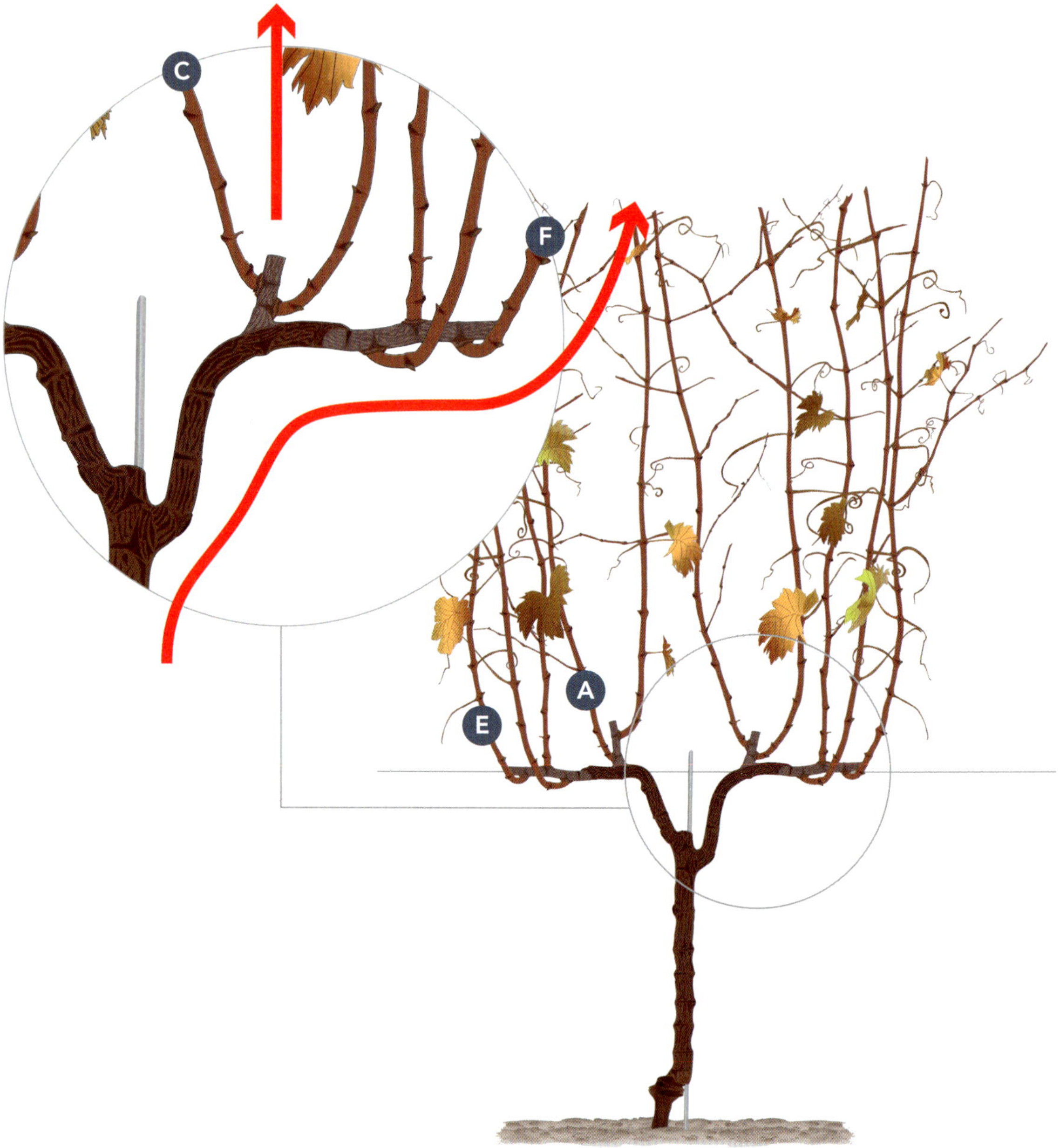

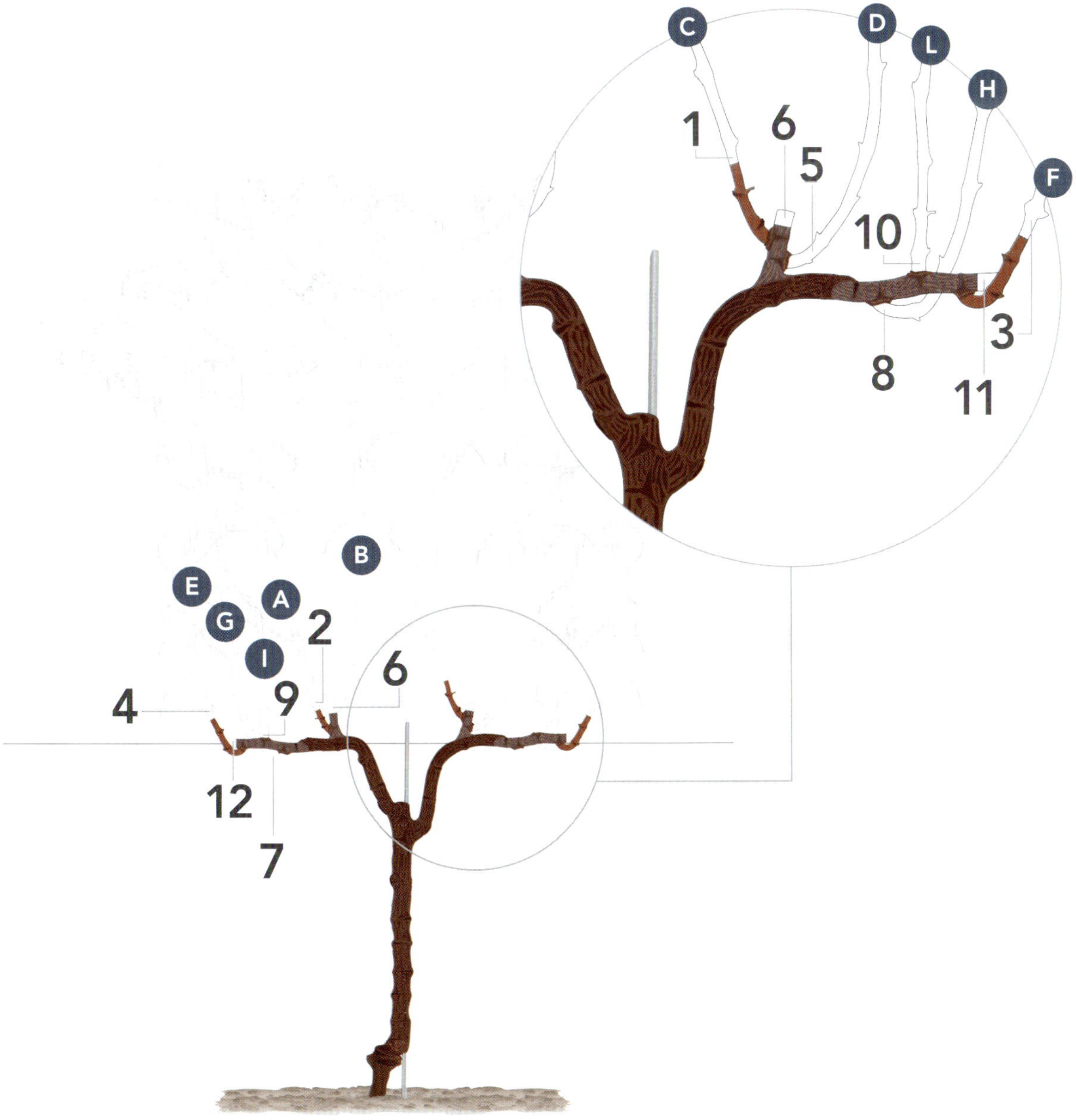

Poda

1-2. Podar como pulgar a dos yemas francas los sarmientos **A** y **C** situados en los puntos vegetativos centrales del cordón.

3-4. Podar a pulgar orientado los sarmientos **E** y **F** situados al extremo de los cordones horizontales.

5. Eliminar el sarmiento **D** con un corte al nivel de la corona.

6. Eliminar el sarmiento **B** con un corte plano en la madera de dos años.

7-8-9-10. Eliminar los sarmientos **G**, **H**, **I** y **L** con un corte al nivel de la corona.

11-12. Eliminar el trozo de madera seca.

CORDÓN DOBLE A CUATRO PUNTOS VEGETATIVOS

Cómo hemos podado – Invierno 3er año

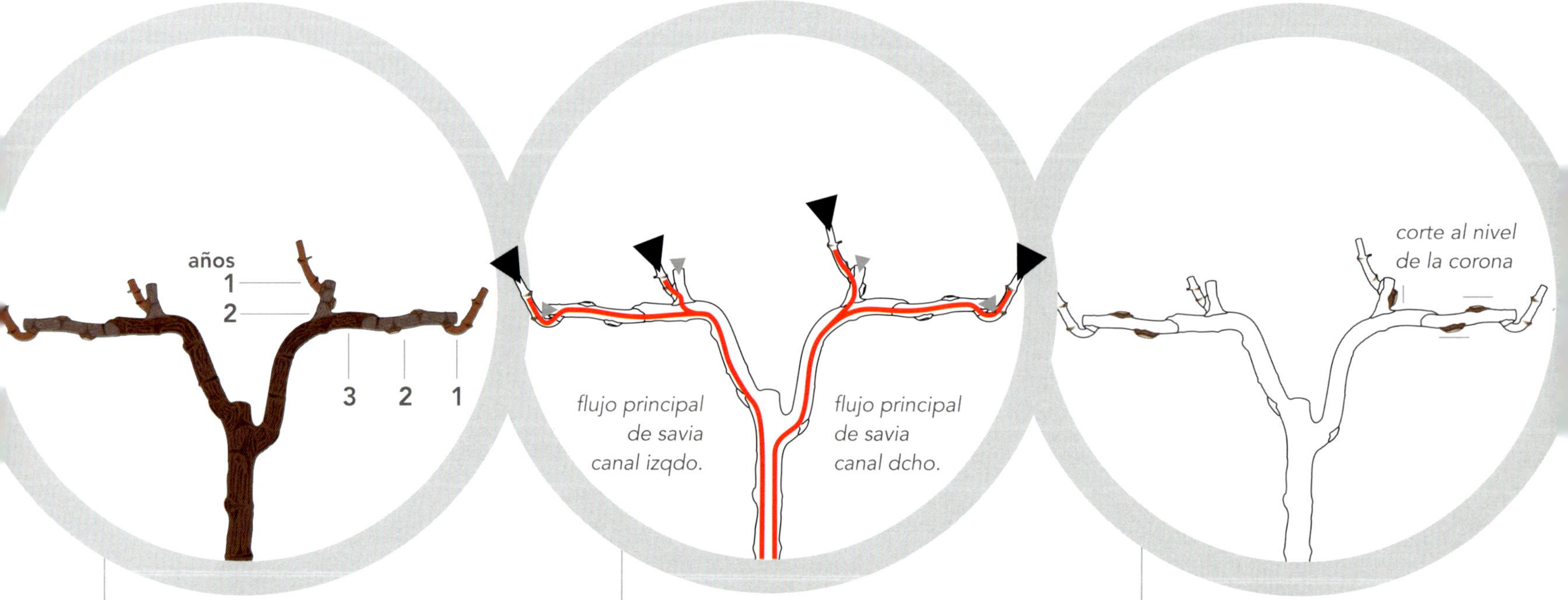

1 Ramificación

Respetando la cronología natural del crecimiento de la planta.

2 Continuidad del flujo de savia

Distanciando los cortes entre sí para separar la zona seca del flujo principal de savia.

3 Cortes y coronas

Efectuando cortes de pequeñas dimensiones (en madera de uno y dos años), respetando las yemas de la corona que están en el flujo principal de savia.

▲ *Conos de desecación de los cortes realizados en el año actual*

▲ *Conos de desecación de los cortes realizados en años anteriores*

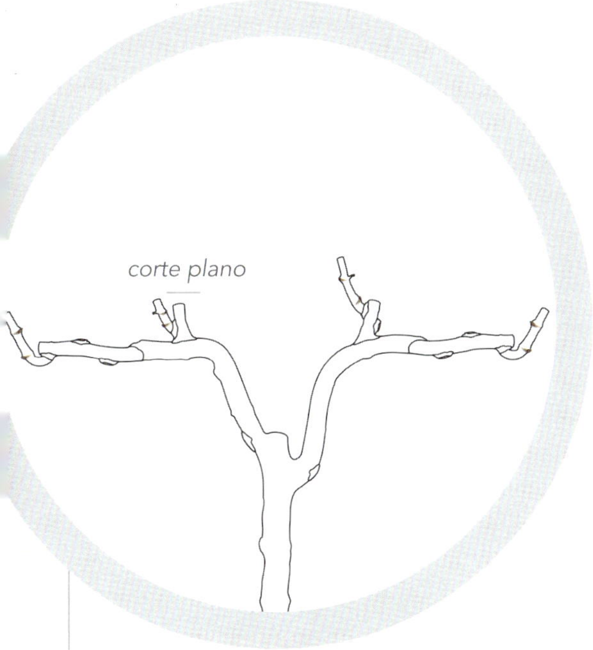

4 Madera de respeto

Realizando un corte plano en la madera de dos años.

CORDÓN DOBLE A CUATRO PUNTOS VEGETATIVOS
Primavera – 4° año

Poda en verde
En la brotación se realiza la poda en verde para eliminar los brotes superfluos, mientras que los que están en posiciones correctas se conservan para desarrollar la ramificación vertical.

Por qué
Para evitar cortes en invierno y así reducir el número de heridas, dirigir las sustancias de reserva hacia las yemas restantes con el objetivo de garantizar un desarrollo homogéneo de la planta (longitud de los entrenudos, diámetro, longitud de los sarmientos) y evitar el amontonamiento excesivo de la vegetación.

Cuándo
Intervenir en brotes de 5 a 10 cm de longitud.

Cómo
Localizar los pulgares y mantener los brotes principales que se han desarrollado en ellos (**A**, **B**, **C**, **D**, **E**, **F**, **G**, **H**); eliminar los demás brotes.

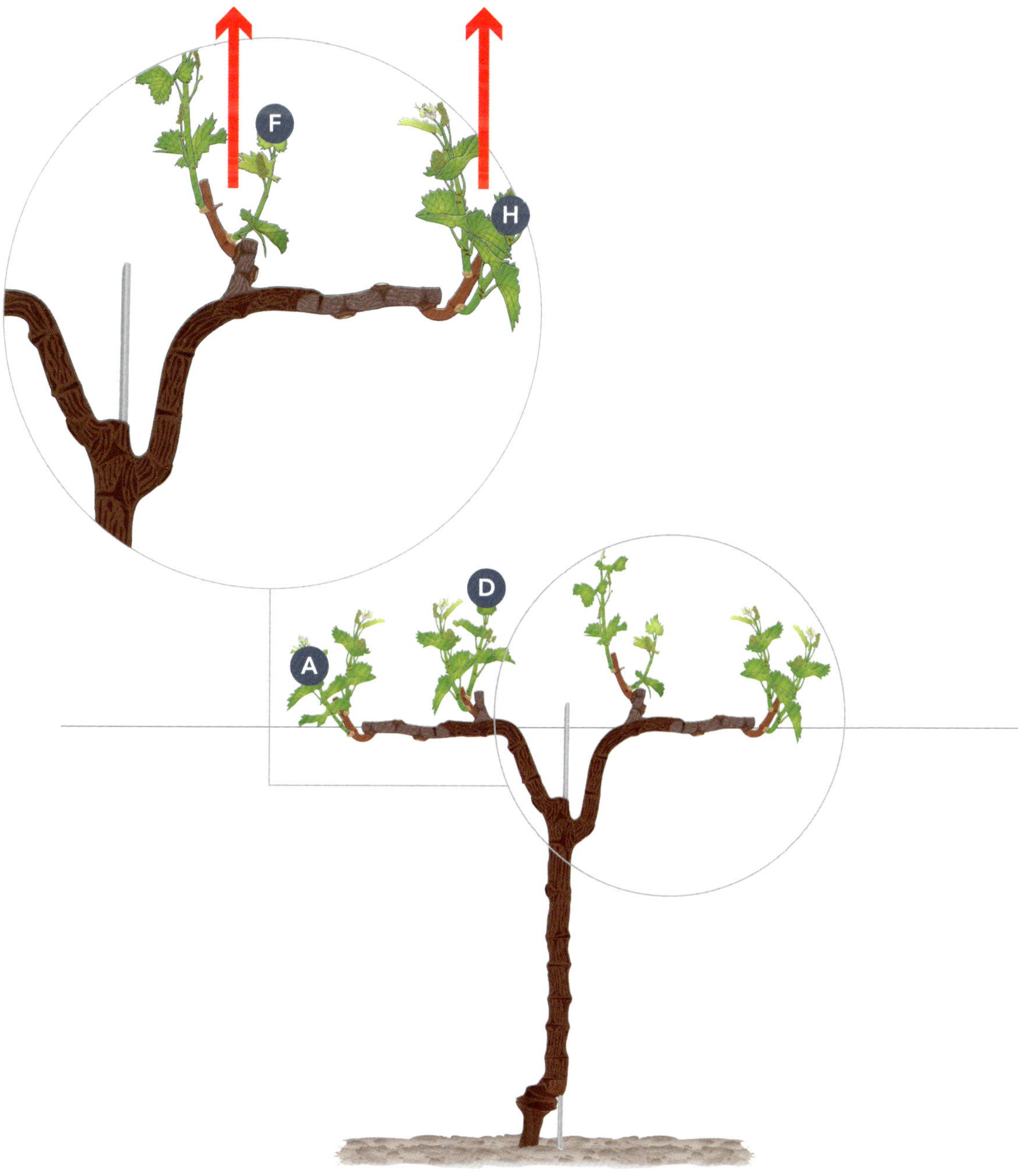

Eliminación
de los brotes secundarios

Después de la limpieza del tronco se procede a la eliminación de los brotes secundarios.

Los brotes **A**, **D** y **F**, **H**, situados respectivamente en los cordones izquierdo y derecho, constituyen los cuatro futuros pulgares que servirán para continuar la ramificación controlada de los puntos vegetativos.

CORDÓN DOBLE A CUATRO PUNTOS VEGETATIVOS

Invierno – 4º año

Selección de los pulgares

Los sarmientos de la vid están bien lignificados, son homogéneos y presentan un buen desarrollo del eje principal y de los nietos. Los entrenudos son de longitud media y regular.

Durante esta fase, el objetivo de la poda es continuar la ramificación vertical de los puntos vegetativos, podando a pulgar los sarmientos procedentes de los pulgares del año anterior (**A**, **D**, **F**, **H**). Luego se eliminan los sarmientos restantes.

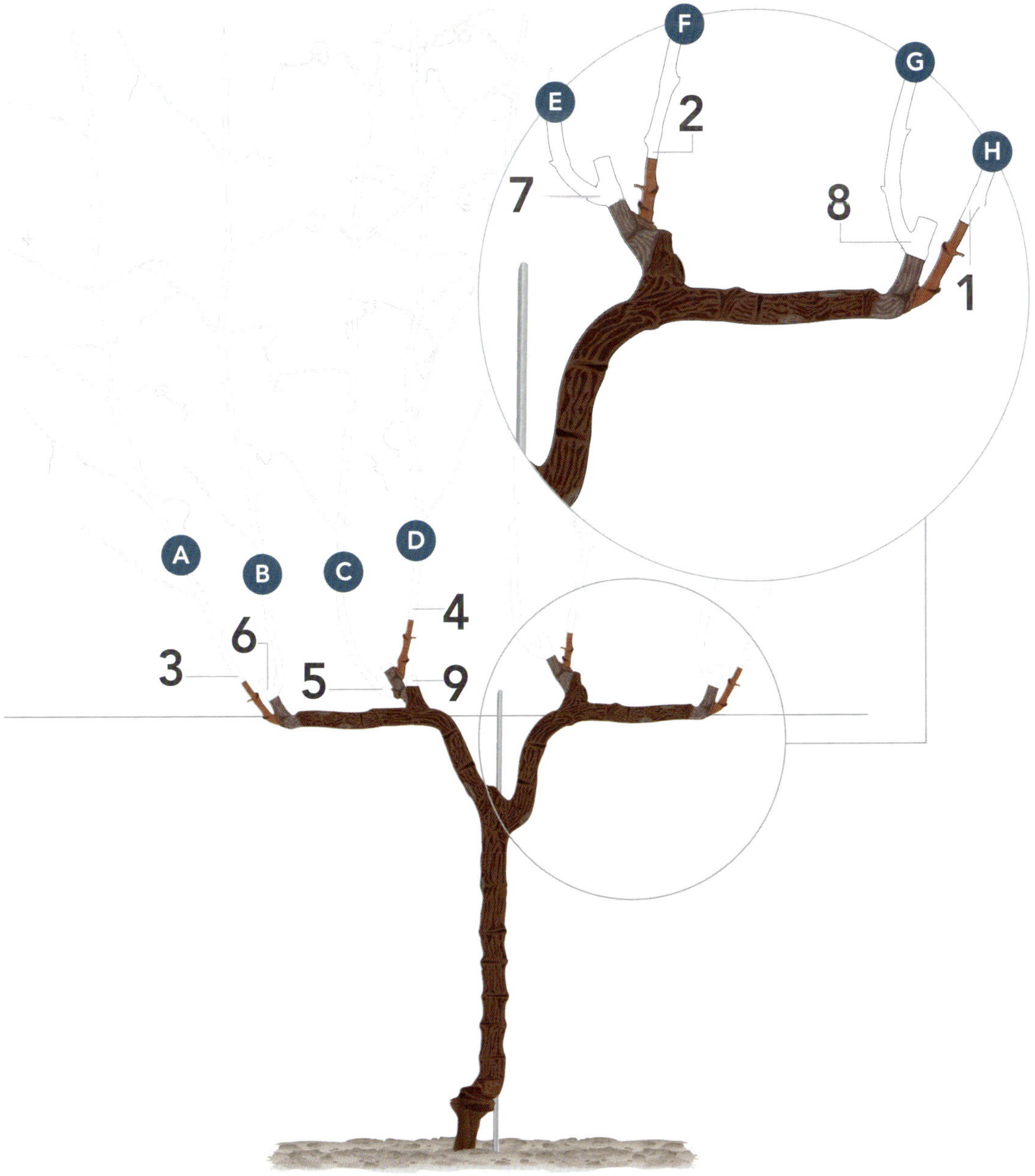

Poda

1-2-3-4. Podar como pulgar a dos yemas francas los sarmientos **A**, **D**, **F** y **H** situados sobre los puntos vegetativos.

5. Eliminar el sarmiento **C** con un corte al nivel de la corona.

6-7-8. Eliminar los sarmientos **B**, **E** y **G** con un corte plano en la madera de dos años.

9. Eliminar el trozo de madera seca.

CORDÓN DOBLE A CUATRO PUNTOS VEGETATIVOS
Cómo hemos podado – Invierno 4° año

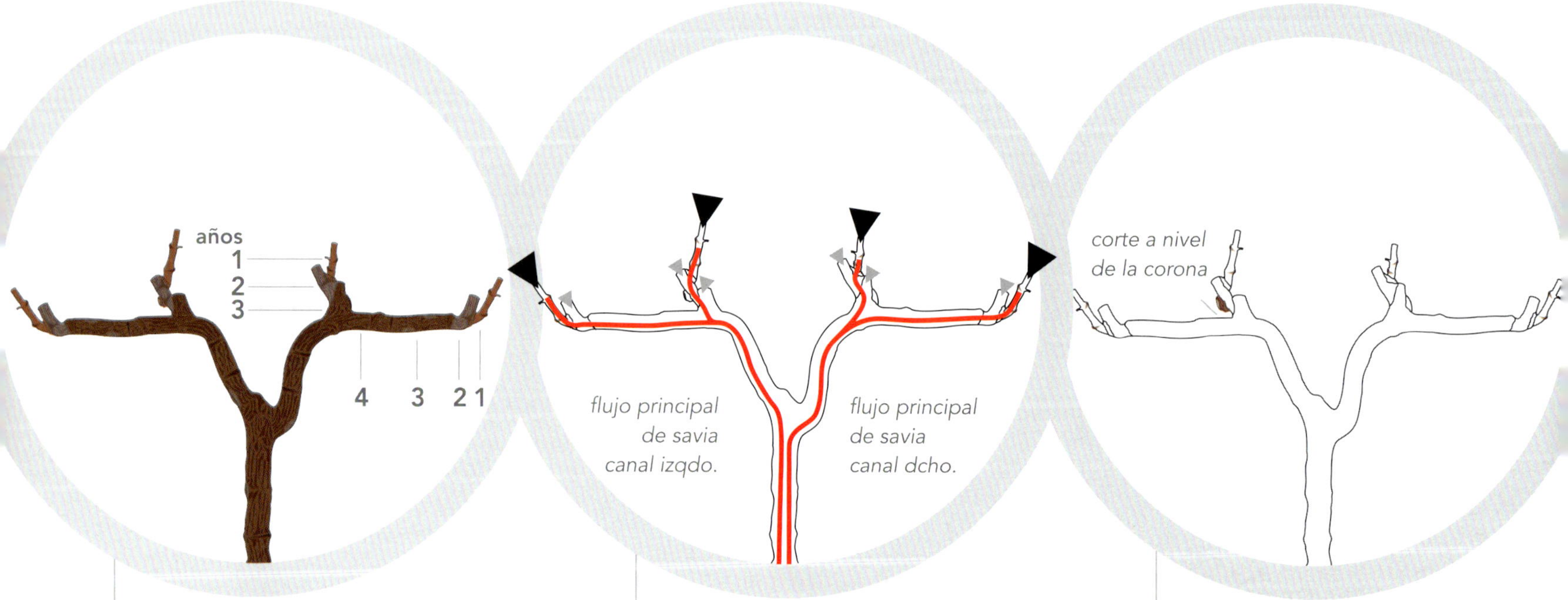

1 Ramificación

Respetando la cronología natural del crecimiento de la planta.

2 Continuidad del flujo de savia

Distanciando los cortes entre sí para separar la zona seca del flujo principal de savia.

3 Cortes y coronas

Efectuando cortes de pequeñas dimensiones (en madera de uno y dos años), respetando las yemas de la corona que están en el flujo principal de savia.

▲ *Conos de desecación de los cortes realizados en el año actual*

▲ *Conos de desecación de los cortes realizados en años anteriores*

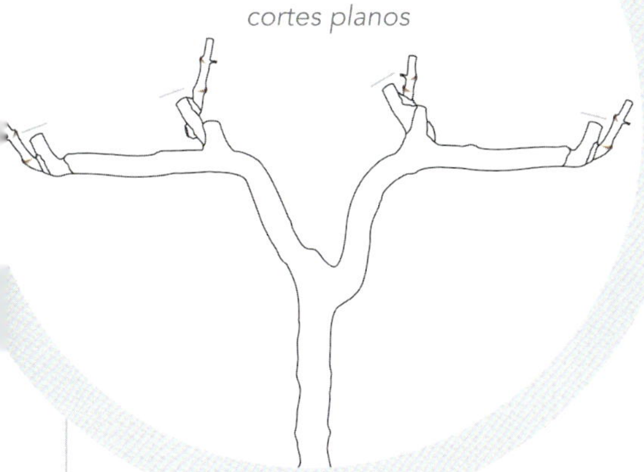

4 Madera de respeto

Realizando un corte plano en la madera de dos años.

Fase terminada: cordón doble formado
Siguiente fase en el capítulo 10

Capítulo 8

Formación del cordón simple vertical

Cordón simple vertical
a cuatro puntos vegetativos

GUION DEL CAPÍTULO

Objetivos

1. Formar el cordón simple vertical.
2. Ocupar progresivamente el espacio entre dos plantas.
3. Formar la ramificación vertical de los puntos vegetativos.

Características del cordón simple vertical

En esta fase empieza la ramificación modular de la estructura del cordón, que continuará en los próximos años mediante el desarrollo de los puntos vegetativos.

Características de los puntos vegetativos:

- desarrollo vertical a partir del alambre de formación;
- equidistancia;
- en línea con la hilera.

Cordón simple a cuatro puntos vegetativos
Poda y selección de los sarmientos que formarán el cordón horizontal.

Formación del cordón horizontal y de los puntos vegetativos
A lo largo de los dos primeros años se realiza la poda para formar el cordón horizontal y los pulgares. Con la técnica del alargamiento, el espacio entre dos plantas se irá ocupando progresivamente.

Ramificación vertical controlada de los pulgares
Con esta fase se termina la formación de la estructura principal del cordón. A partir de este momento, la planta continúa su desarrollo gracias a la ramificación vertical de sus puntos vegetativos.

Cordón formado. Siguiente fase en el capítulo 10

CORDÓN SIMPLE VERTICAL A CUATRO PUNTOS VEGETATIVOS

Primavera – 1er año

Poda en verde
En la brotación se realiza la poda en verde para eliminar los brotes superfluos, mientras que los que están en posiciones correctas se conservan para desarrollar la ramificación del tronco.

Por qué
Para evitar cortes en invierno y así reducir el número de heridas, dirigir las sustancias de reserva hacia las yemas restantes con el objetivo de garantizar un desarrollo homogéneo de la planta (longitud de los entrenudos, diámetro, longitud de los sarmientos) y evitar el amontonamiento excesivo de la vegetación.

Cuándo
Intervenir en brotes de 5 a 10 cm de longitud.

Cómo
Identificar y mantener los cuatro brotes de referencia **A**, **B**, **C** y **D** por debajo del alambre de formación y a la altura que se decida formar el tronco lateral. Eliminar los demás brotes.

Eliminación de los brotes secundarios

Después de la limpieza del tronco se procede a la eliminación de los brotes secundarios.

En el caso del cordón simple, los brotes **A** y **B** son los que están mejor colocados para formar el cordón horizontal. Los brotes **C** y **D** son brotes de reserva.

CORDÓN SIMPLE VERTICAL A CUATRO PUNTOS VEGETATIVOS
Verano – 1er año

Conducción de la vegetación
Durante el verano se continúa con la conducción vertical de la vegetación.

Atado
Si es necesario, se atarán los brotes que corren el riesgo de romperse.

Despuntado
Se aconseja despuntar los brotes cuando la vegetación sobrepase el último alambre de soporte.

Si es necesario, se realizará una segunda poda en verde para eliminar posibles rebrotes en el tronco y alrededor del punto de injerto.

Otoño – 1er año

Agostamiento y lignificación
En esta estación la planta completa el ciclo de desarrollo de los brotes.

Con el agostamiento, que empieza en verano, se inicia el proceso de lignificación que transformará los brotes en sarmientos.

En esta fase se puede regular la carga productiva con un aclareo de racimos.

CORDÓN SIMPLE VERTICAL A CUATRO PUNTOS VEGETATIVOS

Invierno – 1er año

Selección del sarmiento

En esta fase se elige el sarmiento mejor situado (**A**), que constituirá el futuro cordón. Antes de podar, hay que asegurarse de que el sarmiento elegido está completamente lignificado y en buen estado. En caso de que estuviese dañado, se puede elegir uno de los otros sarmientos. Los demás sarmientos de reserva se eliminan.

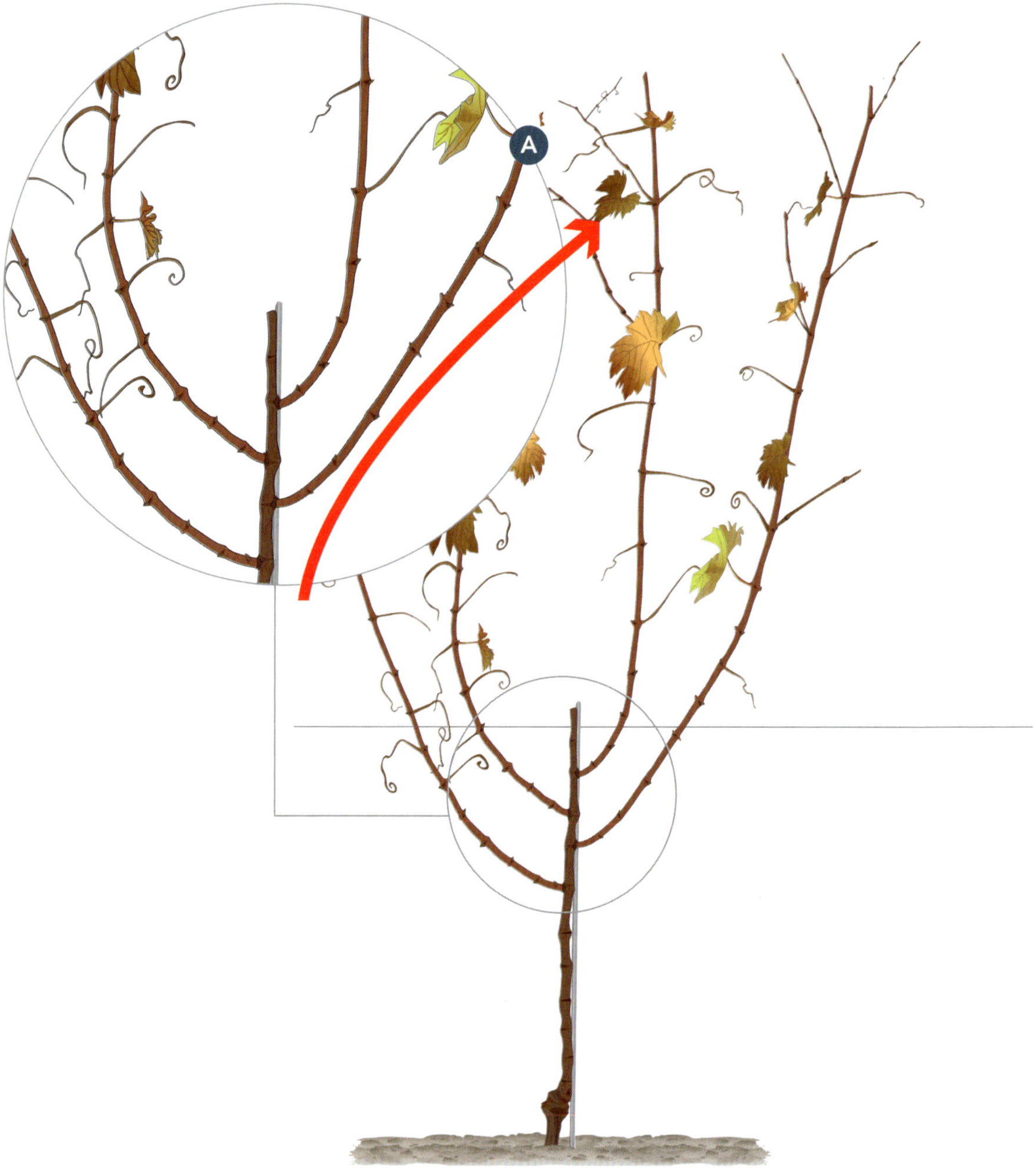

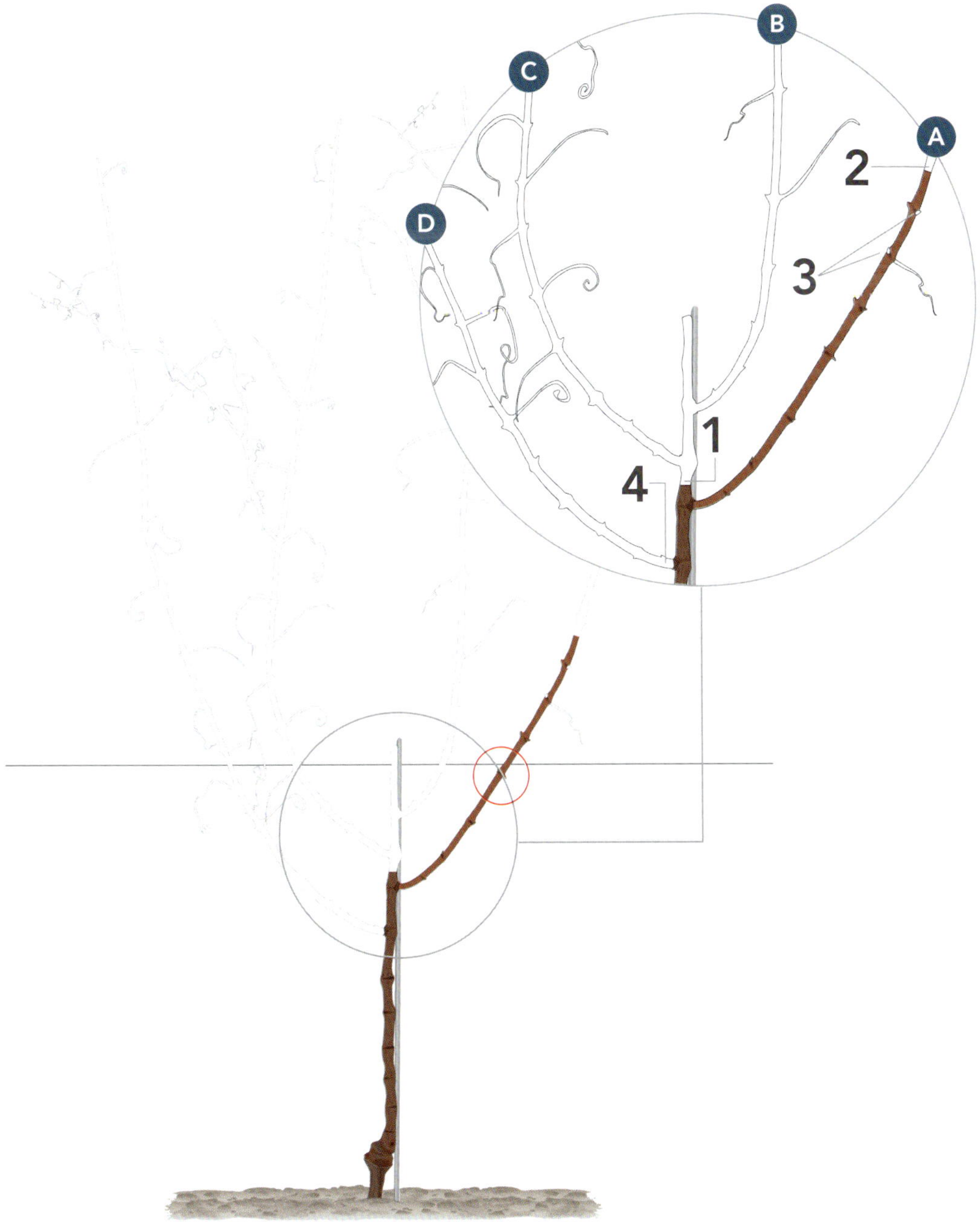

Poda

1. Eliminar los sarmientos **B** y **C** en un solo corte manteniendo un trozo de madera de respeto.

2. En el sarmiento **A**, identificar la primera yema orientada hacia arriba que esté cerca del alambre de formación (*círculo rojo*) y podar dejando tres entrenudos sucesivos.

3. Eliminar (*foto inferior*) las dos últimas yemas del sarmiento **A**.

4. Eliminar el sarmiento **D** podándolo al nivel de la corona.

CORDÓN SIMPLE VERTICAL A CUATRO PUNTOS DE VEGETACIÓN
Cómo hemos podado – Invierno 1er año

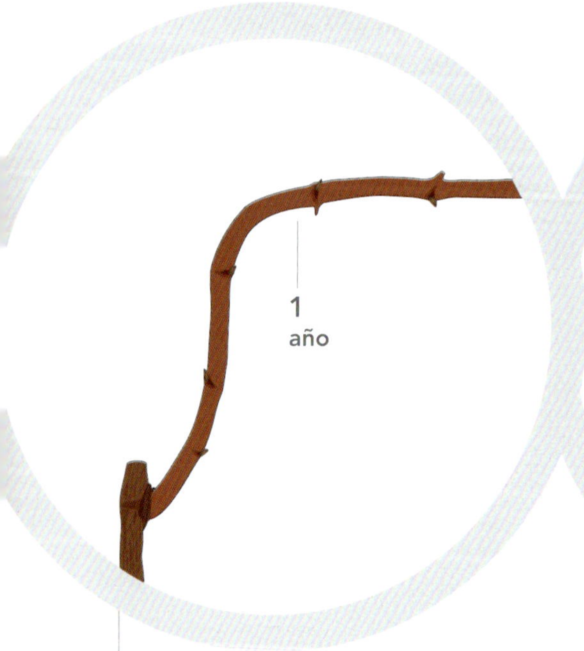

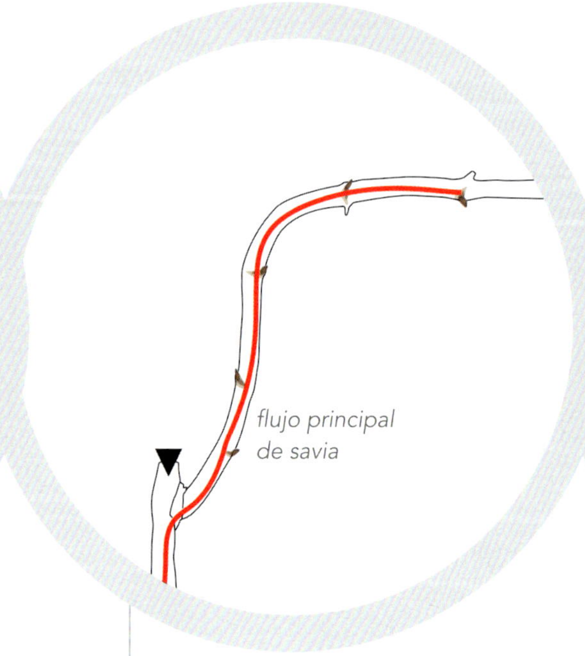

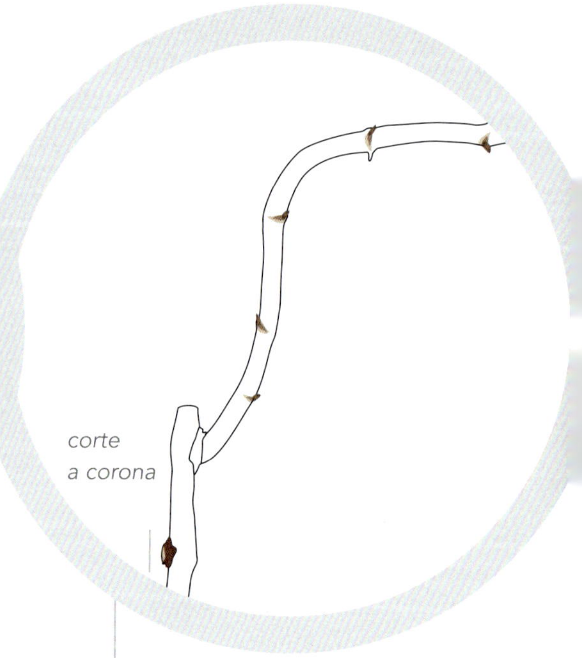

1 Ramificación

Respetando la cronología natural del crecimiento de la planta.

2 Continuidad del flujo de savia

Eligiendo un sarmiento del tronco vertical e iniciando la ocupación del espacio horizontal.

3 Cortes y coronas

Efectuando cortes de pequeñas dimensiones (en madera de uno y dos años), respetando las yemas de la corona que están en el flujo principal de savia.

▲ *Conos de desecación de los cortes realizados en el año actual*

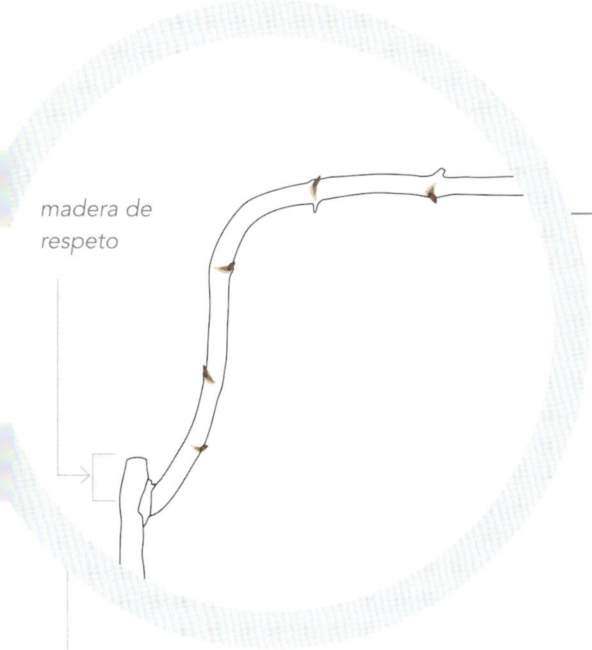

4 Madera de respeto

Manteniendo un trozo de madera de respeto.

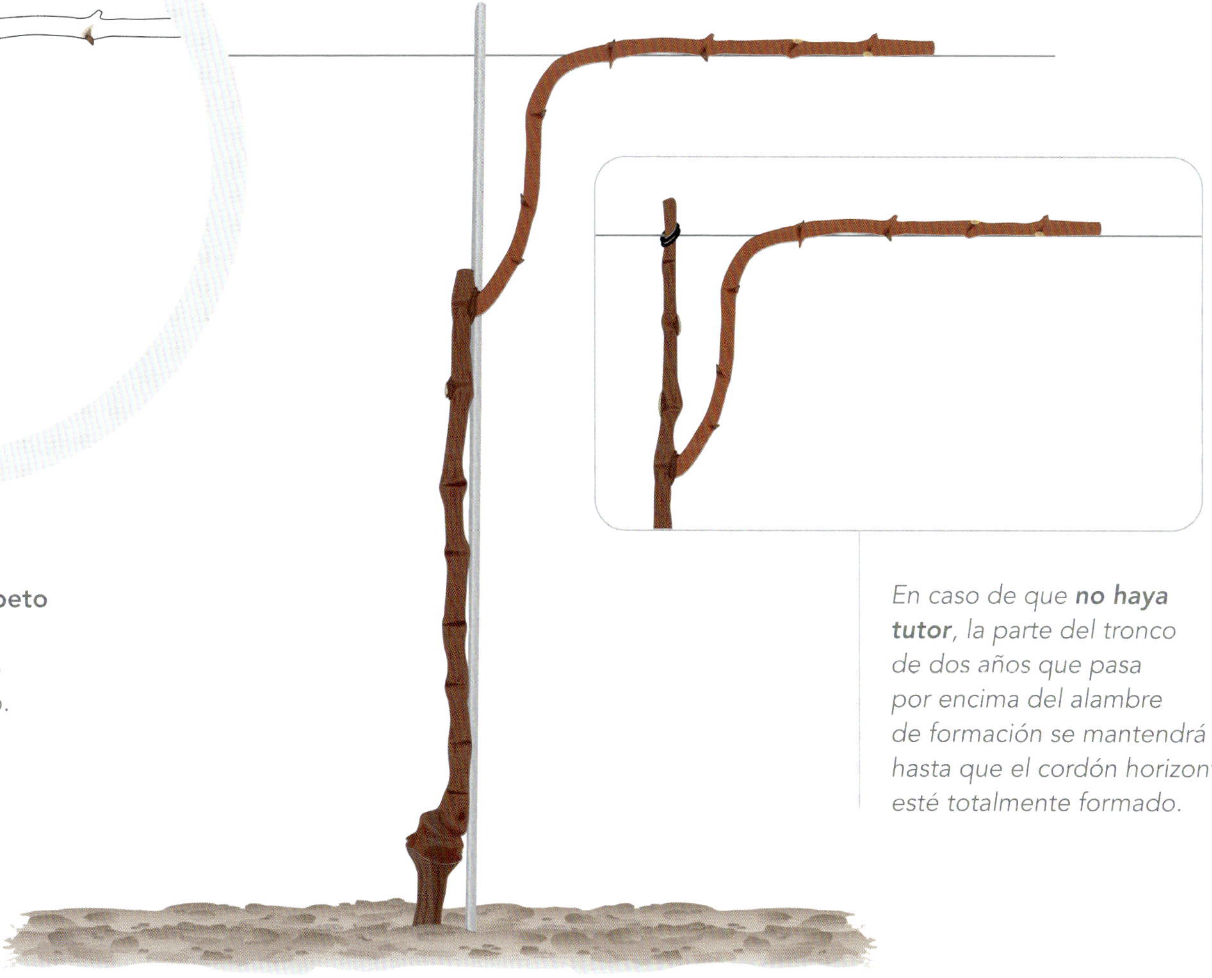

Cómo hemos arqueado
El sarmiento ha sido arqueado sobre el alambre de formación. Para facilitar el arqueado hemos eliminado las dos últimas yemas.

*En caso de que **no haya tutor**, la parte del tronco de dos años que pasa por encima del alambre de formación se mantendrá hasta que el cordón horizontal esté totalmente formado.*

CORDÓN SIMPLE VERTICAL A CUATRO PUNTOS VEGETATIVOS

Primavera – 2º año

Poda en verde

En la brotación se realiza la poda en verde para eliminar los brotes superfluos, mientras que los que están en posiciones correctas se conservan para desarrollar la ramificación vertical y completar el cordón simple.

Por qué

Para evitar cortes en invierno y así reducir el número de heridas, dirigir las sustancias de reserva hacia las yemas restantes con el objetivo de garantizar un desarrollo homogéneo de la planta (longitud de los entrenudos, diámetro, longitud de los sarmientos) y evitar el amontonamiento excesivo de la vegetación.

Cuándo

Intervenir en brotes de 5 a 10 cm de longitud.

Cómo

Identificar y mantener el primer pulgar (**A**) y el brote sucesivo (**B**) por encima del alambre de formación.
Identificar y mantener, en función del vigor de la planta, de tres a cuatro brotes (**C**, **D**, **E**) por debajo del alambre de formación. Eliminar los demás brotes.

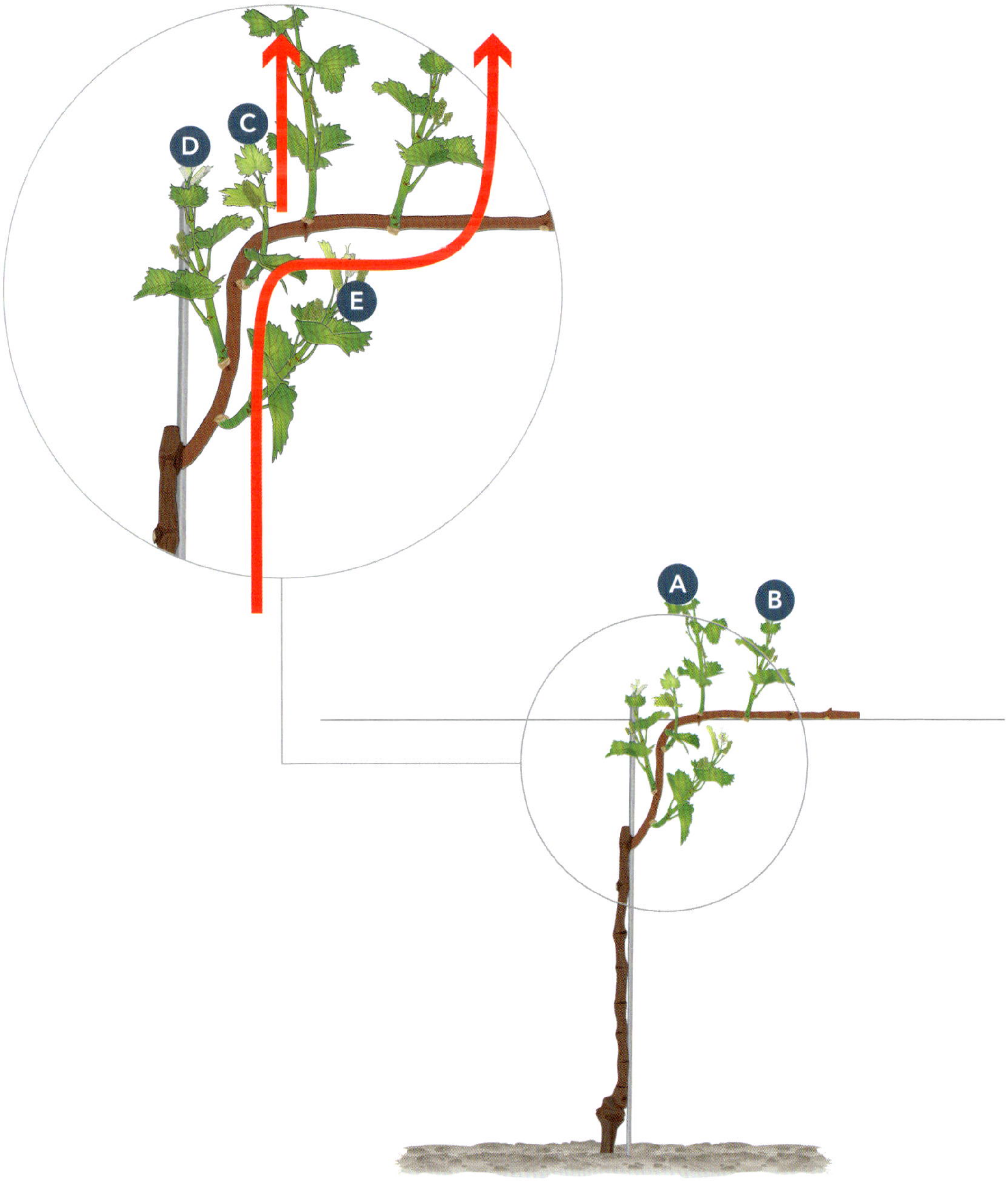

Eliminación de los brotes secundarios

Después de la limpieza del tronco se procede a la eliminación de los brotes secundarios.

Los brotes **A** y **B**, situados por encima del alambre, formarán respectivamente el primer punto vegetativo y la prolongación del cordón. Los brotes **C**, **D** y **E** son de reserva en caso de que haya daños durante las siguientes estaciones; también sirven para equilibrar el vigor de la planta.

CORDÓN SIMPLE VERTICAL A CUATRO PUNTOS VEGETATIVOS
Verano – 2º año

Conducción de la vegetación
Durante el verano se continúa con la conducción vertical de la vegetación.

Atado
Si es necesario, se atarán los brotes que corren el riesgo de romperse.

Despuntado
Se aconseja despuntar los brotes cuando la vegetación sobrepase el último alambre de soporte.

Si es necesario, se realizará una segunda poda en verde para eliminar posibles rebrotes en el tronco y alrededor del punto de injerto.

Otoño – 2º año

Agostamiento y lignificación
En esta estación la planta completa el ciclo de desarrollo de los brotes.

Con el agostamiento, que empieza en verano, se inicia el proceso de lignificación que transformará los brotes en sarmientos.

En esta fase se puede regular la carga productiva con un aclareo de racimos.

CORDÓN SIMPLE VERTICAL A CUATRO PUNTOS VEGETATIVOS
Invierno – 2º año

Selección de los pulgares y de las prolongaciones
Los sarmientos de la vid están bien lignificados, son homogéneos y presentan un buen desarrollo del eje principal y de los nietos. Los entrenudos son de longitud media y regular.

Durante esta fase, el primer objetivo de la poda es iniciar la ramificación vertical de los puntos vegetativos podando el primer sarmiento por encima del alambre de formación (**A**). El segundo objetivo es seguir alargando el cordón. Para ello, el sarmiento (**B**) se debe podar a tres-cuatro yemas, con la última yema orientada hacia abajo. Luego se eliminan los sarmientos restantes (**C**, **D**, **E**).

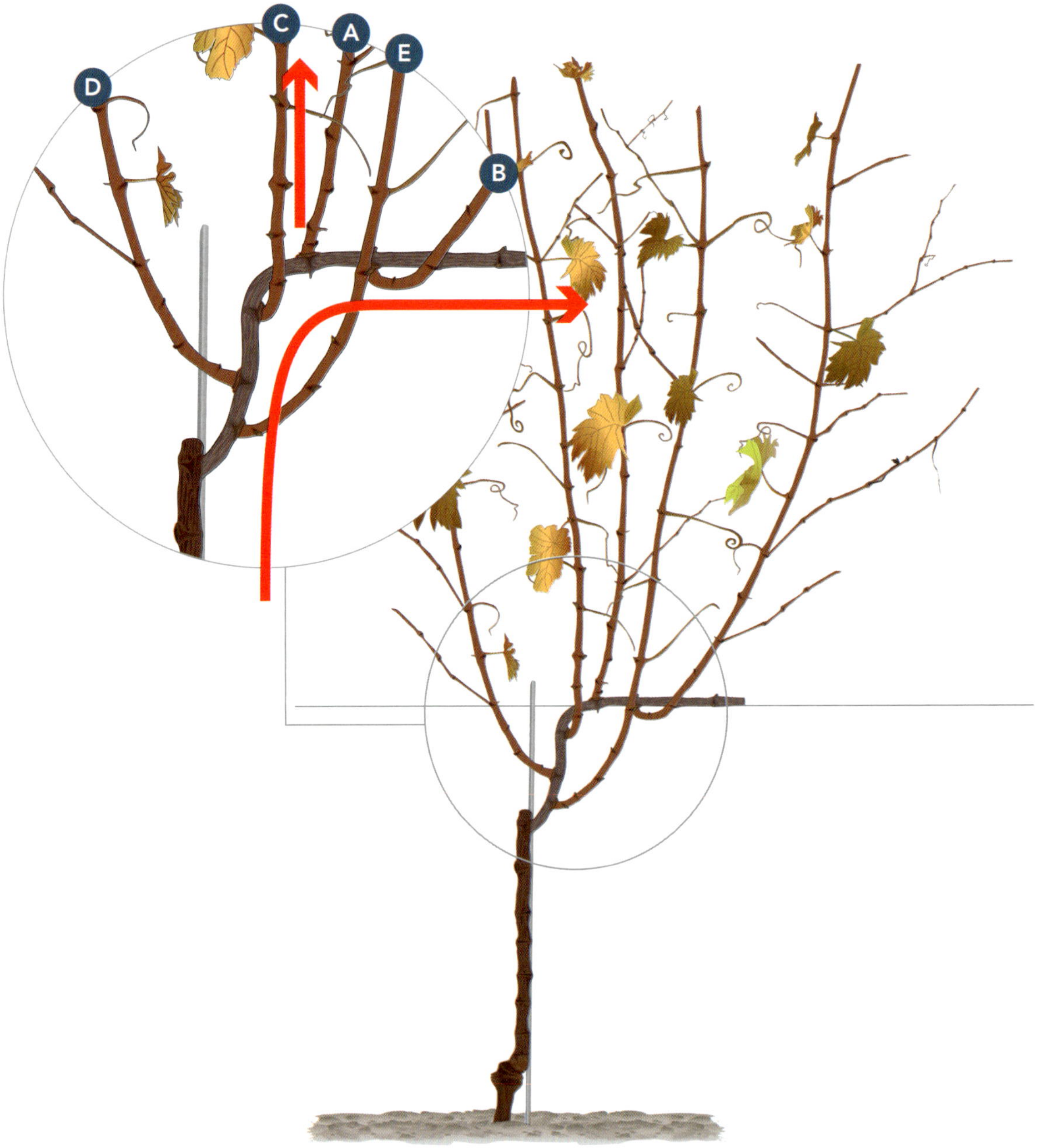

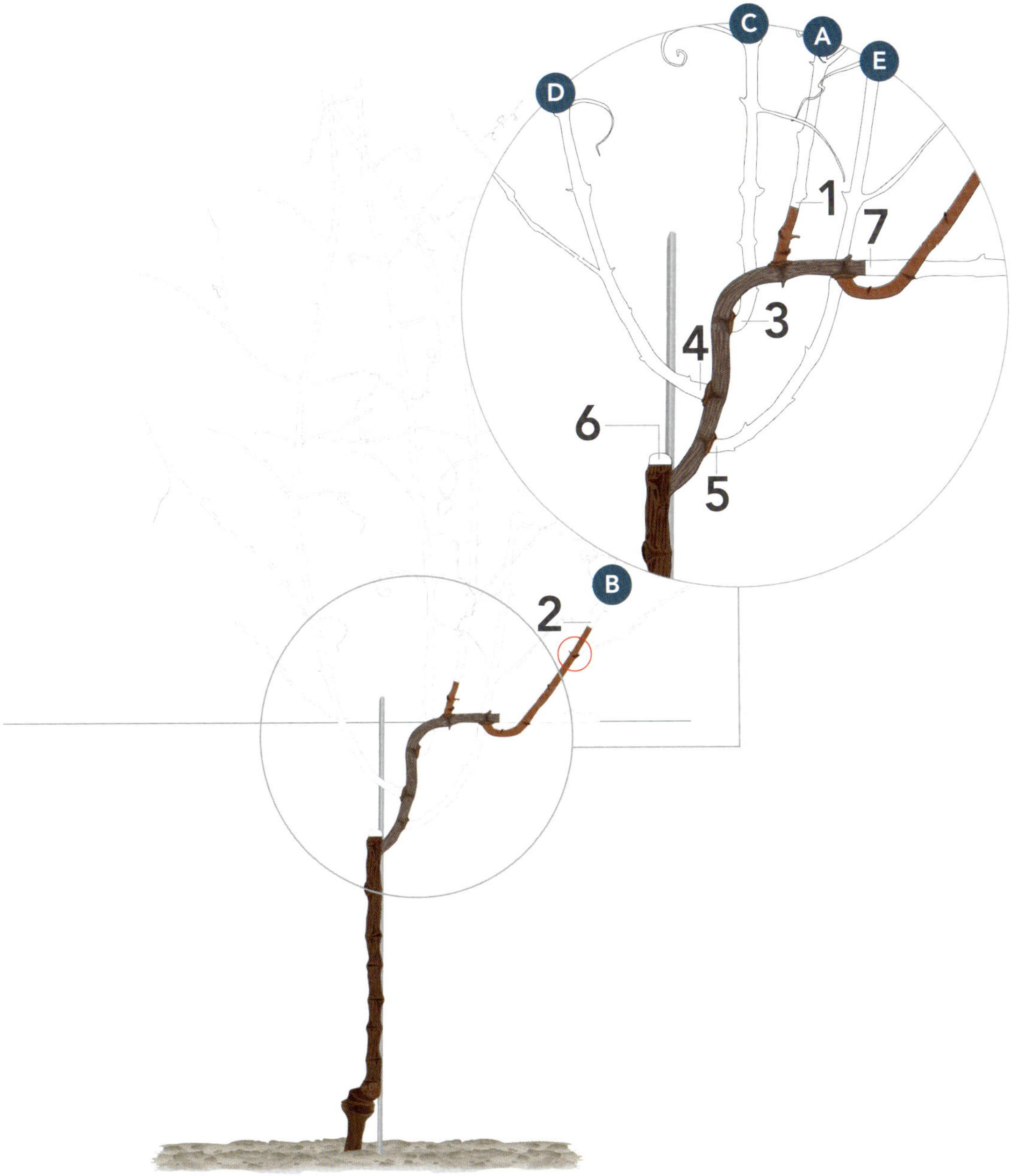

Poda

1. Podar como pulgar a dos yemas francas el sarmiento **A** situado por encima del alambre de formación.

2. Podar la prolongación **B** a una longitud de tres-cuatro yemas, manteniendo la última yema orientada hacia abajo (*círculo rojo*).

3-4-5. Eliminar los sarmientos **C**, **D** y **E** con un corte al nivel de la corona.

6-7. Eliminar los trozos de madera seca.

CORDÓN SIMPLE VERTICAL A CUATRO PUNTOS VEGETATIVOS
Cómo hemos podado – Invierno 2° año

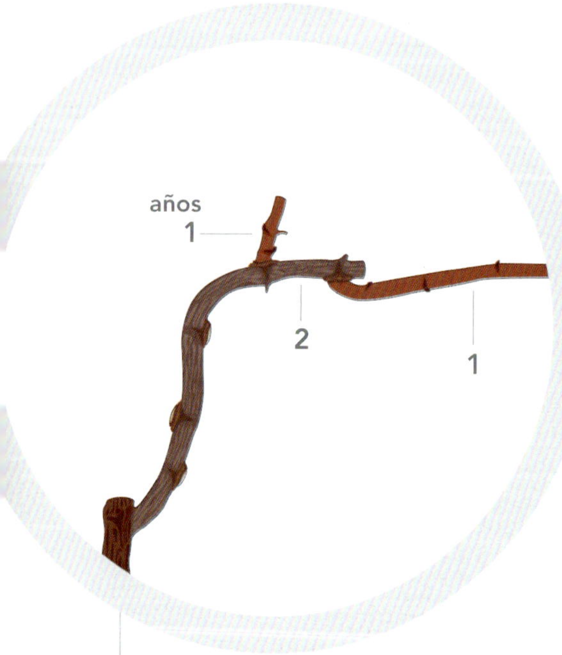

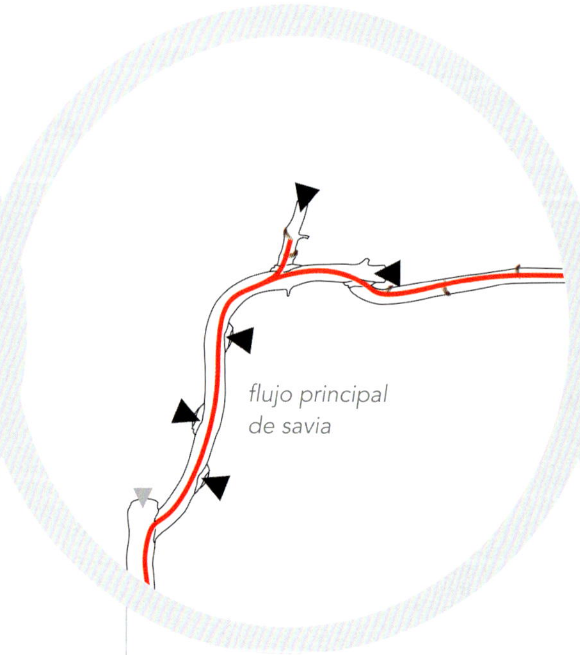

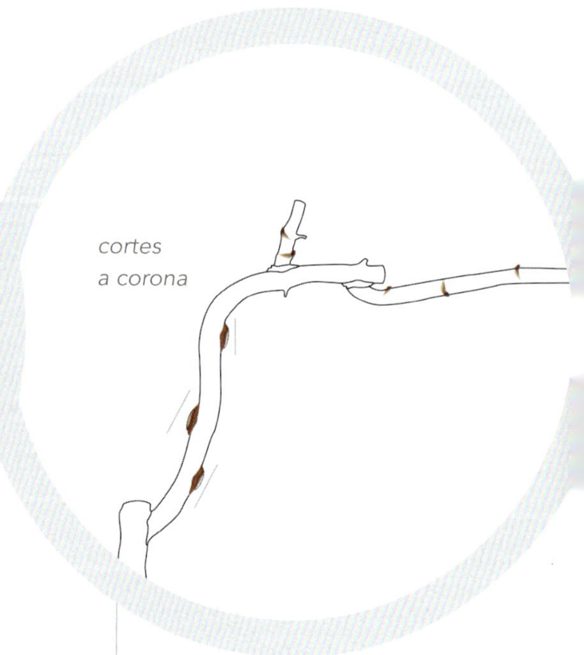

1 Ramificación

Respetando la cronología natural del crecimiento de la planta.

2 Continuidad del flujo de savia

Empezando la ramificación vertical y continuando la ocupación del espacio horizontal con el alargamiento distanciando los cortes.

3 Cortes y coronas

Efectuando cortes de pequeñas dimensiones (en madera de uno y dos años), respetando las yemas de la corona que están en el flujo principal de savia.

▲ *Conos de desecación de los cortes realizados en el año actual*
▲ *Conos de desecación de los cortes realizados en años anteriores*

Cómo hemos arqueado
La prolongación se
ha apoyado y atado
al alambre de formación.

CORDÓN SIMPLE VERTICAL A CUATRO PUNTOS VEGETATIVOS

Primavera – 3er año

Poda en verde

En la brotación se realiza la poda en verde para eliminar los brotes superfluos, mientras que los que están en posiciones correctas se conservan para desarrollar la ramificación vertical.

Por qué

Para evitar cortes en invierno y así reducir el número de heridas, dirigir las sustancias de reserva hacia las yemas restantes con el objetivo de garantizar un desarrollo homogéneo de la planta (longitud de los entrenudos, diámetro, longitud de los sarmientos) y evitar el amontonamiento excesivo de la vegetación.

Cuándo

Intervenir en brotes de 5 a 10 cm de longitud.

Cómo

Localizar el primer punto vegetativo y mantener en él los dos brotes principales (**A**, **B**); mantener los dos últimos brotes en el extremo del brazo (**C**,**D**); mantener otros dos brotes en el brazo (**E**,**F**), eliminar los demás brotes.

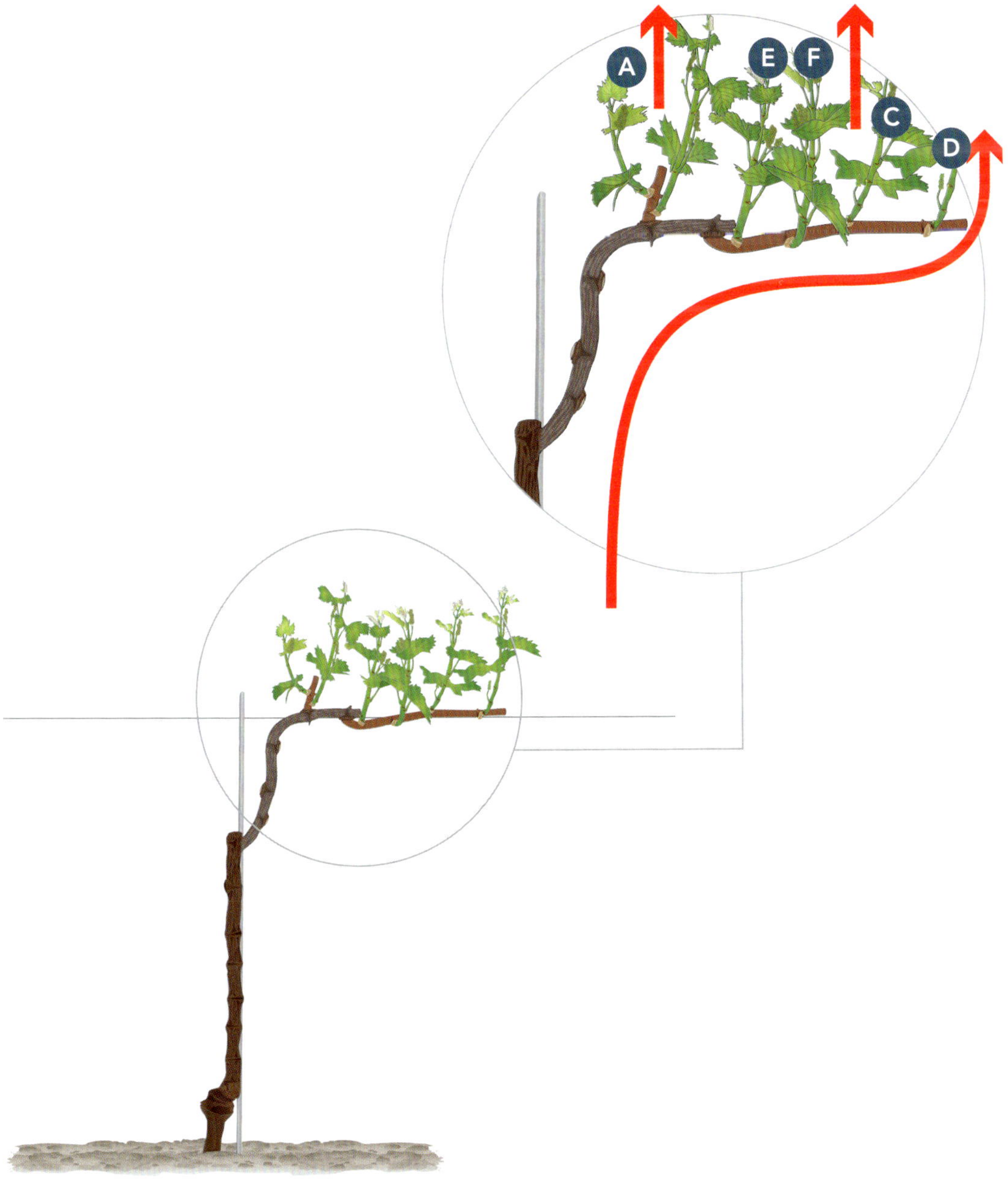

Eliminación de los brotes secundarios

Después de la limpieza del tronco se procede a la eliminación de los brotes secundarios.

El brote **A**, situado sobre el primer punto vegetativo, constituye el futuro pulgar que asegurará la ramificación vertical.

El brote **C** formará el segundo punto vegetativo. El brote **D** asegura la prolongación para completar el cordón horizontal. Los brotes **E** y **F** son de reserva en caso de que haya daños durante las siguientes estaciones; también sirven para equilibrar el vigor de la planta.

CORDÓN SIMPLE VERTICAL A CUATRO PUNTOS VEGETATIVOS

Invierno – 3er año

Selección de los pulgares y de las prolongaciones

Los sarmientos de la vid están bien lignificados, son homogéneos y presentan un buen desarrollo del eje principal y de los nietos. Los entrenudos son de longitud media y regular.

Durante esta fase, el primer objetivo de la poda es continuar la ramificación vertical del primer punto vegetativo podando a pulgar el sarmiento **A**.
El segundo objetivo es formar el segundo punto vegetativo podando el sarmiento **C**, que se encuentra en la prolongación.
El tercer objetivo es completar la estructura horizontal del cordón podando el sarmiento **D** con la longitud necesaria para ocupar todo el espacio horizontal disponible para la planta. Luego se eliminan los sarmientos restantes (**B**, **E**, **F**).

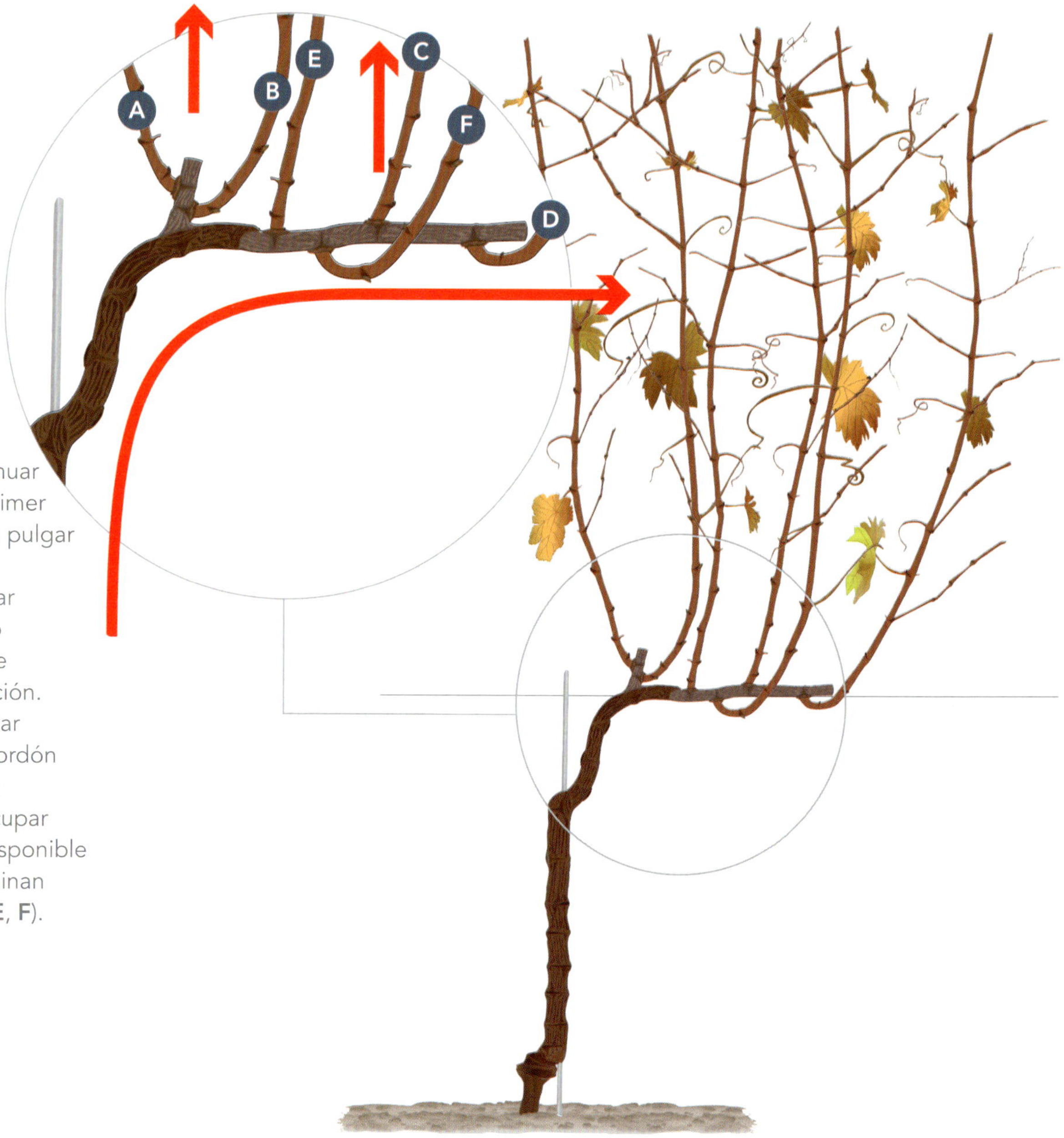

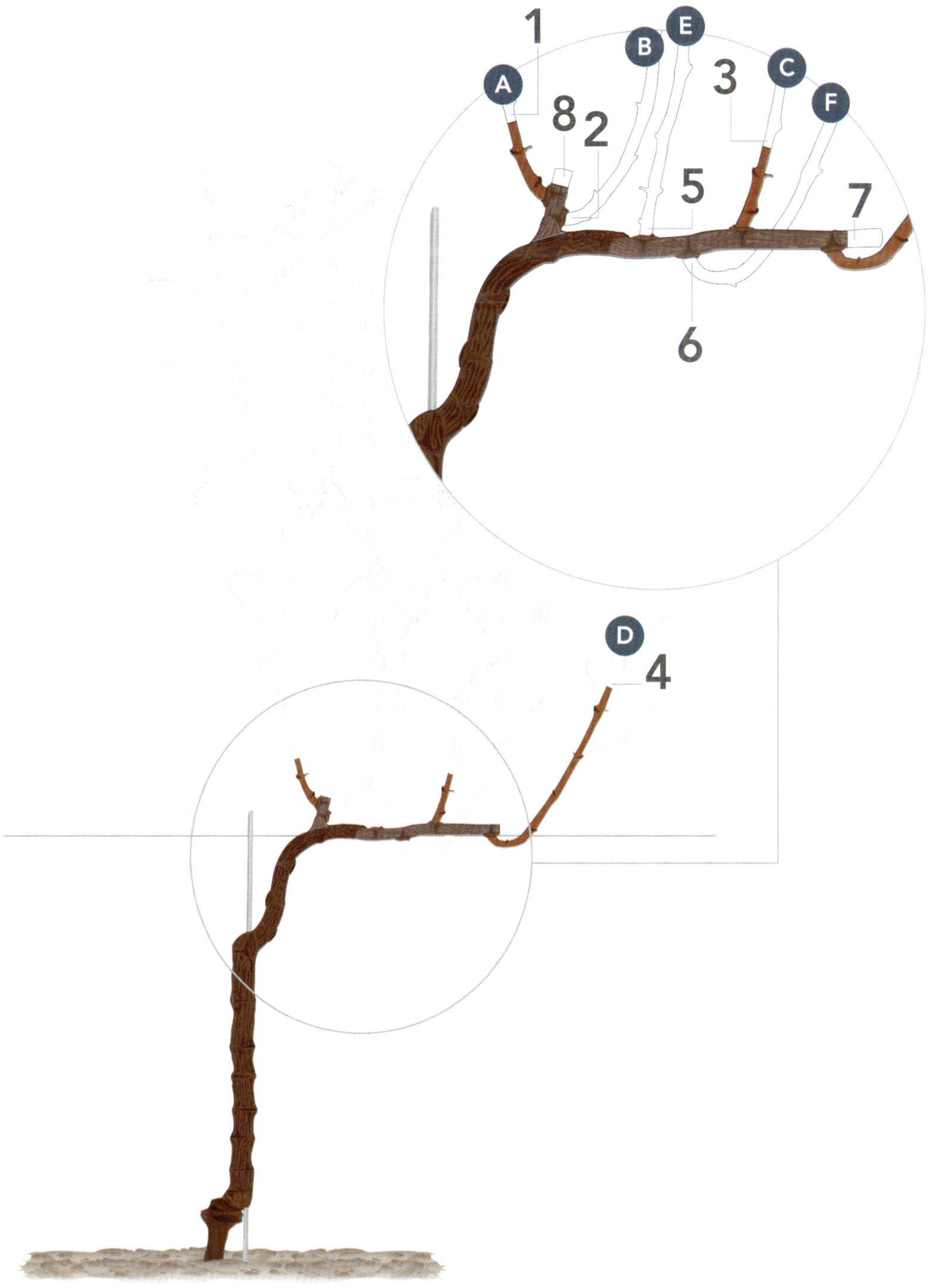

Poda

1. Podar como pulgar a dos yemas francas el sarmiento **A** situado en el primer punto vegetativo.

2. Eliminar el sarmiento **B** con un corte al nivel de la corona.

3. Podar como pulgar a dos yemas francas el sarmiento **C** para formar el segundo punto vegetativo.

4. Podar el sarmiento **D** con la longitud necesaria para prolongar el cordón horizontal.

5-6. Eliminar los sarmientos **E** y **F** con un corte al nivel de la corona.

7-8. Eliminar los trozos de madera seca.

CORDÓN SIMPLE VERTICAL A CUATRO PUNTOS VEGETATIVOS

Cómo hemos podado – Invierno 3er año

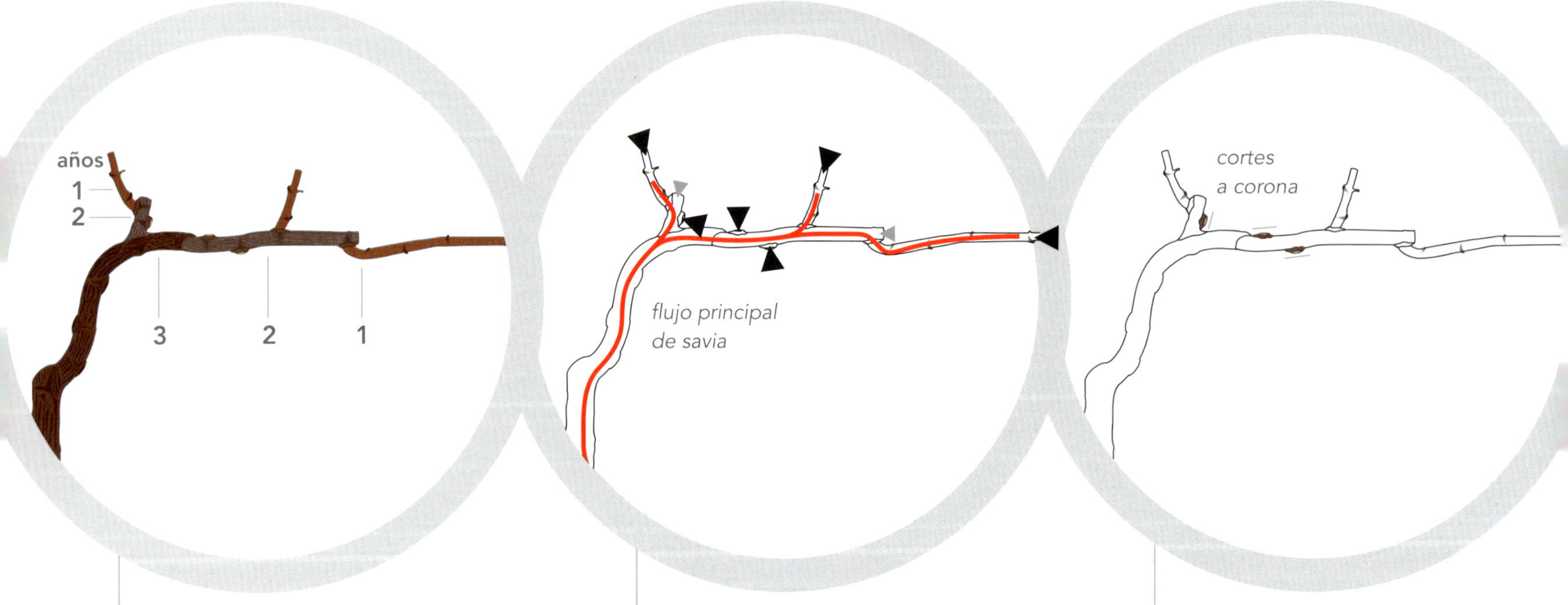

1 Ramificación

Respetando la cronología natural del crecimiento de la planta.

2 Continuidad del flujo de savia

Siguiendo las ramificaciones verticales y completando la ocupación del espacio horizontal con el alargamiento distanciando los cortes.

3 Cortes y coronas

Efectuando cortes de pequeñas dimensiones (en madera de uno y dos años), respetando las yemas de la corona que están en el flujo principal de savia.

▲ *Conos de desecación de los cortes realizados en el año actual*
▲ *Conos de desecación de los cortes realizados en años anteriores*

Cómo hemos arqueado
La prolongación se
ha apoyado y atado
al alambre de formación.

CORDÓN SIMPLE VERTICAL A CUATRO PUNTOS VEGETATIVOS

Primavera – 4° año

Poda en verde

En la brotación se realiza la poda en verde para eliminar los brotes superfluos, mientras que los que están en posiciones correctas se conservan para desarrollar la ramificación vertical.

Por qué

Para evitar cortes en invierno y así reducir el número de heridas, dirigir las sustancias de reserva hacia las yemas restantes con el objetivo de garantizar un desarrollo homogéneo de la planta (longitud de los entrenudos, diámetro, longitud de los sarmientos) y evitar el amontonamiento excesivo de la vegetación.

Cuándo

Intervenir en brotes de 5 a 10 cm de longitud.

Cómo

Localizar los pulgares y mantener los brotes principales que se han desarrollado en ellos (**A**, **B**, **C**, **D**); mantener cuatro-cinco brotes en el brazo (**E**, **F**, **G**, **H**), eliminar los brotes basales (**I**); eliminar los brotes restantes.

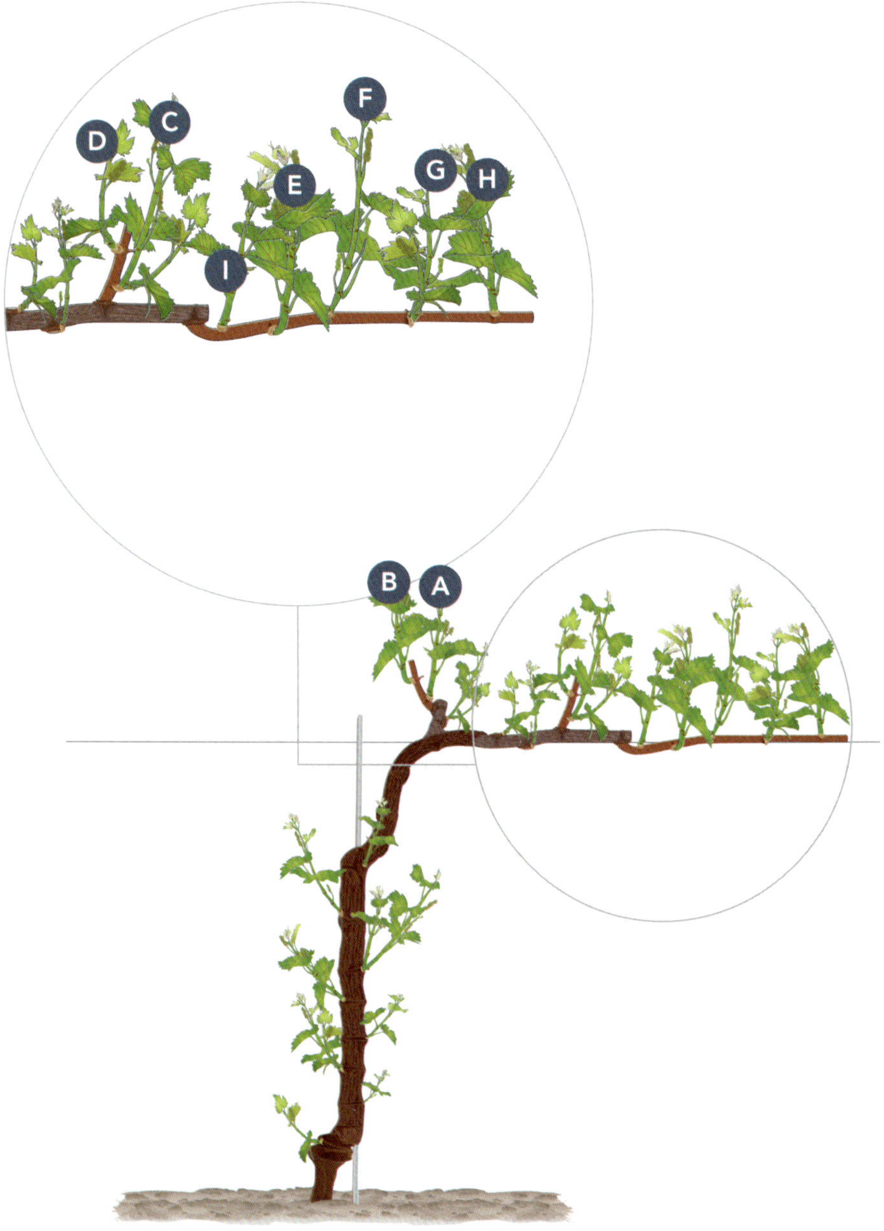

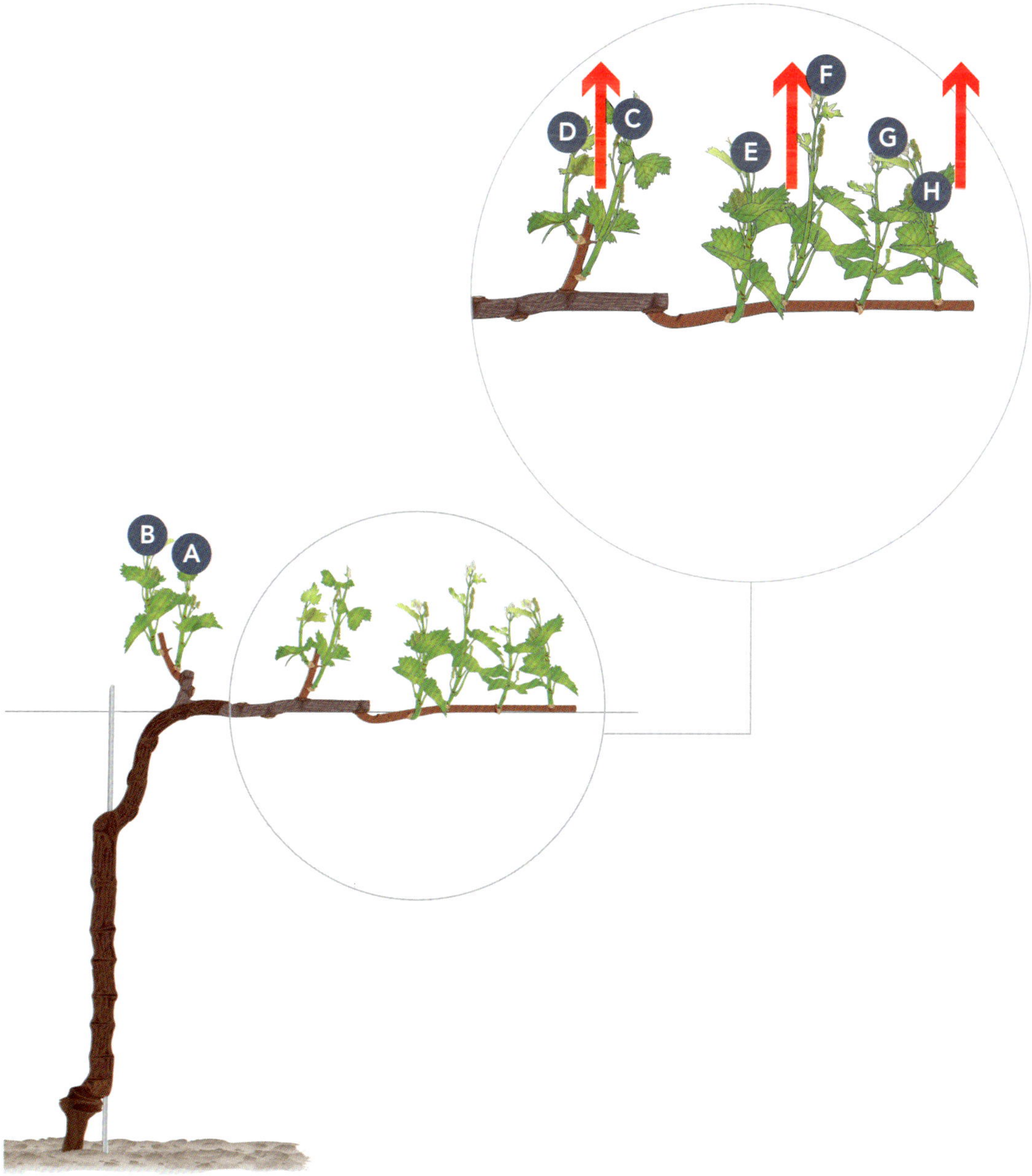

Eliminación de los brotes secundarios

Después de la limpieza del tronco se procede a la eliminación de los brotes secundarios.

Los brotes **A** y **C**, situados respectivamente en el primer y segundo punto vegetativo, son los futuros pulgares que permitirán continuar la ramificación vertical.

Los brotes **F** y **H**, situados sobre la prolongación, formarán dos nuevos puntos vegetativos. Los brotes **E** y **G** son de reserva en caso de que haya daños durante las siguientes estaciones; también sirven para equilibrar el vigor de la planta.

CORDÓN SIMPLE VERTICAL A CUATRO PUNTOS VEGETATIVOS
Invierno – 4° año

Selección de los pulgares

Los sarmientos de la vid están bien lignificados, son homogéneos y presentan un buen desarrollo del eje principal y de los nietos. Los entrenudos son de longitud media y regular.

Durante esta fase, el primer objetivo de la poda es continuar la ramificación vertical, podando a pulgar los dos sarmientos (**A**, **C**) procedentes de los dos primeros puntos vegetativos.
El segundo objetivo es formar los dos últimos puntos vegetativos podando los sarmientos **F** y **H** situados sobre la prolongación. Luego se eliminan los sarmientos restantes (**B**, **D**, **E**, **G**).

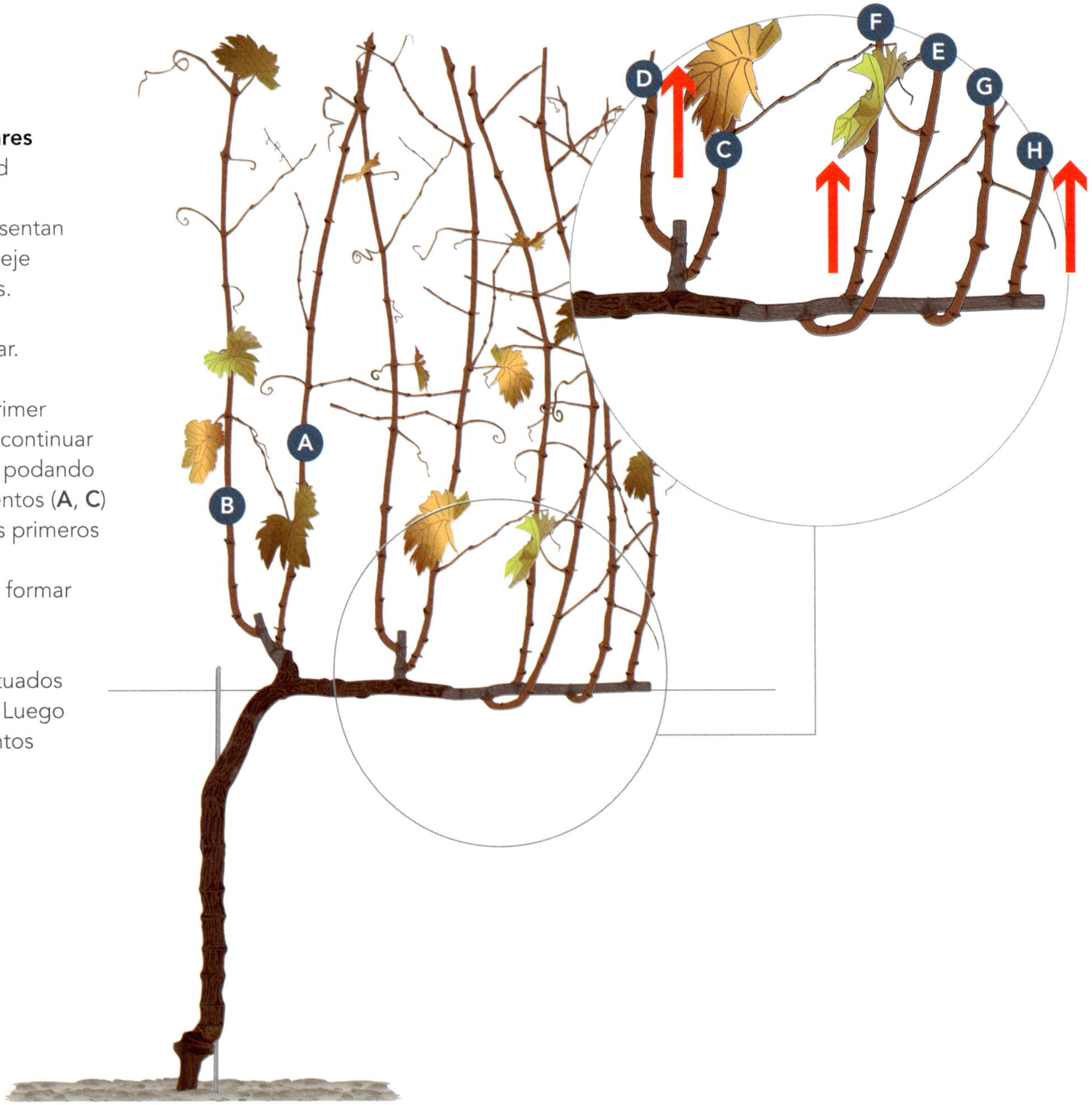

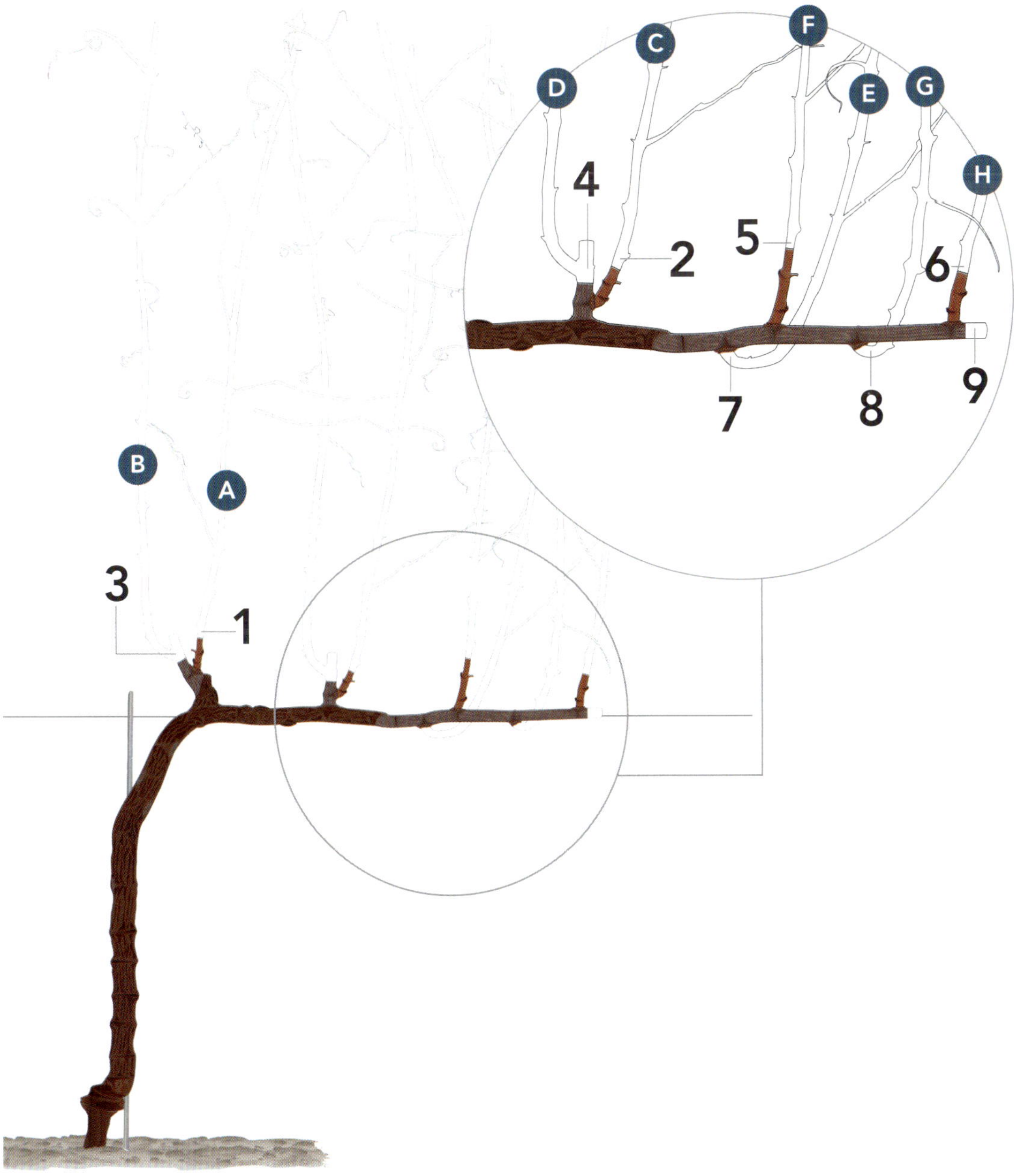

Poda

1-2. Podar como pulgar a dos yemas francas los sarmientos **A** y **C** situados respectivamente en el primer y segundo punto vegetativo.

3-4. Eliminar los sarmientos **B** y **D** con un corte plano en madera de dos años.

5-6. Podar como pulgar a dos yemas francas los dos sarmientos **F** y **H** situados sobre la prolongación para formar los dos nuevos puntos vegetativos.

7-8. Eliminar los sarmientos **E** y **G** con un corte al nivel de la corona.

9. Eliminar los trozos de madera seca.

CORDÓN SIMPLE VERTICAL A CUATRO PUNTOS VEGETATIVOS

Cómo hemos podado – Invierno 4° año

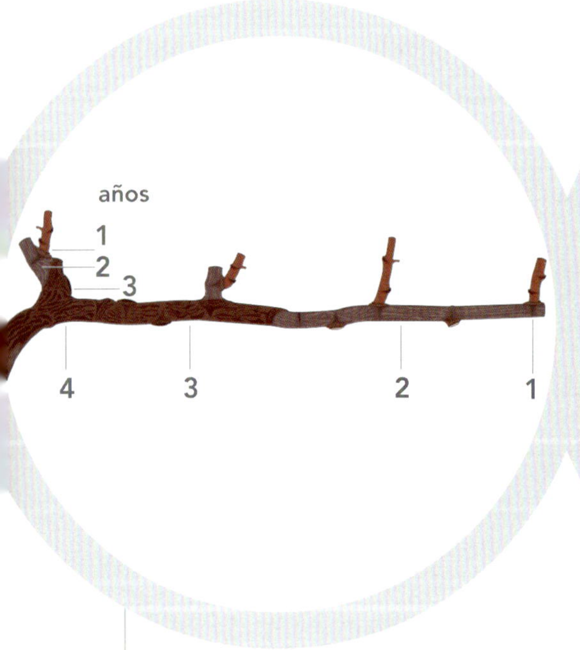

1 Ramificación

Respetando la cronología natural del crecimiento de la planta.

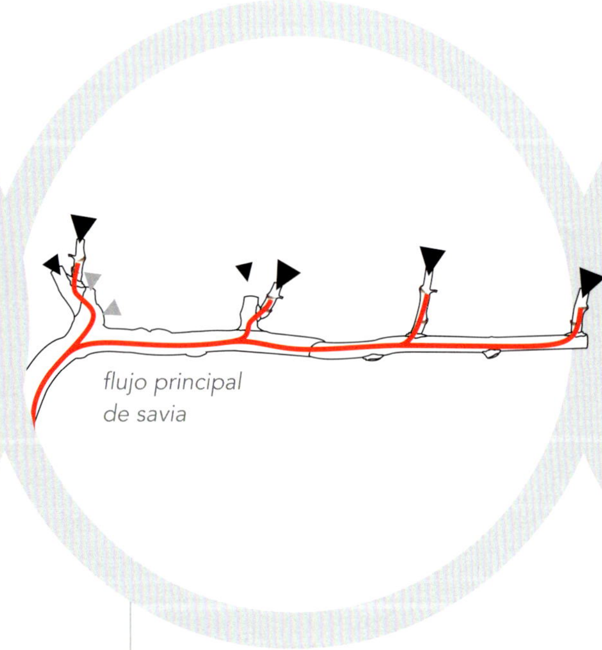

2 Continuidad del flujo de savia

Siguiendo las ramificaciones verticales y completando la ocupación del espacio horizontal con el alargamiento distanciando los cortes.

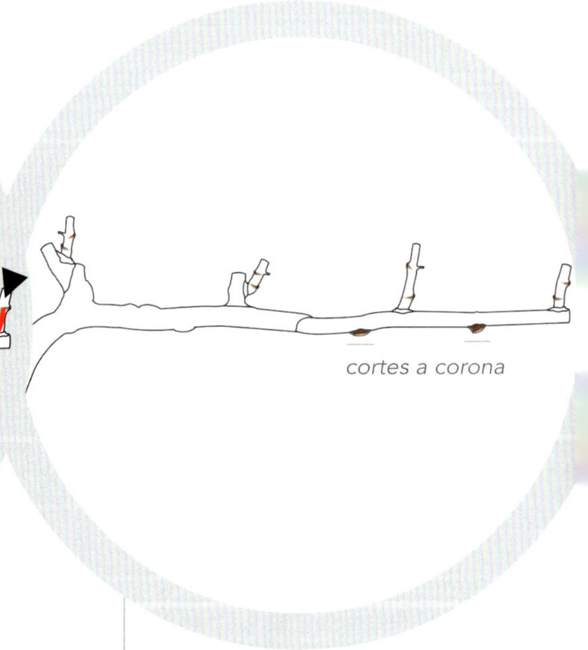

3 Cortes y coronas

Efectuando cortes de pequeñas dimensiones (en madera de uno y dos años), respetando las yemas de la corona que están en el flujo principal de savia.

▲ *Conos de desecación de los cortes realizados en el año actual*

▲ *Conos de desecación de los cortes realizados en años anteriores*

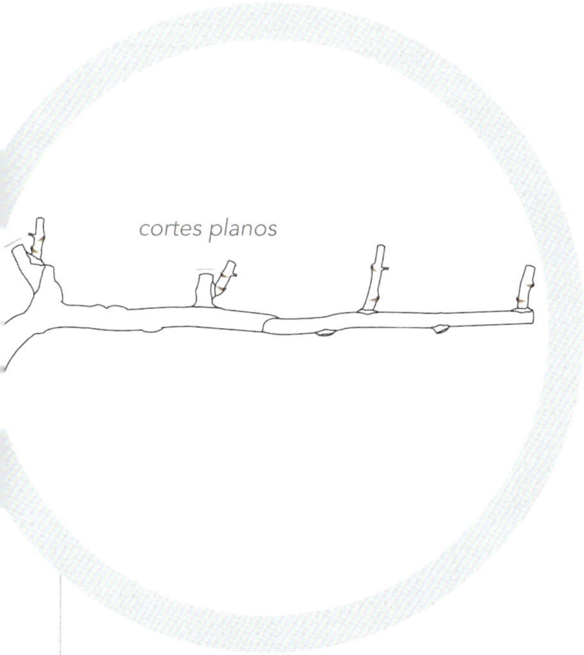

4 Madera de respeto

Realizando un corte plano en la madera de dos años.

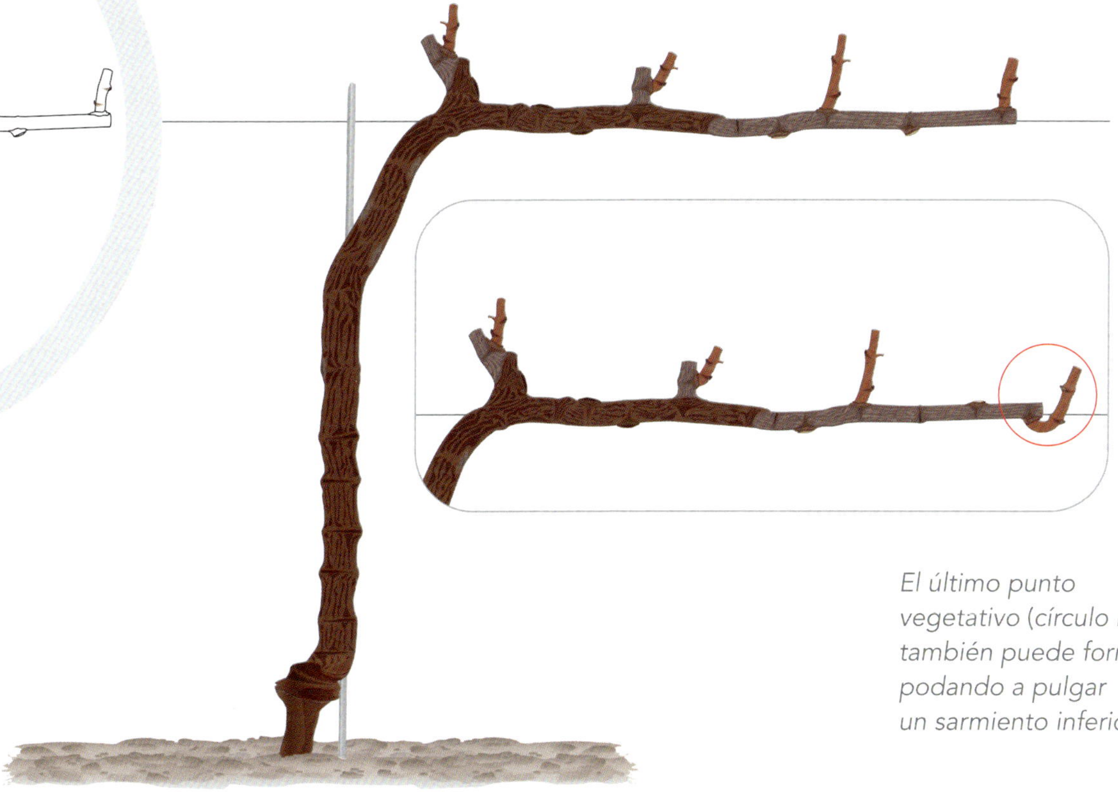

El último punto vegetativo (círculo rojo) también puede formarse podando a pulgar un sarmiento inferior.

Fase terminada: cordón simple vertical formado
Siguiente fase en el capítulo 10

Capítulo 9

Formación del cordón simple oblicuo

Cordón simple oblicuo
a cuatro puntos vegetativos

GUION DEL CAPÍTULO

Objetivos

1. Formar el cordón simple oblicuo.
2. Ocupar progresivamente el espacio entre dos plantas.
3. Formar la ramificación oblicua de los puntos vegetativos.

Características del cordón simple oblicuo

El espacio horizontal entre dos plantas se ocupará de manera modular (ver pág. 48 *Crecimiento de la estructura de la planta*).

Características de los puntos vegetativos:

- desarrollo oblicuo a partir del alambre de formación;
- equidistancia;
- en línea con la hilera.

Cordón simple a cuatro puntos vegetativos
Poda y elección de los sarmientos que formarán los cordones horizontales.

Formación del cordón horizontal y de los puntos vegetativos
Durante los dos primeros años, la poda se realiza para formar el cordón horizontal y los puntos vegetativos. Con la técnica del alargamiento, el espacio entre dos plantas se irá ocupando progresivamente.

Ramificación oblicua controlada de los puntos vegetativos
Con esta fase se termina la formación de la estructura principal del cordón. A partir de este momento, la planta continúa su desarrollo gracias a la ramificación vertical de sus pulgares.

Cordón formado. Siguiente fase en el capítulo 10

CORDÓN SIMPLE OBLICUO A CUATRO PUNTOS VEGETATIVOS

Primavera – 1er año

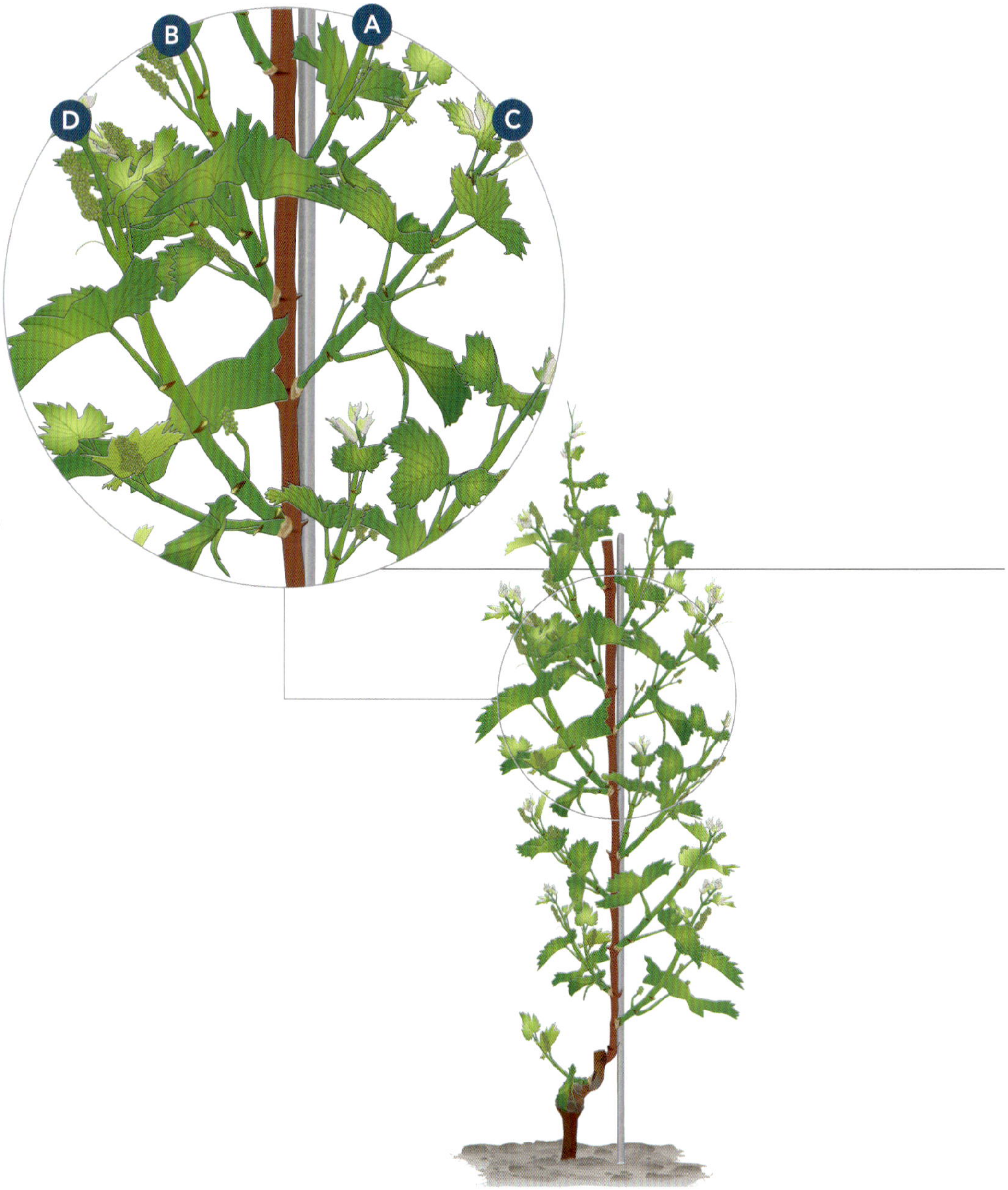

Poda en verde
En la brotación se realiza la poda en verde para eliminar los brotes superfluos, mientras que los que están en posiciones correctas se conservan para desarrollar la ramificación del tronco.

Por qué
Para evitar cortes en invierno y así reducir el número de heridas, dirigir las sustancias de reserva hacia las yemas restantes con el objetivo de garantizar un desarrollo homogéneo de la planta (longitud de los entrenudos, diámetro, longitud de los sarmientos) y evitar el amontonamiento excesivo de la vegetación.

Cuándo
Intervenir en brotes de 5 a 10 cm de longitud.

Cómo
Identificar y mantener los cuatro brotes de referencia **A**, **B**, **C** y **D** por debajo del alambre de formación y a la altura que se decida formar el tronco lateral. Eliminar los demás brotes.

Eliminación de los brotes secundarios
Después de la limpieza del tronco se procede a la eliminación de los brotes secundarios.

En el caso del cordón simple, los brotes **A** y **B** son los que están mejor colocados para formar el cordón horizontal. Los brotes **C** y **D** son brotes de reserva.

CORDÓN SIMPLE OBLICUO A CUATRO PUNTOS VEGETATIVOS

Verano – 1er año

Conducción de la vegetación

Durante el verano se continúa con la conducción vertical de la vegetación.

Atado

Si es necesario, se atarán los brotes que corren el riesgo de romperse.

Despuntado

Se aconseja despuntar los brotes cuando la vegetación sobrepase el último alambre de soporte.

Si es necesario, se realizará una segunda poda en verde para eliminar posibles rebrotes en el tronco y alrededor del punto de injerto.

Otoño – 1er año

Agostamiento y lignificación
En esta estación la planta completa el ciclo del desarrollo de los brotes.

Con el agostamiento, que empieza en verano, se inicia el proceso de lignificación que transformará los brotes en sarmientos.

En esta fase se puede regular la carga productiva con un aclareo de racimos.

CORDÓN SIMPLE OBLICUO A CUATRO PUNTOS VEGETATIVOS

Invierno – 1er año

Selección del sarmiento
En esta fase, se elige el sarmiento mejor situado (**A**), que formará el futuro cordón. Antes de podar, hay que asegurarse de que el sarmiento seleccionado está completamente lignificado y en buen estado. En caso de que estuviese dañado, se puede elegir uno de los otros sarmientos. Los demás sarmientos de reserva se eliminan.

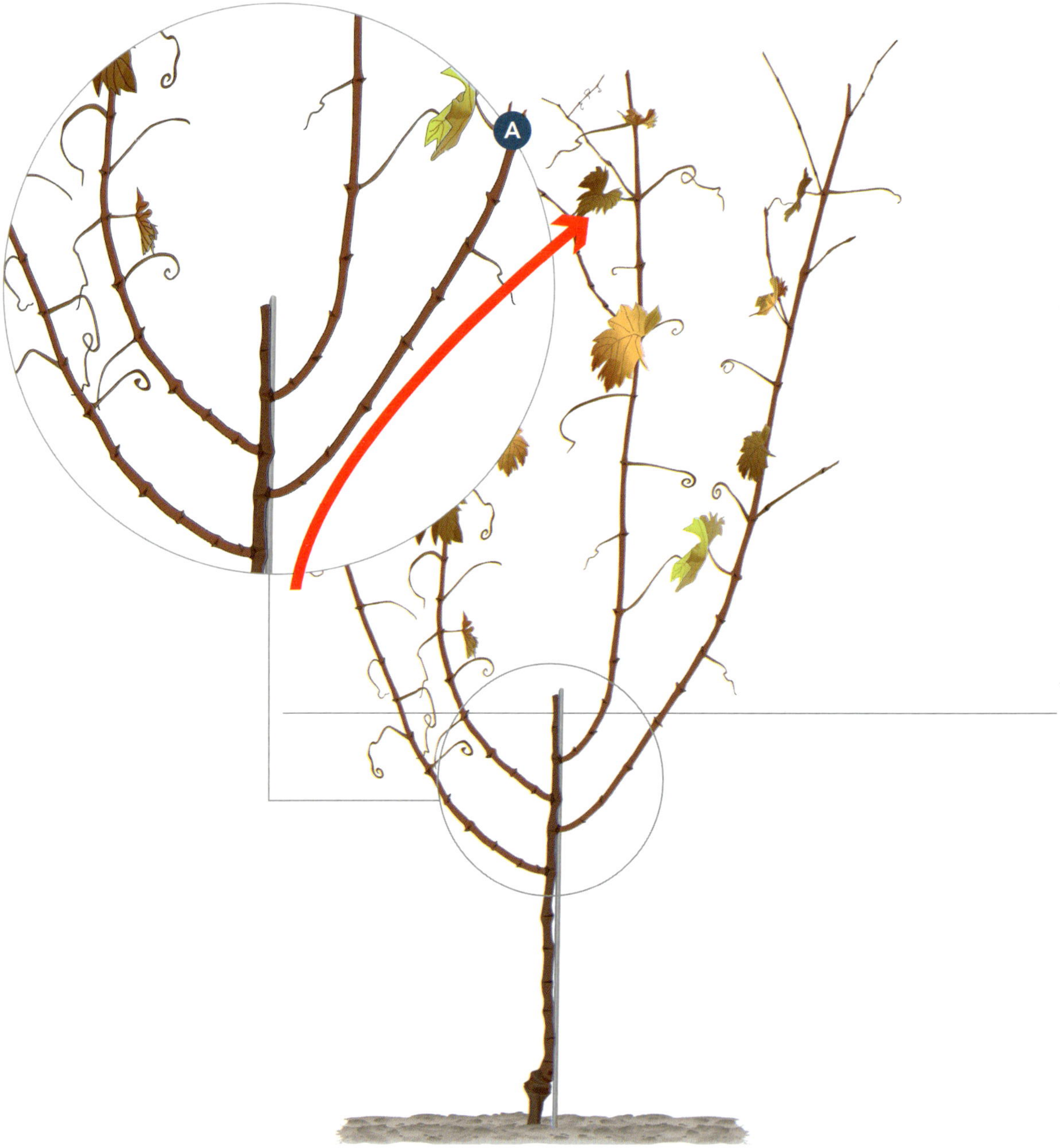

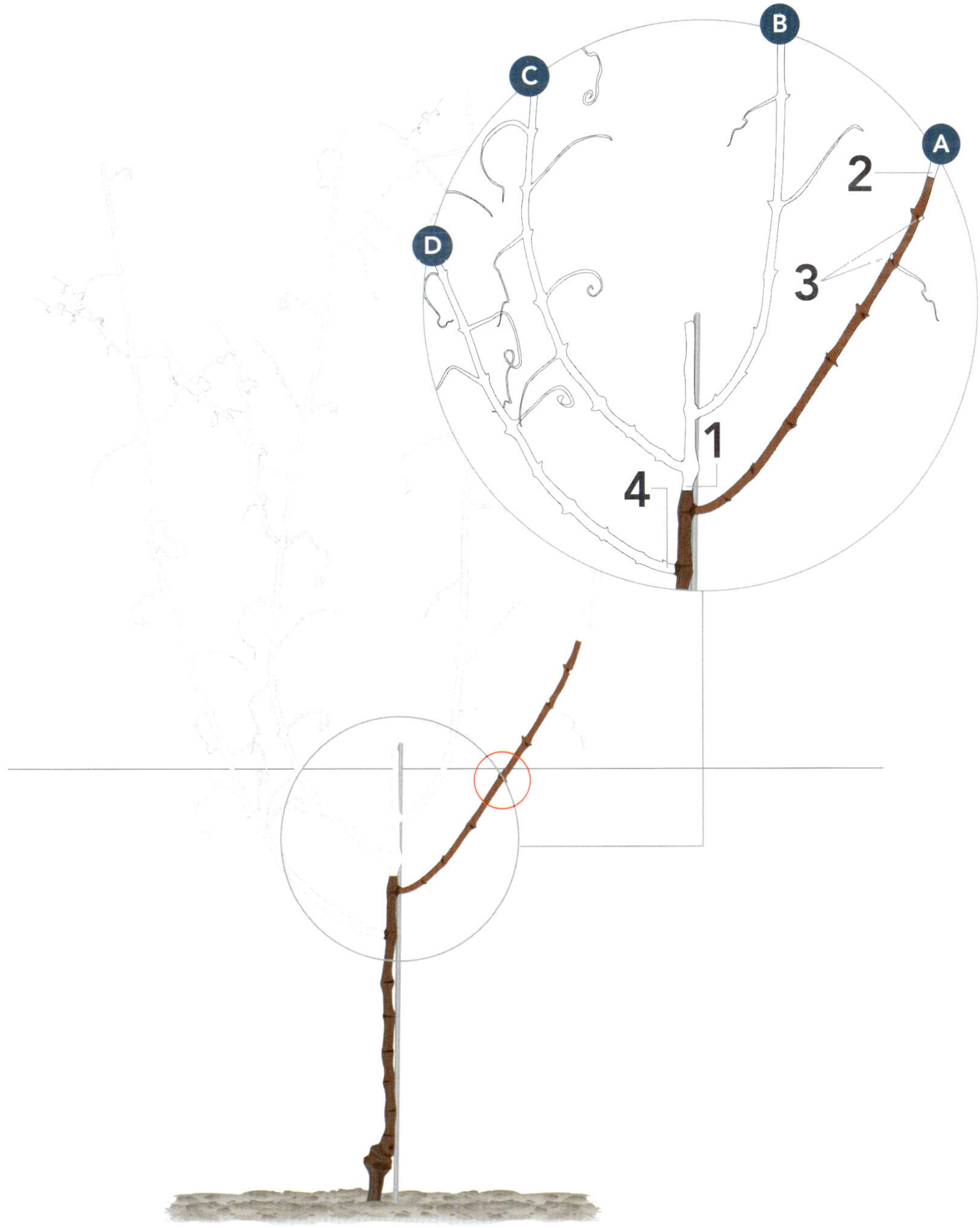

Poda

1. Eliminar los sarmientos **B** y **C** con un solo corte manteniendo una parte de madera de respeto.

2. Sobre el sarmiento **A**, identificar la primera yema orientada hacia arriba que esté cerca del alambre de formación (*círculo rojo*) y podar dejando tres entrenudos sucesivos.

3. Eliminar (*foto inferior*) las dos últimas yemas del sarmiento **A**.

4. Eliminar el sarmiento **D** con un corte al nivel de la corona.

CORDÓN SIMPLE OBLICUO A CUATRO PUNTOS VEGETATIVOS
Cómo hemos podado – Invierno 1er año

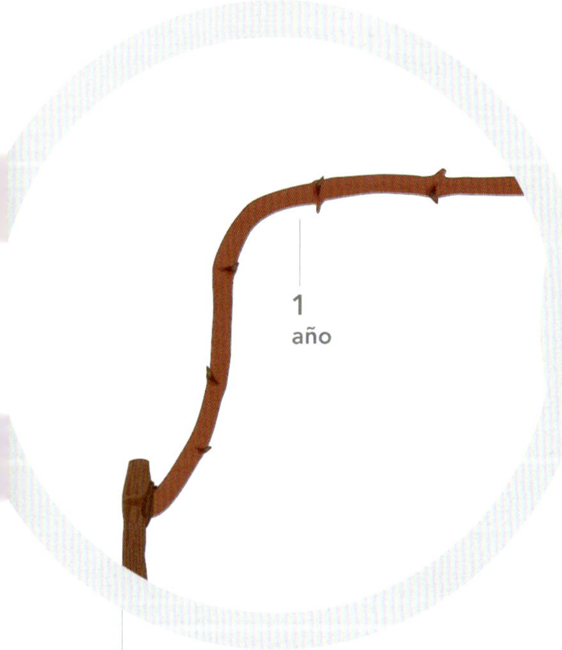

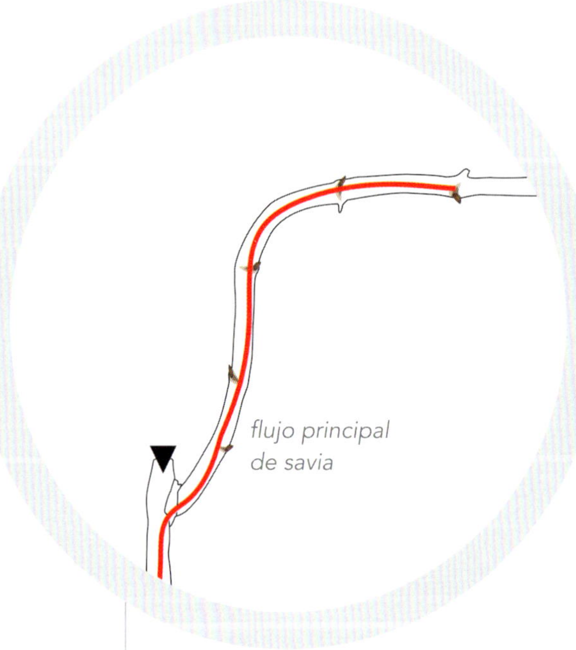

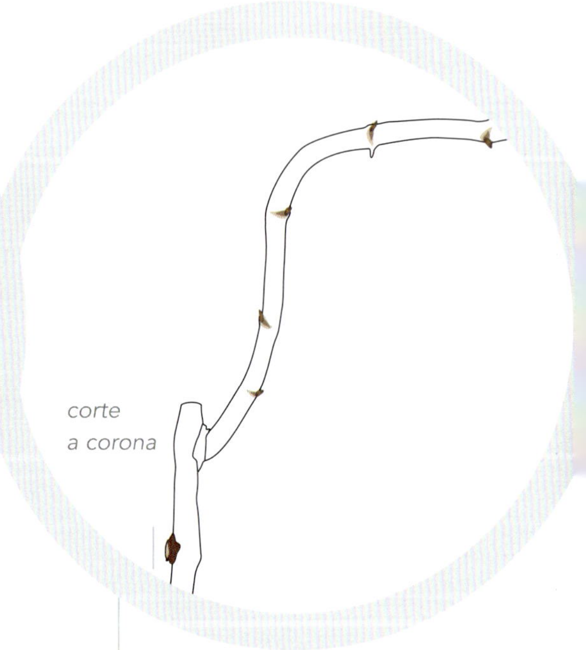

1 Ramificación

Respetando la cronología natural del crecimiento de la planta.

2 Continuidad del flujo de savia

Eligiendo un sarmiento del tronco vertical e iniciando la ocupación del espacio horizontal.

3 Cortes y coronas

Efectuando cortes de pequeñas dimensiones (en madera de uno y dos años), respetando las yemas de la corona que están en el flujo principal de savia.

▲ *Conos de desecación de los cortes realizados en el año actual*

Cómo hemos arqueado
El sarmiento ha sido arqueado sobre el alambre de formación. Para facilitar el arqueado hemos eliminado las dos últimas yemas.

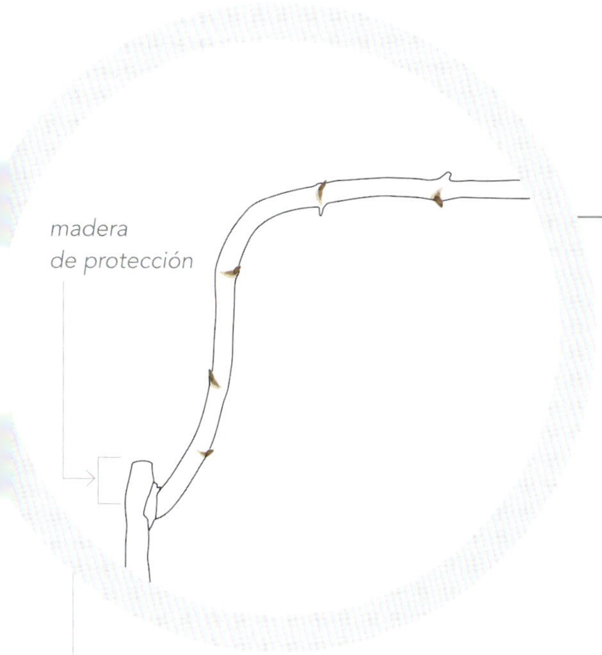

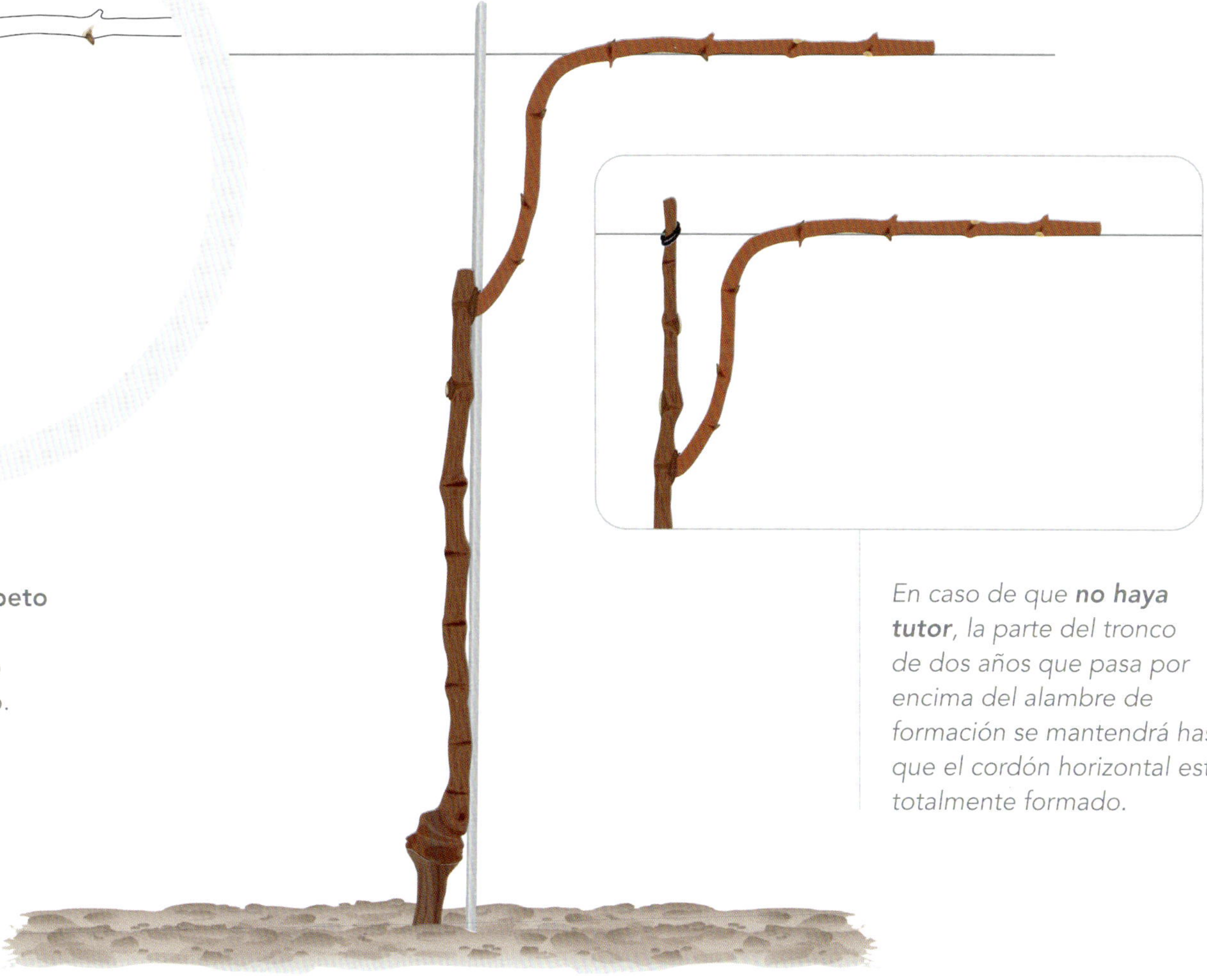

4 Madera de respeto

Manteniendo un trozo de madera de respeto.

*En caso de que **no haya tutor**, la parte del tronco de dos años que pasa por encima del alambre de formación se mantendrá hasta que el cordón horizontal esté totalmente formado.*

CORDÓN SIMPLE OBLICUO A CUATRO PUNTOS VEGETATIVOS

Primavera – 2º año

Poda en verde

En la brotación se realiza la poda en verde para eliminar los brotes superfluos, mientras que los que están en posiciones correctas se conservan para desarrollar la ramificación oblicua y completar el cordón simple.

Por qué

Para evitar cortes en invierno y así reducir el número de heridas, dirigir las sustancias de reserva hacia las yemas restantes con el objetivo de garantizar un desarrollo homogéneo de la planta (longitud de los entrenudos, diámetro, longitud de los sarmientos) y evitar el amontonamiento excesivo de la vegetación.

Cuándo

Intervenir en brotes de 5 a 10 cm de longitud.

Cómo

Identificar y mantener el primer pulgar (**A**) por encima del alambre de formación y el siguiente brote (**B**). Identificar y mantener, en función del vigor de la planta, tres-cuatro brotes (**C**, **D**, **E**) por debajo del alambre de formación. Eliminar los demás brotes.

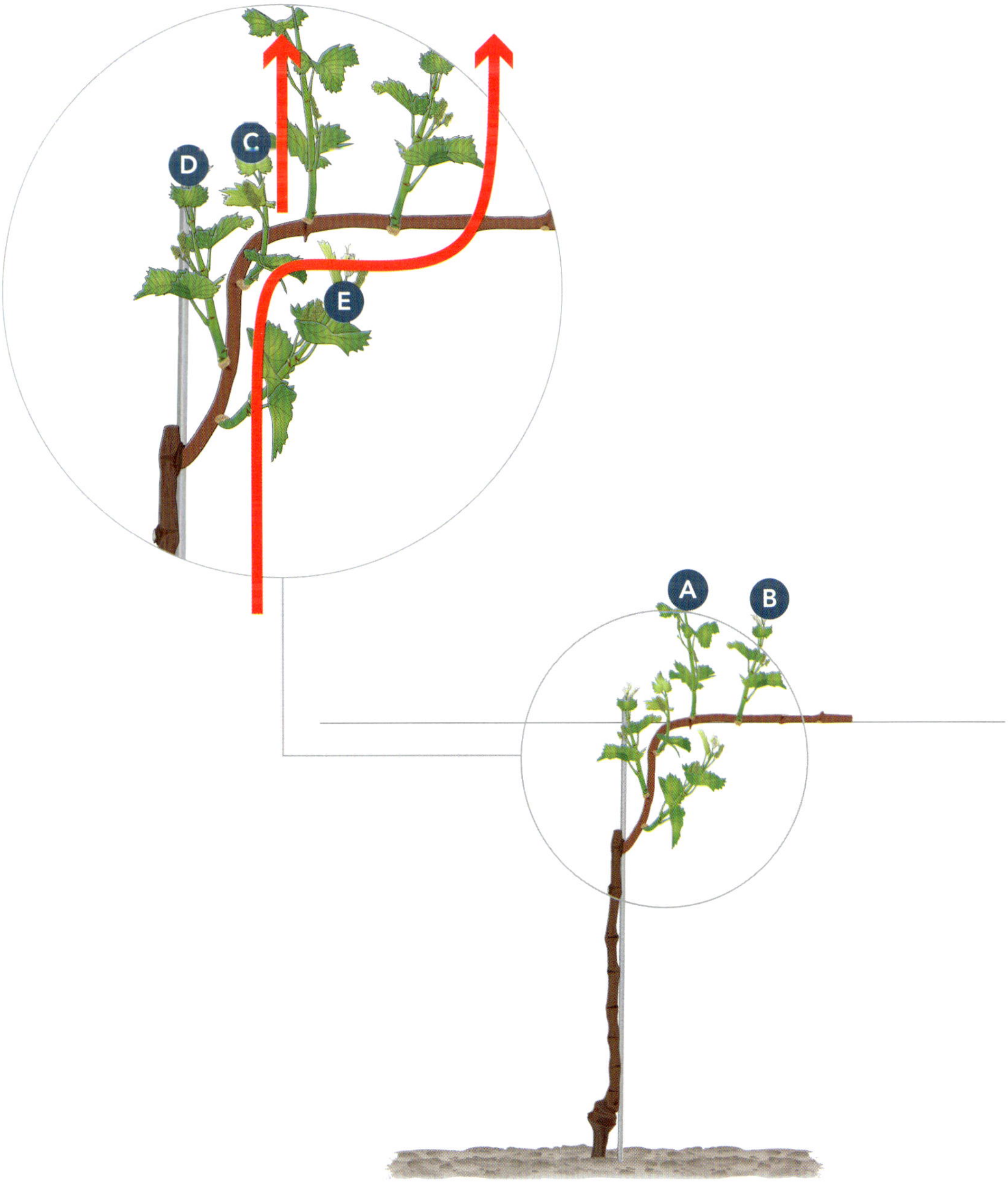

Eliminación de los brotes secundarios

Después de la limpieza del tronco se procede a la eliminación de los brotes secundarios.

Los brotes **A** y **B**, situados por encima del alambre, formarán respectivamente el primer punto vegetativo y la prolongación del cordón. Los brotes **C**, **D** y **E** son de reserva en caso de que haya daños durante las siguientes estaciones; también sirven para equilibrar el vigor de la planta.

CORDÓN SIMPLE OBLICUO A CUATRO PUNTOS VEGETATIVOS
Verano – 2º año

Conducción de la vegetación
Durante el verano se continúa con la conducción vertical de la vegetación.

Atado
Si es necesario, se atarán los brotes que corren el riesgo de romperse.

Despuntado
Se aconseja despuntar los brotes cuando la vegetación sobrepase el último alambre de soporte.

Si es necesario, se realizará una segunda poda en verde para eliminar posibles rebrotes en el tronco y alrededor del punto de injerto.

Otoño – 2º año

Agostamiento y lignificación
En esta estación la planta completa el ciclo de desarrollo de los brotes.

Con el agostamiento, que empieza en verano, se inicia el proceso de lignificación que transformará los brotes en sarmientos.

En esta fase se puede regular la carga productiva con un aclareo de racimos.

CORDÓN SIMPLE OBLICUO A CUATRO PUNTOS VEGETATIVOS

Invierno – 2º año

Selección de los pulgares y de las prolongaciones
Los sarmientos de la vid están bien lignificados, son homogéneos y presentan un buen desarrollo del eje principal y de los nietos. Los entrenudos son de longitud media y regular.

Durante esta fase, el primer objetivo de la poda es iniciar la ramificación oblicua de los puntos vegetativos, podando el primer sarmiento en un pulgar orientado por encima del alambre de formación (**A**).
El segundo objetivo es seguir alargando el cordón. Para ello, el sarmiento **B** se debe podar a tres-cuatro yemas, asegurándose de que la última yema esté orientada hacia abajo.
Luego se eliminan los sarmientos restantes (**C**, **D**, **E**).

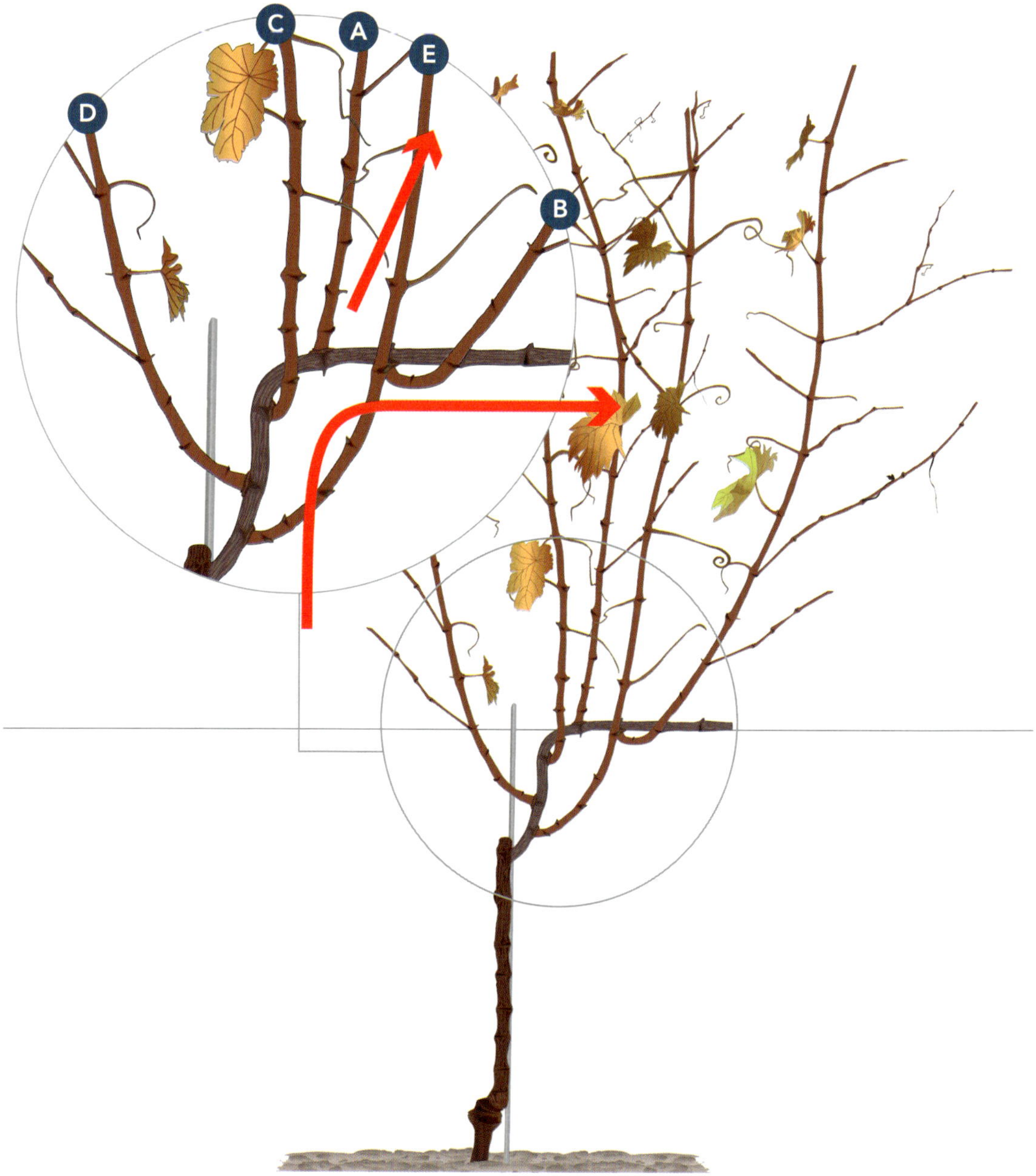

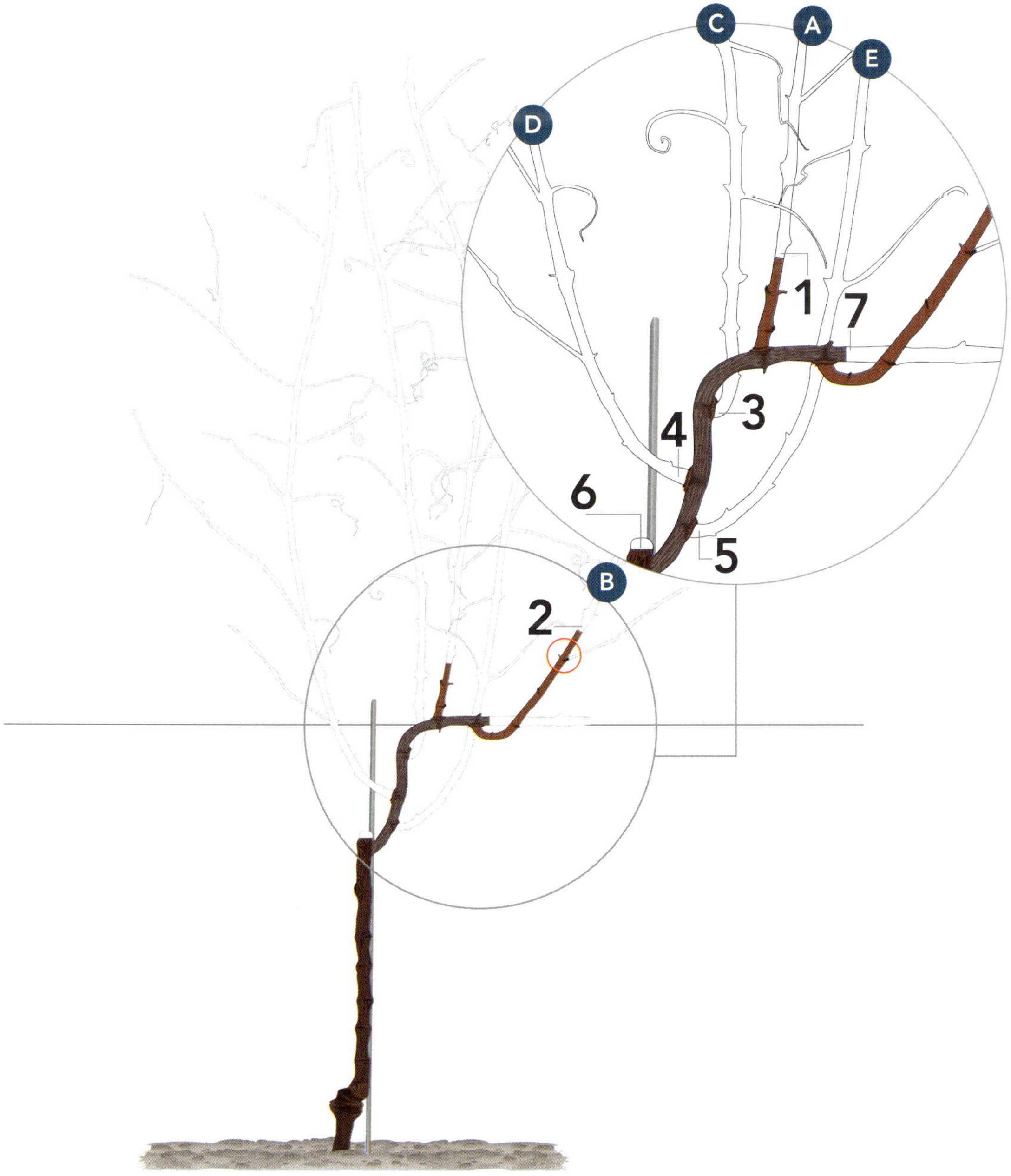

Poda

1. Podar a pulgar orientado el sarmiento **A** situado por encima del alambre de formación.

2. Podar la prolongación del cordón **B** a una longitud de 3-4 yemas, manteniendo la última orientada hacia abajo (*círculo rojo*).

3-4-5. Eliminar los sarmientos **C**, **D** y **E** con cortes al nivel de la corona.

6-7. Eliminar los trozos de madera seca.

CORDÓN SIMPLE OBLICUO A CUATRO PUNTOS VEGETATIVOS
Cómo hemos podado – Invierno 2° año

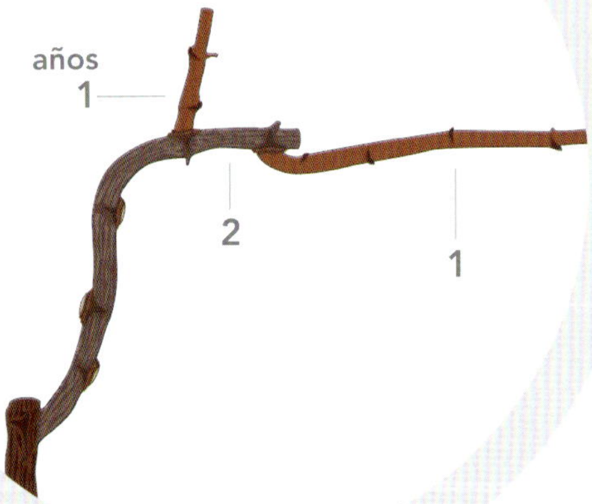

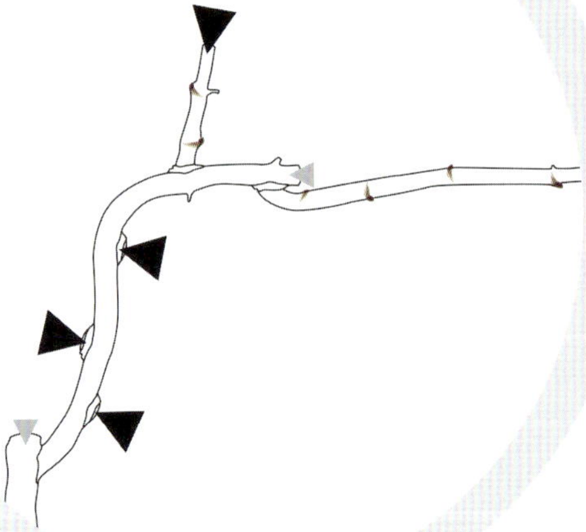

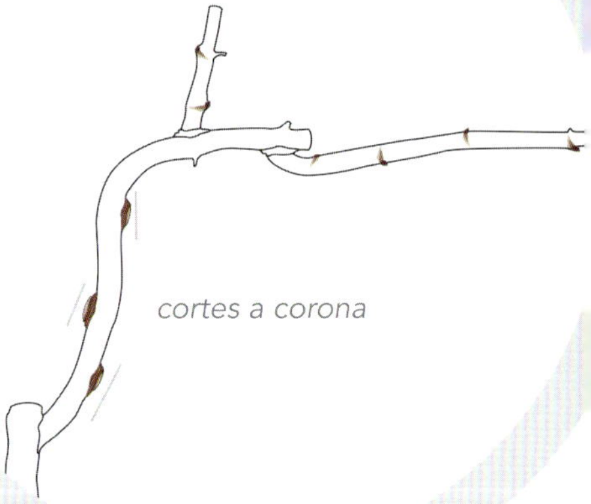

1 Ramificación

Respetando la cronología natural del crecimiento de la planta.

2 Continuidad del flujo de savia

Empezando la ramificación oblicua y continuando la ocupación del espacio horizontal con el alargamiento distanciando los cortes.

3 Cortes y coronas

Efectuando cortes de pequeñas dimensiones (en madera de uno y dos años), respetando las yemas de la corona que están en el flujo principal de savia y manteniendo un trozo de madera de respeto.

▲ *Conos de desecación de los cortes realizados en el año actual*
▲ *Conos de desecación de los cortes realizados en años anteriores*

Cómo hemos arqueado
La prolongación se apoya simplemente sobre el alambre de formación.

CORDÓN SIMPLE VERTICAL A CUATRO PUNTOS VEGETATIVOS
Primavera – 3er año

Poda en verde
En la brotación se realiza la poda en verde para eliminar los brotes superfluos, mientras que los que están en posiciones correctas se conservan para desarrollar la ramificación oblicua.

Por qué
Para evitar cortes en invierno y así reducir el número de heridas, dirigir las sustancias de reserva hacia las yemas restantes con el objetivo de garantizar un desarrollo homogéneo de la planta (longitud de los entrenudos, diámetro, longitud de los sarmientos) y evitar el amontonamiento excesivo de la vegetación.

Cuándo
Intervenir en brotes de 5 a 10 cm de longitud.

Cómo
Localizar el pulgar del primer punto vegetativo y mantener en él los dos brotes principales (**A**, **B**); mantener los dos últimos brotes del brazo (**C**,**D**); mantener otros dos brotes en el brazo (**E**,**F**); eliminar los demás brotes.

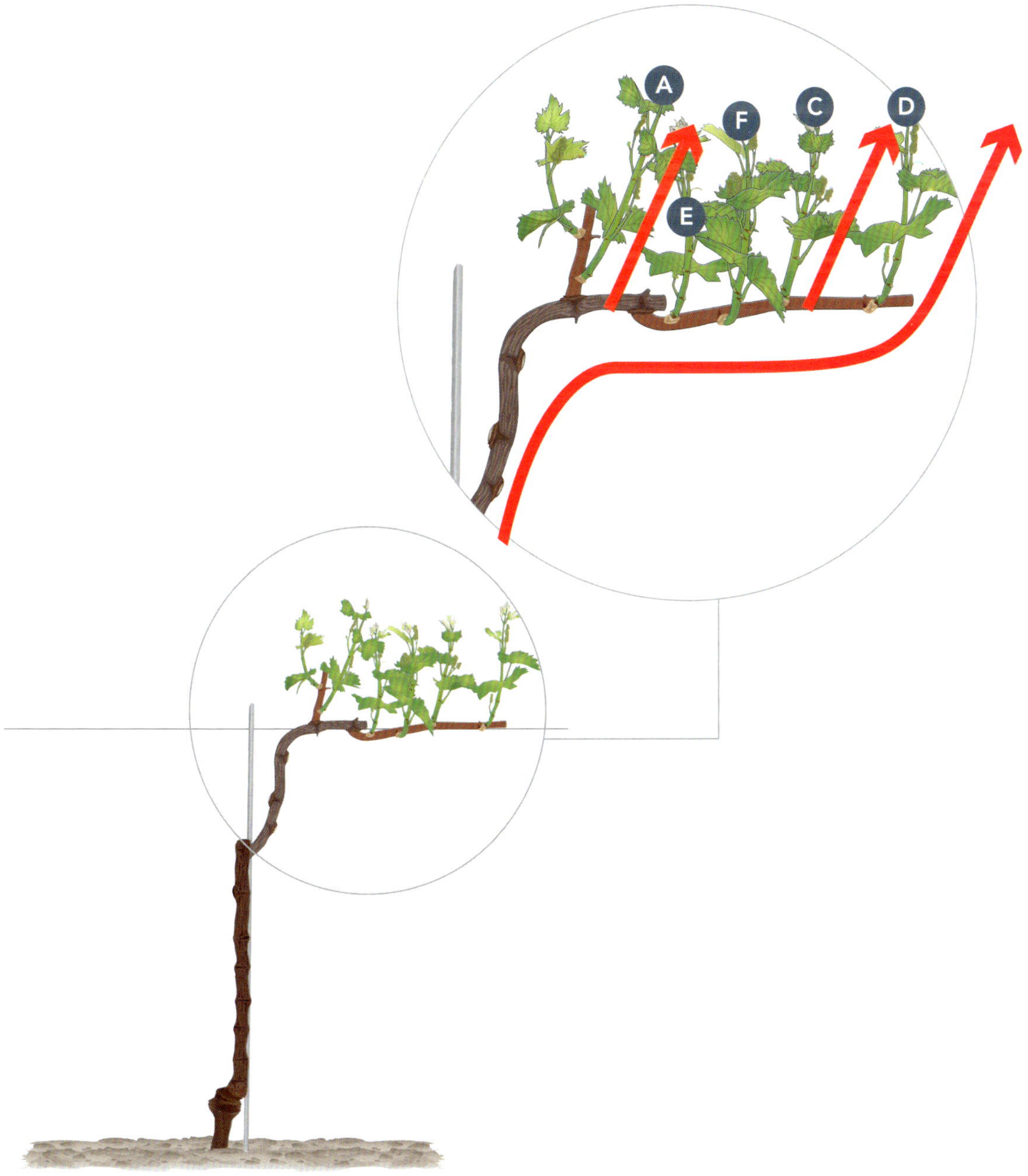

Eliminación de los brotes secundarios

Después de la limpieza del tronco se procede a la eliminación de los brotes secundarios.

El brote **A**, situado sobre el primer punto vegetativo, es el futuro pulgar que permitirá continuar la ramificación oblicua. El brote **C** formará el segundo punto vegetativo. El brote **D** asegura el alargamiento para completar el cordón horizontal. Los brotes **E** y **F** son de reserva en caso de que haya daños durante las siguientes estaciones; también sirven para equilibrar el vigor de la planta.

CORDÓN SIMPLE OBLICUO A CUATRO PUNTOS VEGETATIVOS

Invierno – 3er año

Selección de los pulgares y de las prolongaciones

Los sarmientos de la vid están bien lignificados, son homogéneos y presentan un buen desarrollo del eje principal y de los nietos. Los entrenudos son de longitud media y regular.

Durante esta fase, el primer objetivo de la poda es continuar la ramificación oblicua del primer punto vegetativo, podando el sarmiento **A** en un pulgar orientado. El segundo objetivo es formar el segundo punto vegetativo, podando a pulgar el sarmiento **C** que se encuentra en la prolongación. El tercer objetivo es completar la estructura del cordón horizontal podando el sarmiento **D** con la longitud necesaria para ocupar todo el espacio horizontal disponible para la planta. Luego se eliminan los sarmientos restantes (**B**, **E**, **F**).

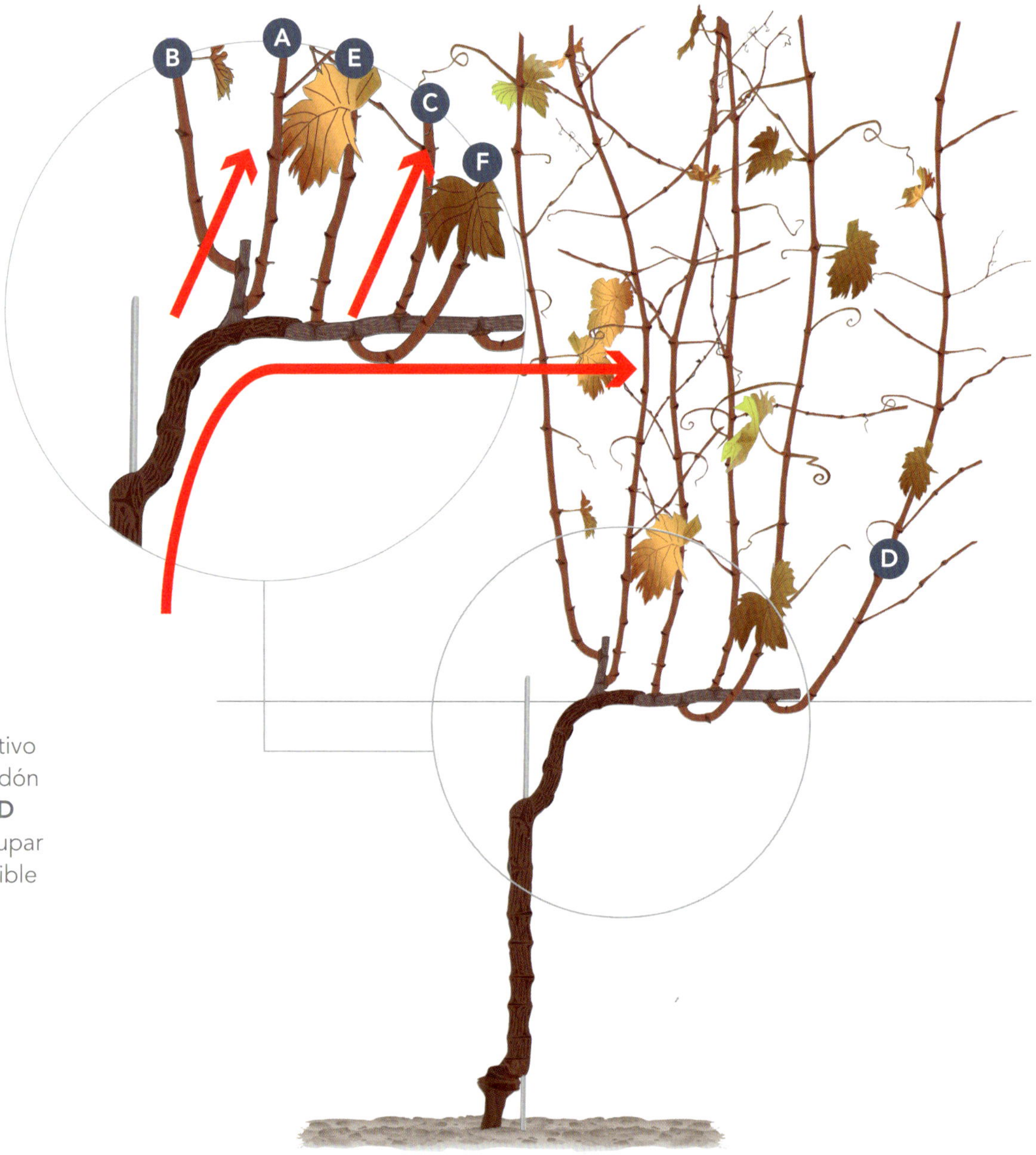

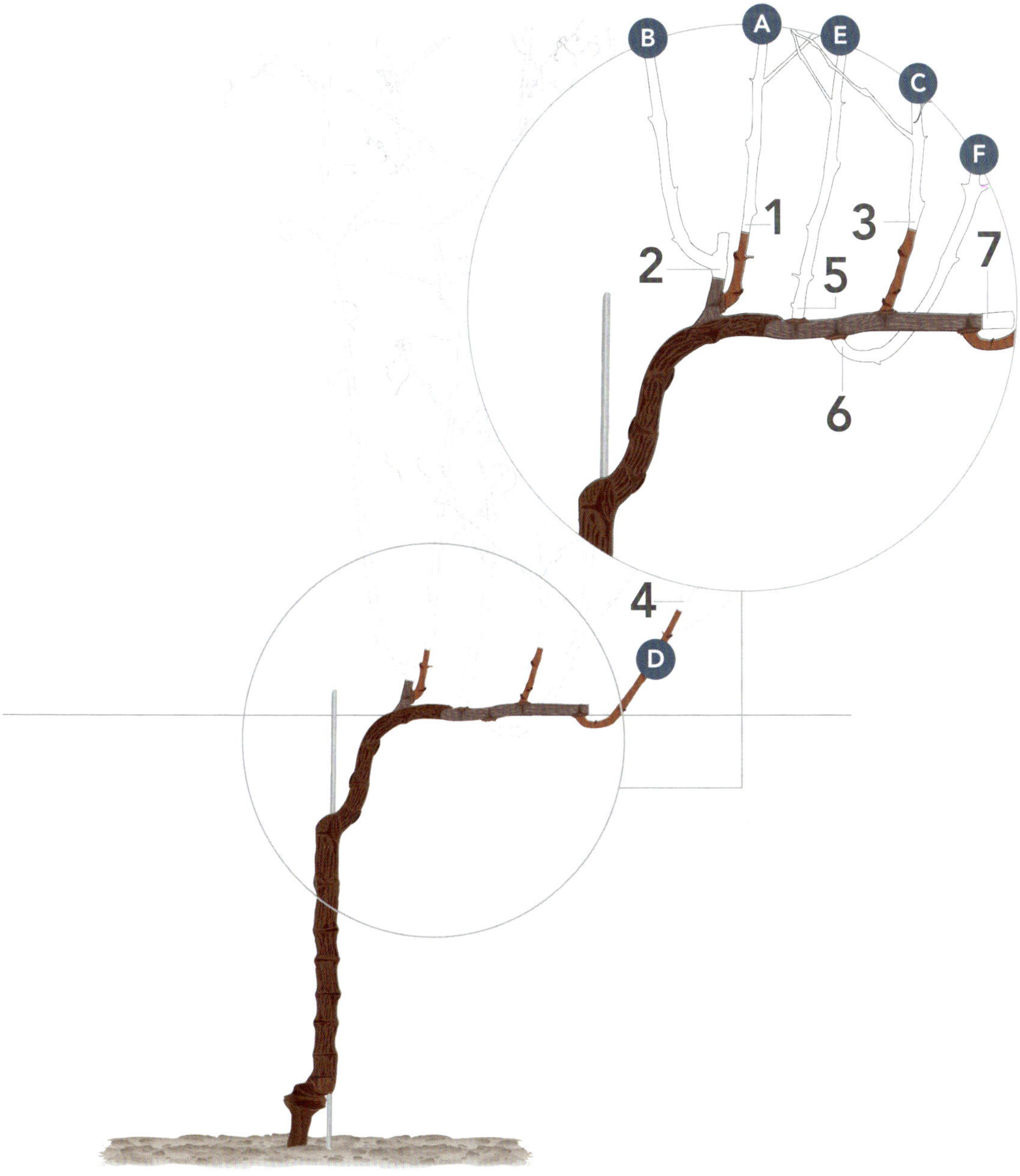

Poda

1. Podar a pulgar orientado el sarmiento **A**, situado en el primer punto vegetativo.

2. Eliminar el sarmiento **B** con un corte plano en madera de dos años.

3. Podar a pulgar orientado el sarmiento **C**, que se encuentra en la prolongación del cordón.

4. Podar la prolongación **D** con la longitud necesaria para completar el cordón horizontal.

5-6. Eliminar los sarmientos **E** y **F** con un corte al nivel de la corona.

7. Eliminar los trozos de madera seca.

CORDÓN SIMPLE VERTICAL A CUATRO PUNTOS VEGETATIVOS

Cómo hemos podado – Invierno 3er año

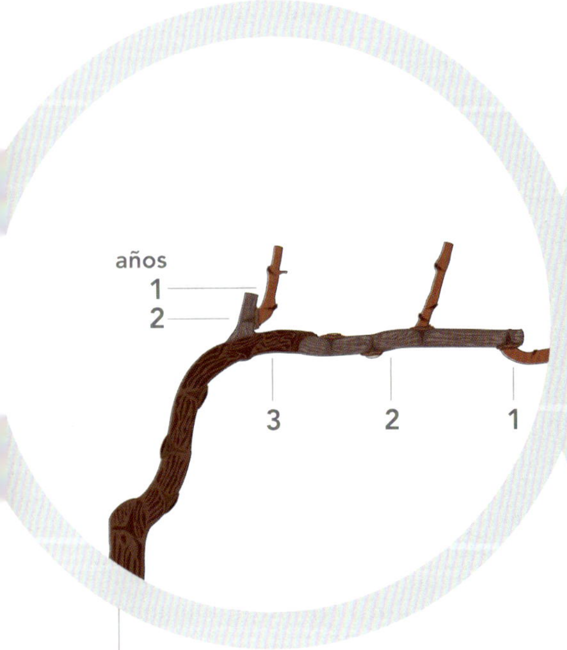

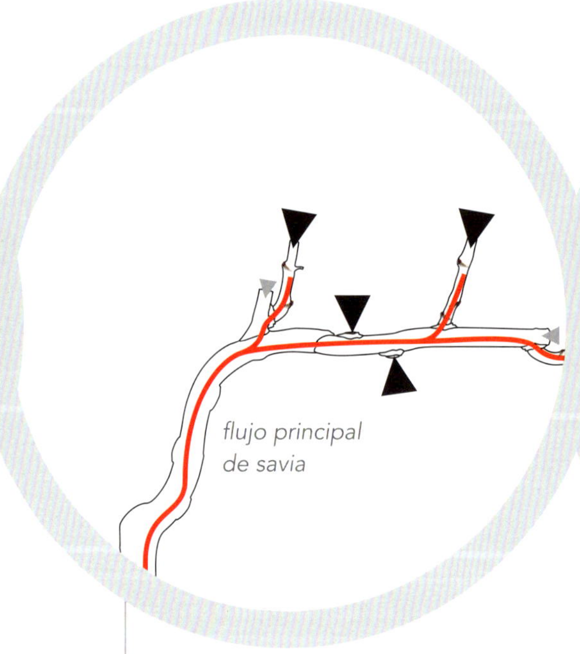

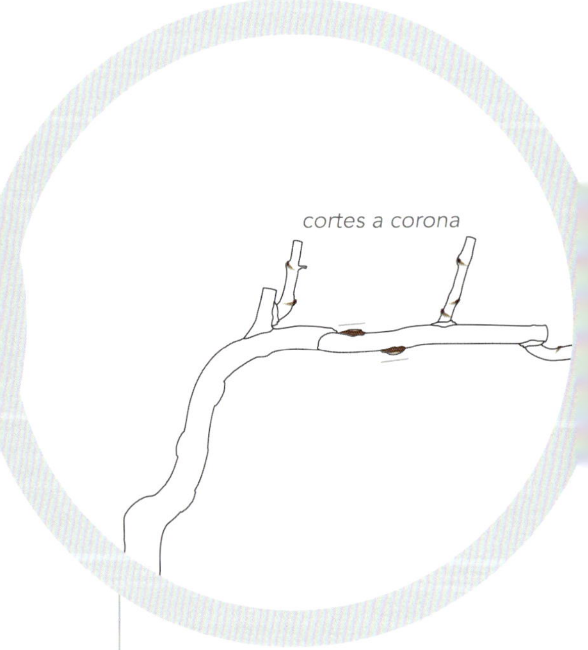

1 Ramificación

Respetando la cronología natural del crecimiento de la planta.

2 Continuidad del flujo de savia

Siguiendo las ramificaciones oblicuas y completando la ocupación del espacio horizontal con el alargamiento distanciando los cortes.

3 Cortes y coronas

Efectuando cortes de pequeñas dimensiones (en madera de uno y dos años), respetando las yemas de la corona que están en el flujo principal de savia.

▲ *Conos de desecación de los cortes realizados en el año actual*

▲ *Conos de desecación de los cortes realizados en años anteriores*

Cómo hemos arqueado
La prolongación se
ha apoyado y atado
al alambre de formación.

CORDÓN SIMPLE OBLICUO A CUATRO PUNTOS VEGETATIVOS

Primavera – 4° año

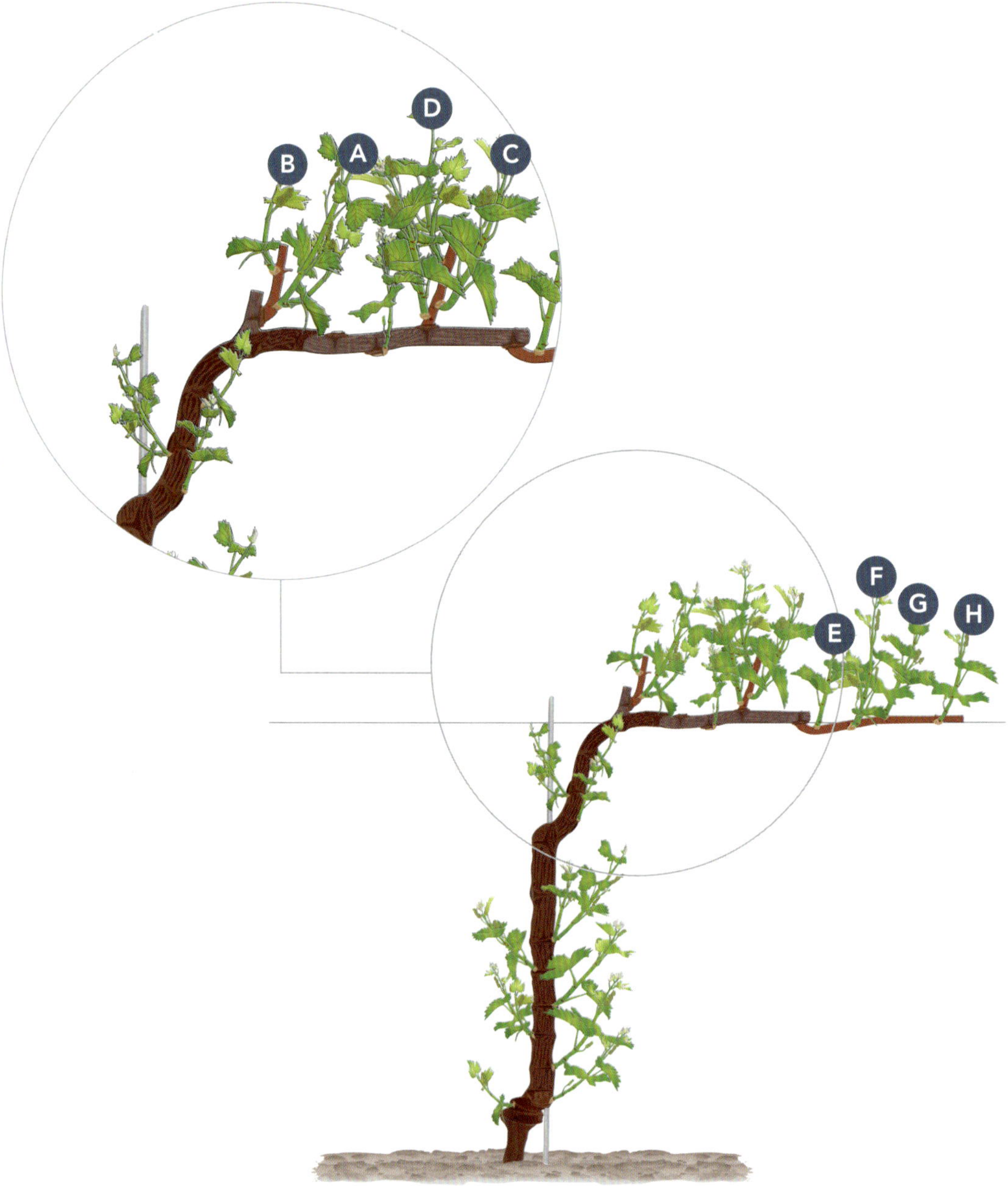

Poda en verde
En la brotación se realiza la poda en verde para eliminar los brotes superfluos, mientras que los que están en posiciones correctas se conservan para desarrollar la ramificación vertical.

Por qué
Para evitar cortes en invierno y así reducir el número de heridas, dirigir las sustancias de reserva hacia las yemas restantes con el objetivo de garantizar un desarrollo homogéneo de la planta (longitud de los entrenudos, diámetro, longitud de los sarmientos) y evitar el amontonamiento excesivo de la vegetación.

Cuándo
Intervenir en brotes de 5 a 10 cm de longitud.

Cómo
Localizar los pulgares y mantener los brotes principales que se han desarrollado en ellos (**A**, **B**, **C**, **D**); mantener cuatro-cinco brotes sobre el alargamiento (**E**, **F**, **G**, **H**); eliminar los demás brotes del cordón horizontal para evitar amontonamientos excesivos de vegetación; quitar todos los brotes del tronco.

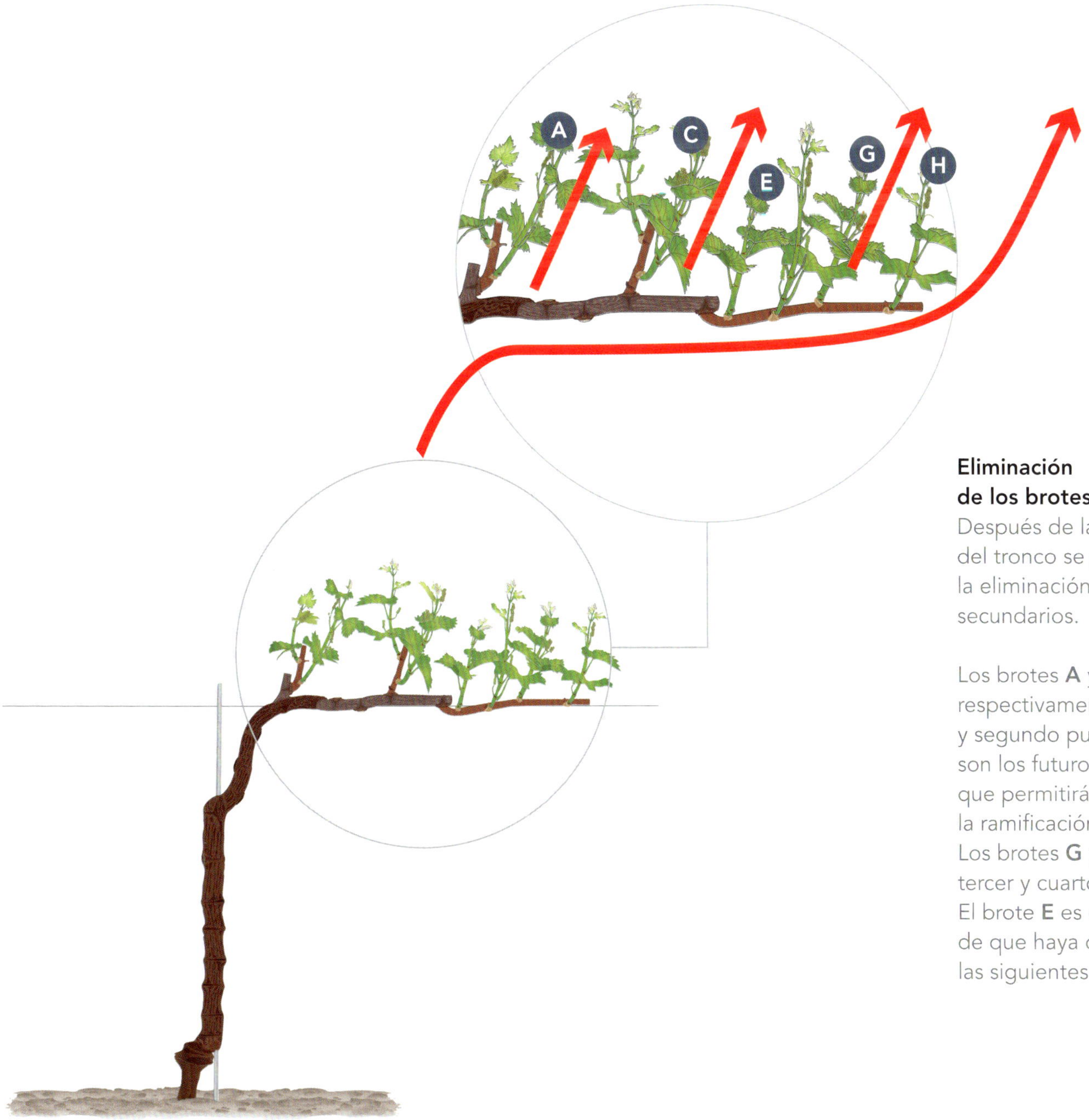

Eliminación de los brotes secundarios

Después de la limpieza del tronco se procede a la eliminación de los brotes secundarios.

Los brotes **A** y **C**, situados respectivamente en el primer y segundo punto vegetativo, son los futuros pulgares que permitirán continuar la ramificación oblicua. Los brotes **G** y **H** formarán el tercer y cuarto punto vegetativo. El brote **E** es de reserva en caso de que haya daños durante las siguientes estaciones.

CORDÓN SIMPLE OBLICUO A CUATRO PUNTOS VEGETATIVOS

Invierno – 4° año

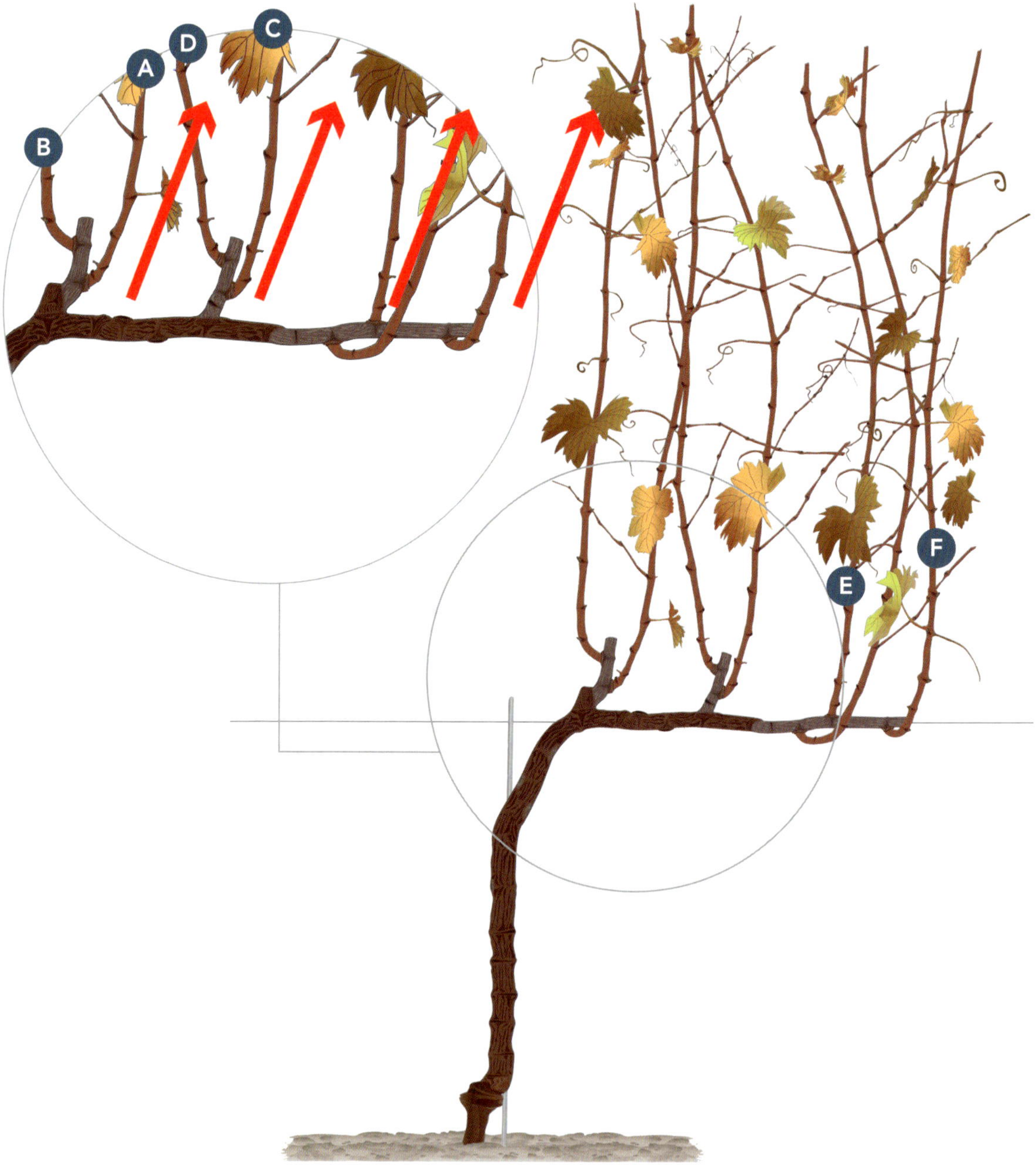

Selección de los pulgares

Los sarmientos de la vid están bien lignificados, son homogéneos y presentan un buen desarrollo del eje principal y de los nietos. Los entrenudos son de longitud media y regular.

Durante esta fase, el primer objetivo es continuar la ramificación oblicua de los dos primeros puntos vegetativos, podando a pulgar los sarmientos **A** y **C** procedentes de estos. El segundo objetivo es formar el segundo y el tercer pulgar, podando los sarmientos **E** y **H** situados sobre la prolongación del cordón. Luego se eliminan los sarmientos restantes.

Para la formación de un cordón a cinco o más puntos vegetativos.

Ver la pág. 56 Técnica de alargamiento.

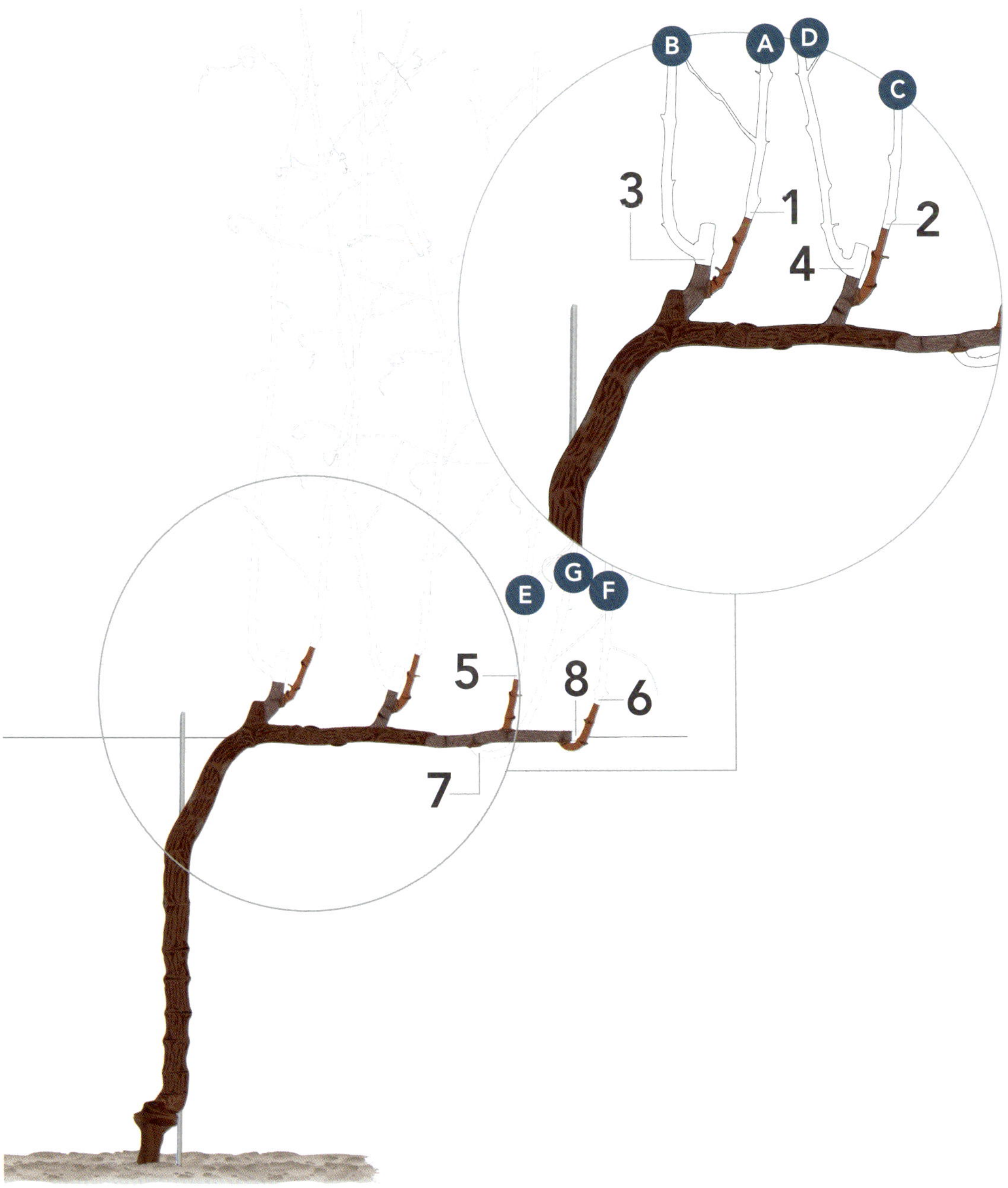

Poda

1-2. Podar a pulgar orientado los sarmientos **A** y **C**, situados respectivamente en el primer y segundo punto vegetativo.

3-4. Eliminar los sarmientos **B** y **D** con un corte plano en madera de dos años.

5-6. Podar a pulgar orientados los sarmientos **E** y **F**, situados sobre la prolongación del cordón y que formarán los dos nuevos puntos vegetativos.

7-8. Eliminar el sarmiento **G** con un corte al nivel de la corona.

9. Eliminar los trozos de madera seca.

CORDÓN SIMPLE VERTICAL A CUATRO PUNTOS VEGETATIVOS

Cómo hemos podado – Invierno 4° año

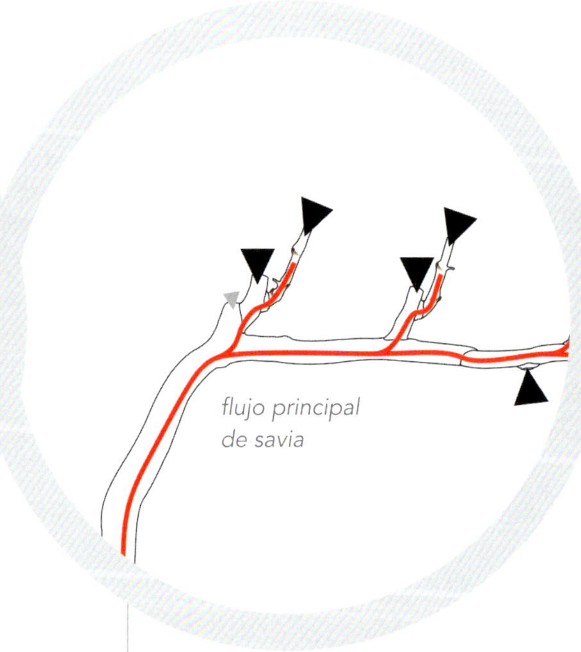

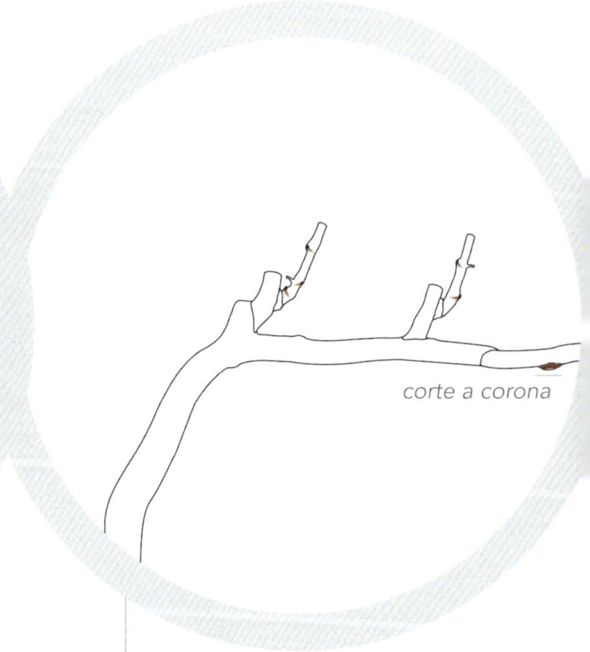

1 Ramificación

Respetando la cronología natural del crecimiento de la planta.

2 Continuidad del flujo de savia

Siguiendo las ramificaciones oblicuas y orientando los cortes hacia un mismo lado para separar la zona de los conos de desecación del flujo principal de savia.

3 Cortes y coronas

Efectuando cortes de pequeñas dimensiones (en madera de uno y dos años), respetando las yemas de la corona que están en el flujo principal de savia.

▲ *Conos de desecación de los cortes realizados en el año actual*
▲ *Conos de desecación de los cortes realizados en años anteriores*

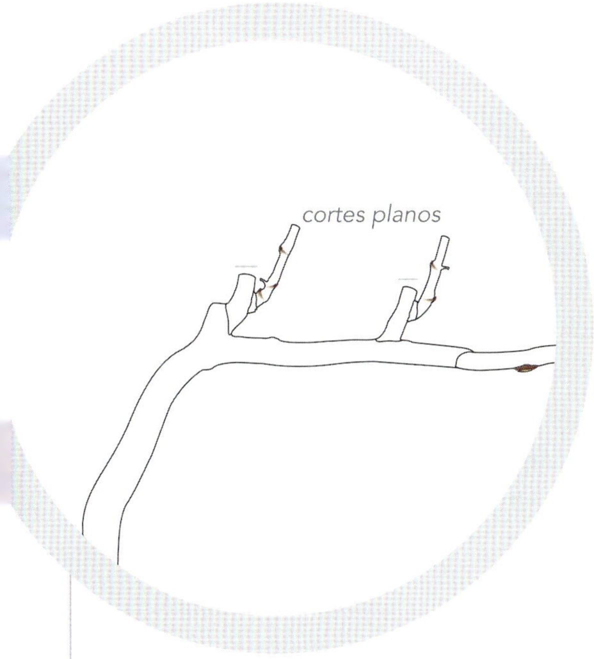

4 Madera de respeto

Realizando un corte plano en la madera de dos años.

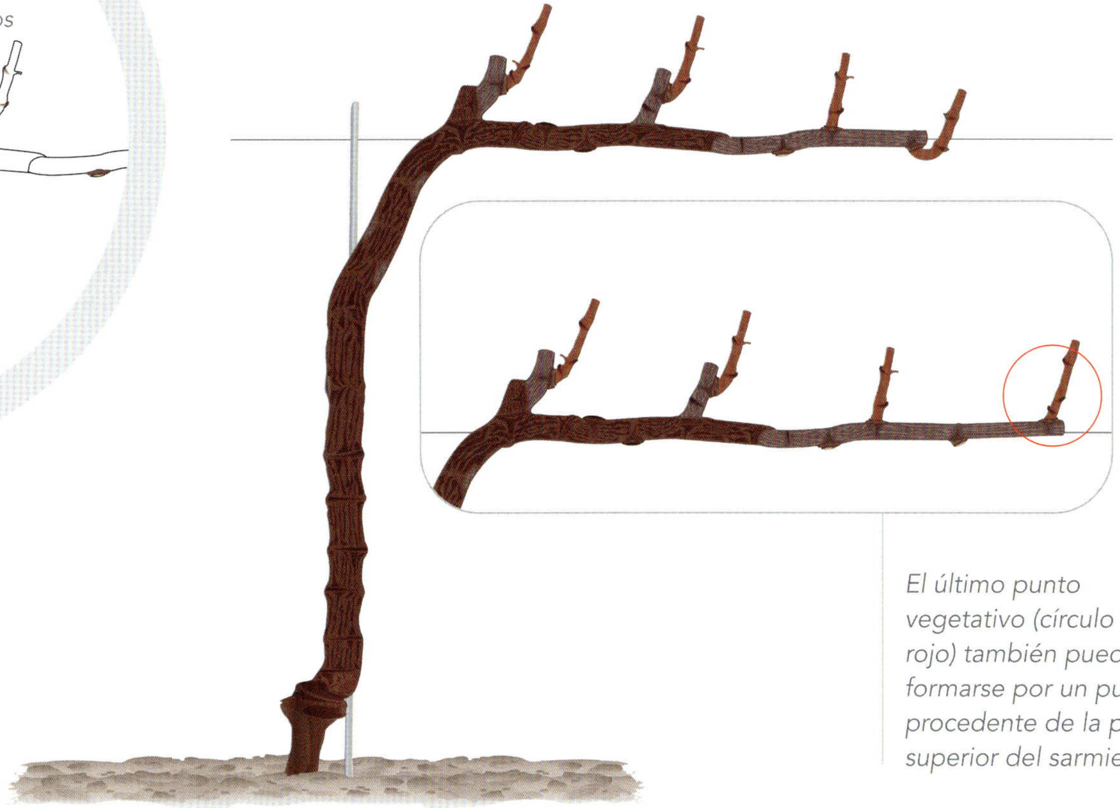

El último punto vegetativo (círculo rojo) también puede formarse por un pulgar procedente de la parte superior del sarmiento.

Fase terminada: cordón simple oblicuo formado
Siguiente fase en el capítulo 10

Capítulo 10

Desarrollo de la ramificación

Cordón doble
después de quince años de ramificación

Cordón simple vertical
después de quince años de ramificación

Cordón simple oblicuo
después de quince años de ramificación

Renovación de los puntos vegetativos

GUION DEL CAPÍTULO

Objetivos

1. Mantener el equilibrio vegetativo de la planta y regular la producción.
2. Controlar el crecimiento de las ramificaciones.
3. Técnicas de ajuste en caso de ramificación demasiado desarrollada.

Cordón doble después de quince años de ramificación

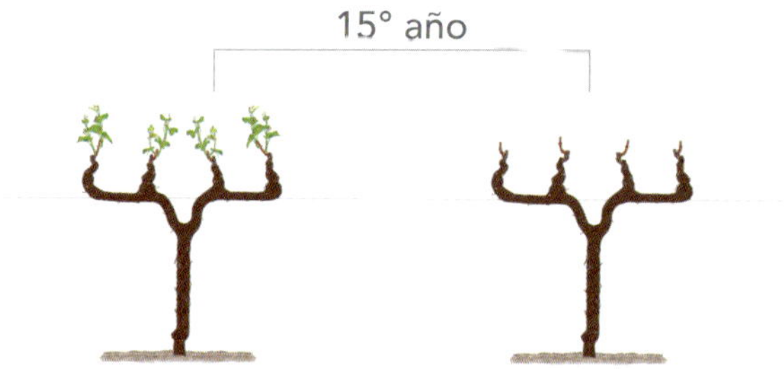

Pág. 198 Pág. 205

Cordón simple vertical después de quince años de ramificación

Pág. 206 Pág. 213

Cordón simple oblicuo después de quince años de ramificación

Pág. 214 Pág. 221

Renovación de los puntos vegetativos

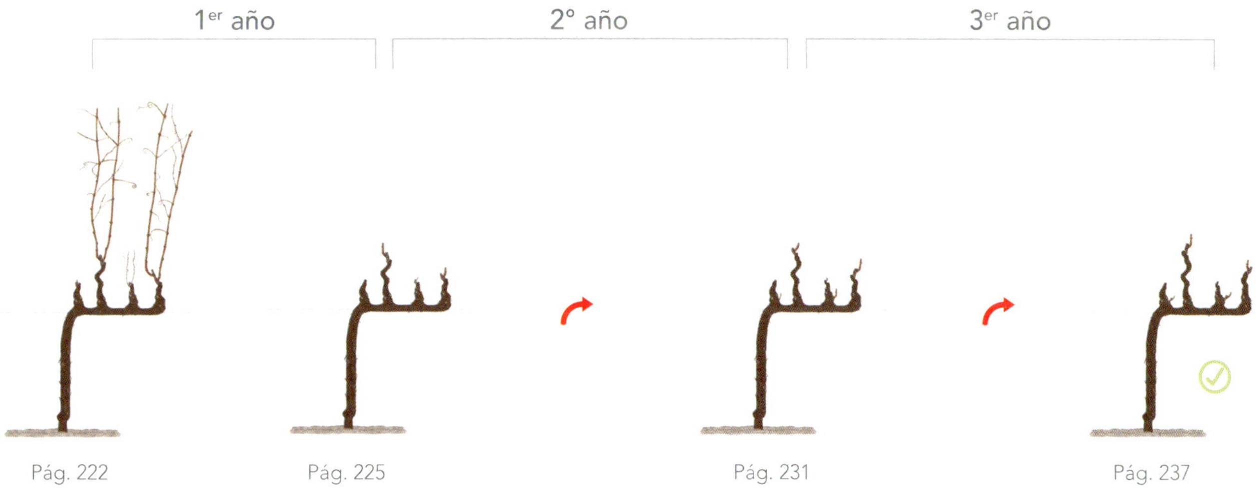

Fase de renovación terminada

Arquitectura del cordón ramificado
Está constituido por la estructura (**A** y **B**), las ramificaciones (**C**) y la canopia (**D**).

Poda en verde
En la brotación se eliminarán todos los brotes situados en el tronco vertical, el cordón horizontal y los puntos vegetativos. Los brotes restantes son útiles para la producción (se desarrollan sobre los pulgares de un año) y, si es necesario, sirven para recuperar los puntos vegetativos perdidos.

CORDÓN DOBLE DESPUÉS DE QUINCE AÑOS DE RAMIFICACIÓN

Primavera

Poda en verde

En la brotación se realiza la poda en verde para eliminar los brotes superfluos, mientras que los que están en posiciones correctas se conservan para desarrollar la ramificación vertical.

Por qué

Para evitar cortes en invierno y así reducir el número de heridas, dirigir las sustancias de reserva hacia las yemas restantes con el objetivo de garantizar un desarrollo homogéneo de la planta (longitud de los entrenudos, diámetro, longitud de los sarmientos) y evitar el amontonamiento excesivo de la vegetación.

Cuándo

Intervenir en brotes de 5 a 10 cm de longitud.

Cómo

Identificar los cuatro puntos vegetativos y mantener los dos brotes principales (**A**, **B**, **C**, **D**, **E**, **F**, **G**, **H**) que se han desarrollado en cada uno de los pulgares. Quitar todos los brotes que haya en los puntos vegetativos, el cordón horizontal y el tronco vertical.

Eliminación de los brotes secundarios
Después de la limpieza del tronco se procede a la eliminación de los brotes secundarios.

Los brotes **A**, **C** y **E**, **G**, situados respectivamente en los lados izquierdo y derecho del cordón, son los futuros pulgares que permitirán continuar la ramificación vertical controlada.

CORDÓN DOBLE DESPUÉS DE QUINCE AÑOS DE RAMIFICACIÓN

Verano

Conducción de la vegetación
Durante el verano se continúa con la conducción vertical de la vegetación.

Atado
En caso de necesidad, se atarán los brotes que corren el riesgo de romperse.

Despuntado
Se aconseja despuntar los brotes cuando la vegetación sobrepase el último alambre de soporte.

Si es necesario, se realizará una segunda poda en verde para eliminar posibles rebrotes en el tronco y alrededor del punto de injerto.

Otoño

Agostamiento y lignificación

En esta estación la planta completa el ciclo de desarrollo de los brotes.

Con el agostamiento, que empieza en verano, se inicia el proceso de lignificación que transformará los brotes en sarmientos.

En esta fase se puede regular la carga productiva con un aclareo de racimos

CORDÓN DOBLE DESPUÉS DE QUINCE AÑOS DE RAMIFICACIÓN

Invierno

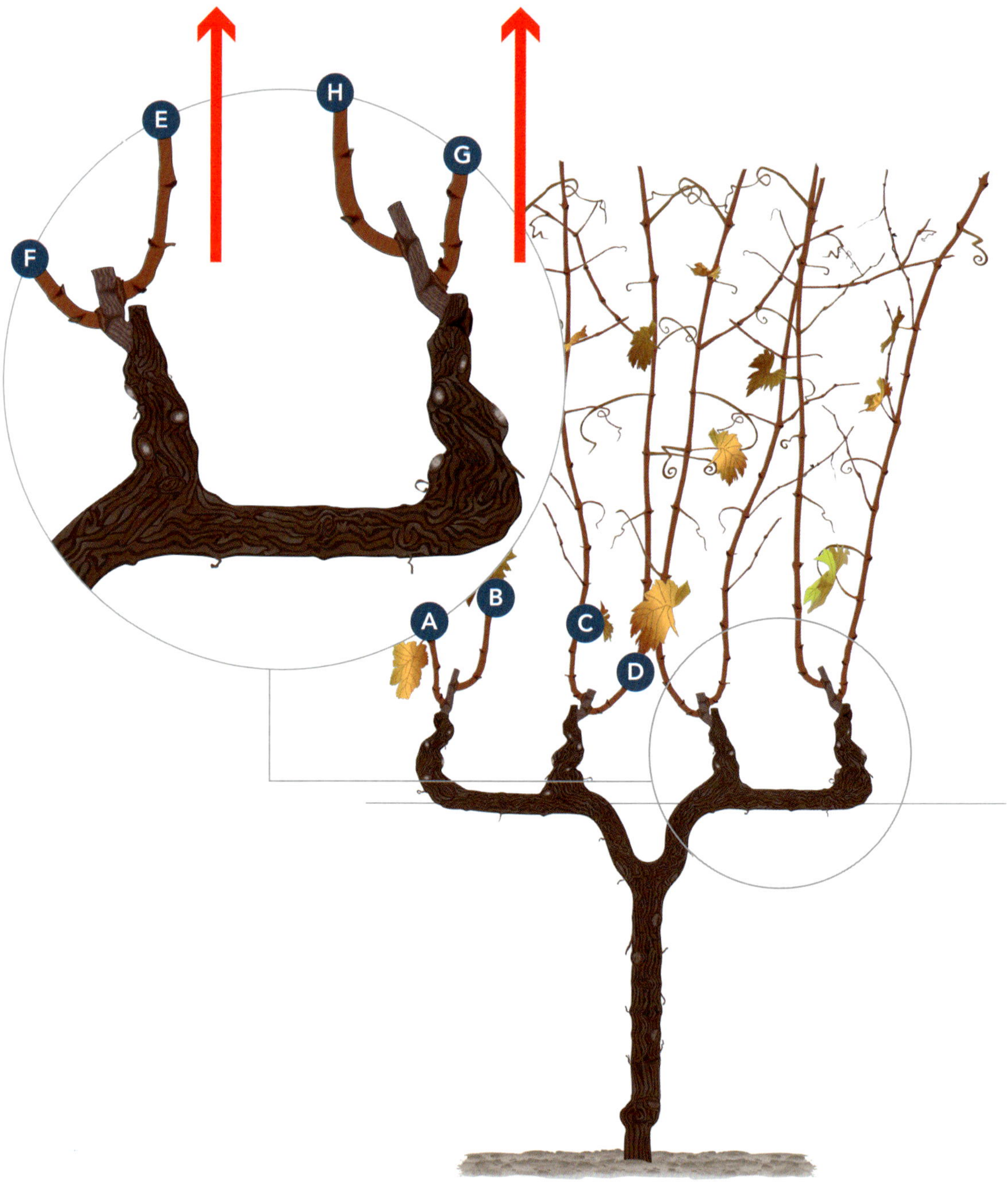

Selección de los pulgares
Los sarmientos de la vid están bien lignificados, son homogéneos y presentan un buen desarrollo del eje principal y de los nietos. Los entrenudos son de longitud media y regular.

Durante esta fase, el objetivo de la poda es continuar la ramificación vertical controlada de los puntos vegetativos, podando a pulgar los sarmientos procedentes de los pulgares del año anterior (**A**, **C**, **E**, **G**). Luego se eliminan los sarmientos restantes (**B**, **D**, **F**, **H**).

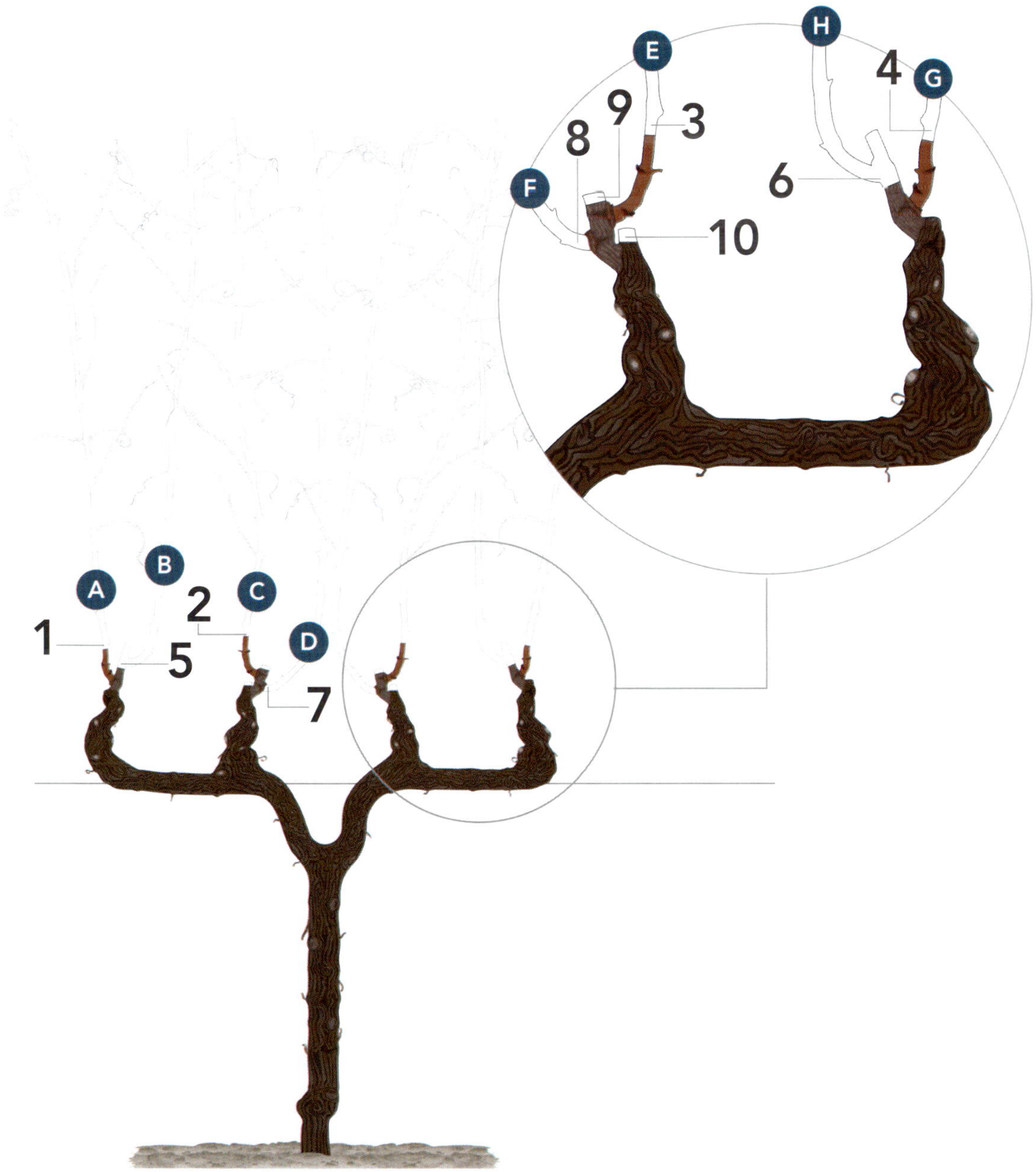

Poda

1-2-3-4. Podar como pulgar a dos yemas francas los sarmientos **A**, **C**, **E** y **G** situados sobre los cuatro puntos vegetativos.

5-6. Eliminar los sarmientos **B** y **H** con un corte plano en la madera de dos años.

7-8. Eliminar los sarmientos **D** y **F** con un corte al nivel de la corona.

9-10. Eliminar los posibles trozos de madera seca en los puntos vegetativos.

CORDÓN DOBLE DESPUÉS DE 15 AÑOS DE RAMIFICACIÓN

Cómo hemos podado – Invierno

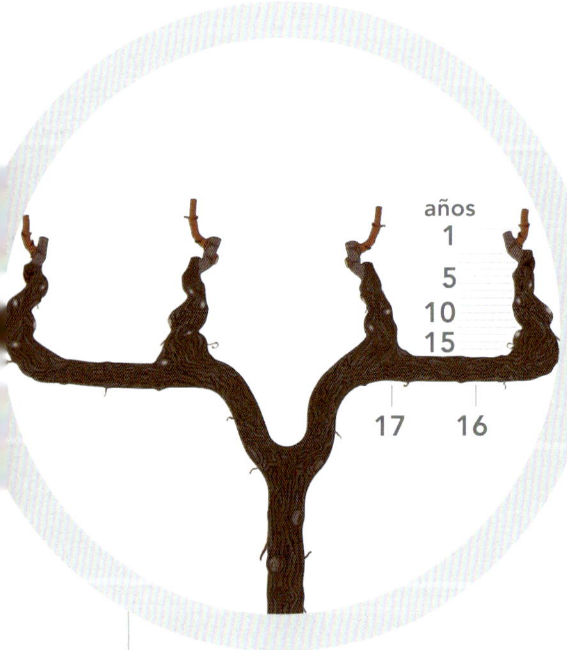

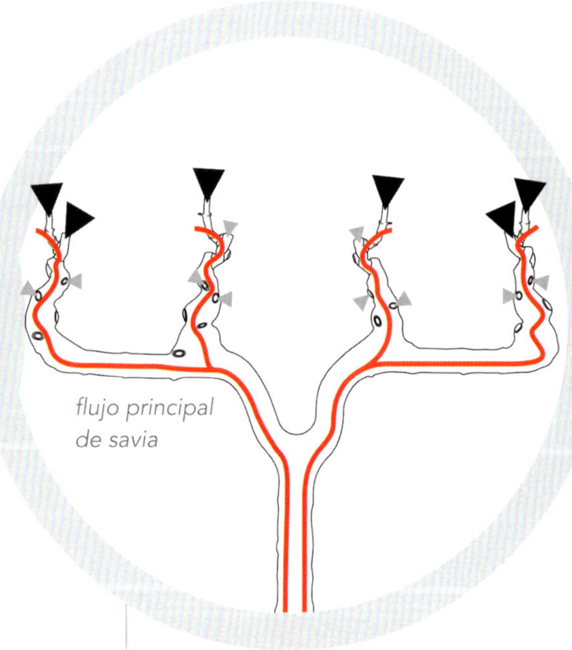

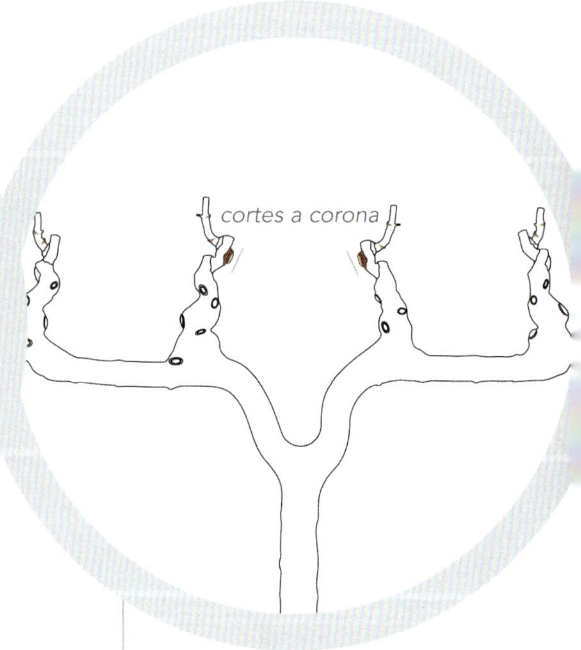

1 Ramificación

Respetando la cronología natural del crecimiento de la planta.

2 Continuidad del flujo de savia

Siguiendo las ramificaciones verticales controladas y distanciando los cortes.

3 Cortes y coronas

Efectuando cortes de pequeñas dimensiones (en madera de uno y dos años), respetando las yemas de la corona que están en el flujo principal de savia.

▲ *Conos de desecación de los cortes realizados en el año actual*

▲ *Conos de desecación de los cortes realizados en años anteriores*

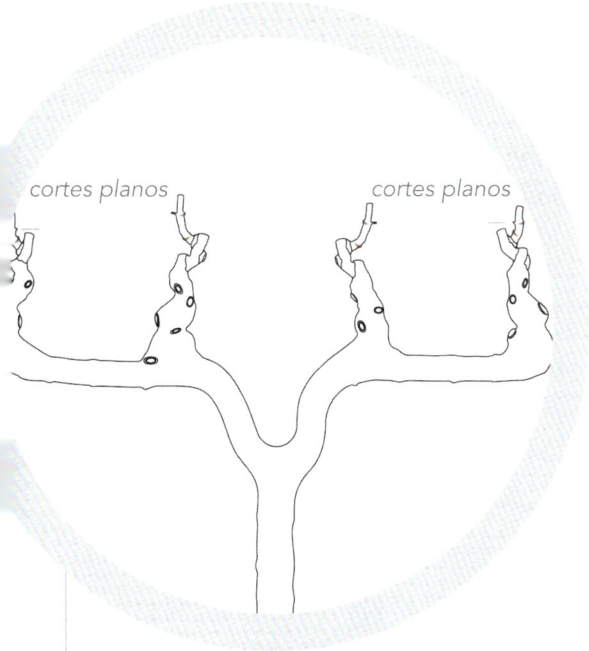

4 Madera de respeto

Realizando un corte plano en la madera de dos años.

CORDÓN SIMPLE VERTICAL DESPUÉS DE 15 AÑOS DE RAMIFICACIÓN

Primavera

Poda en verde

En la brotación se realiza la poda en verde para eliminar los brotes superfluos, mientras que los que están en posiciones correctas se conservan para desarrollar la ramificación vertical.

Por qué

Para evitar cortes en invierno y así reducir el número de heridas, dirigir las sustancias de reserva hacia las yemas restantes con el objetivo de garantizar un desarrollo homogéneo de la planta (longitud de los entrenudos, diámetro, longitud de los sarmientos) y evitar el amontonamiento excesivo de la vegetación.

Cuándo

Intervenir en brotes de 5 a 10 cm de longitud.

Cómo

Identificar los cuatro puntos vegetativos y mantener los dos brotes principales (**A**, **B**, **C**, **D**, **E**, **F**, **G**, **H**) que se han desarrollado en cada uno de ellos. Quitar todos los brotes que haya en los puntos vegetativos, el cordón horizontal y el tronco vertical.

Eliminación de los brotes secundarios
Después de la limpieza del tronco se procede a la eliminación de los brotes secundarios.

Los brotes **A**, **C** y **E**, **G**, situados sobre los cuatro puntos vegetativos, son los futuros pulgares que permitirán continuar la ramificación vertical controlada.

CORDÓN SIMPLE VERTICAL DESPUÉS DE 15 AÑOS DE RAMIFICACIÓN
Verano

Conducción de la vegetación
Durante el verano se continúa con la conducción vertical de la vegetación.

Atado
En caso de necesidad, se atarán los brotes que corren el riesgo de romperse.

Despuntado
Se aconseja despuntar los brotes cuando la vegetación sobrepase el último alambre de soporte.

Si es necesario, se realizará una segunda poda en verde para eliminar posibles rebrotes en el tronco y alrededor del punto de injerto.

Otoño

Agostamiento y lignificación

En esta estación la planta completa el ciclo de desarrollo de los brotes.

Con el agostamiento, que empieza en verano, se inicia el proceso de lignificación que transformará los brotes en sarmientos.

En esta fase se puede regular la carga productiva con un aclareo de racimos.

CORDÓN SIMPLE VERTICAL DESPUÉS DE 15 AÑOS DE RAMIFICACIÓN

Invierno

Selección de los pulgares
Los sarmientos de la vid están bien lignificados, son homogéneos y presentan un buen desarrollo del eje principal y de los nietos. Los entrenudos son de longitud media y regular.

Durante esta fase, el objetivo de la poda es continuar la ramificación vertical controlada de los puntos vegetativos, podando a pulgar los sarmientos procedentes de los pulgares del año anterior (**A**, **C**, **E**, **G**). Luego se eliminan los sarmientos restantes (**B**, **D**, **F**, **H**).

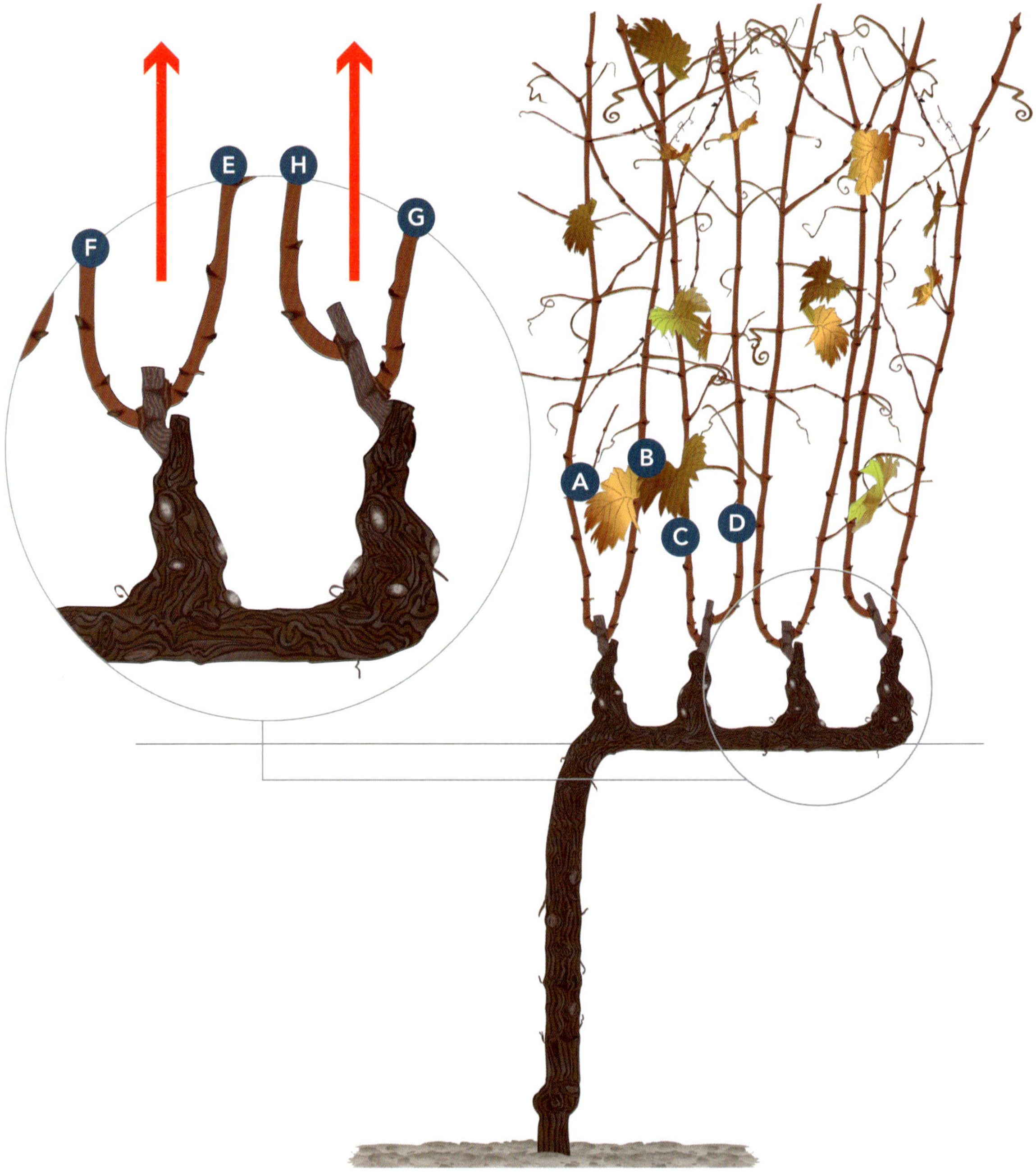

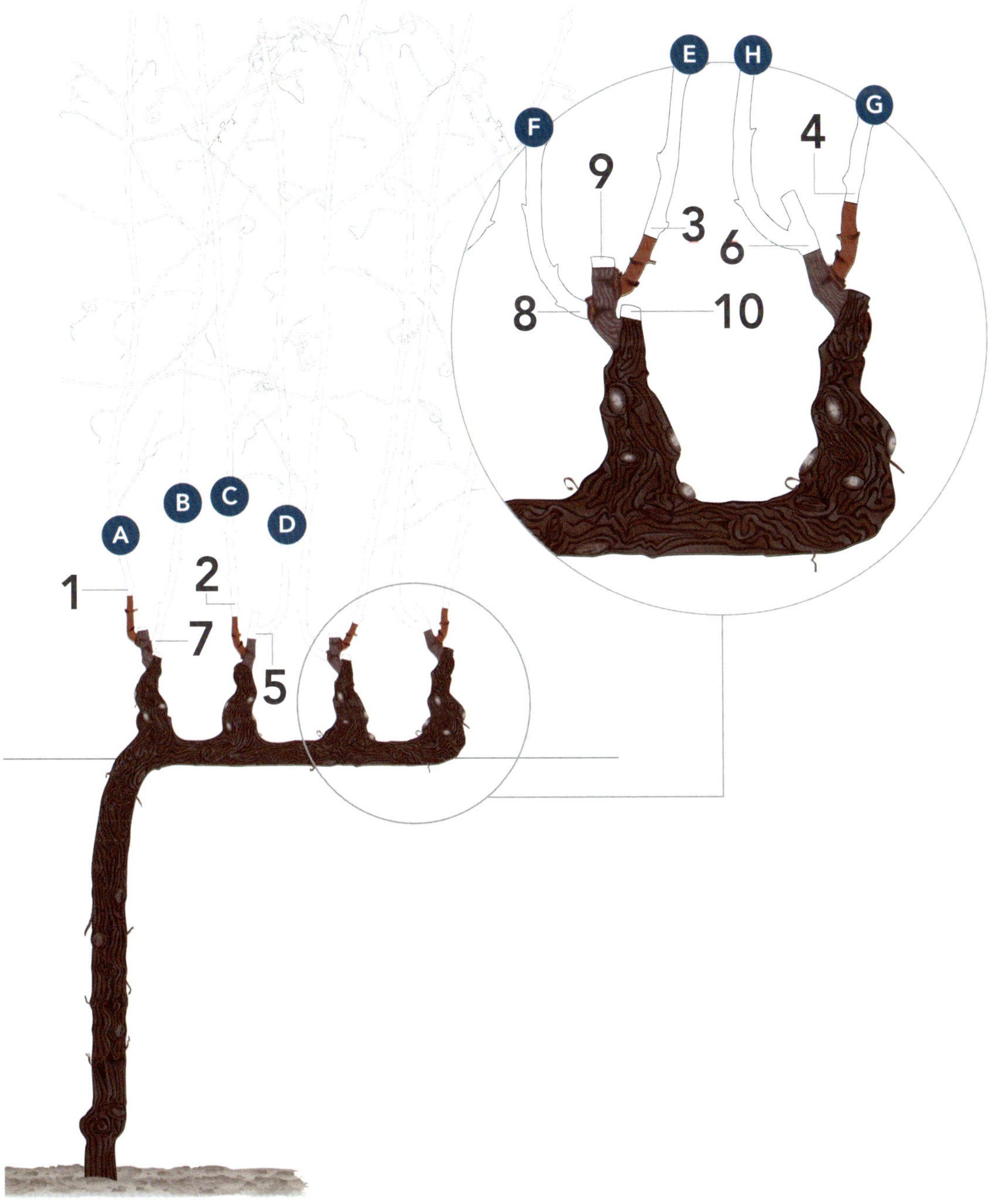

Poda

1-2-3-4. Podar como pulgar a dos yemas francas los sarmientos **A**, **C**, **E** y **G** situados sobre los cuatro puntos vegetativos.

5-6. Eliminar los sarmientos **D** y **H** con un corte plano en la madera de dos años.

7-8. Eliminar los sarmientos **B** y **F** con un corte al nivel de la corona.

9-10. Eliminar los posibles trozos de madera seca en los puntos vegetativos.

CORDÓN SIMPLE VERTICAL DESPUÉS DE 15 AÑOS DE RAMIFICACIÓN

Cómo hemos podado – Invierno

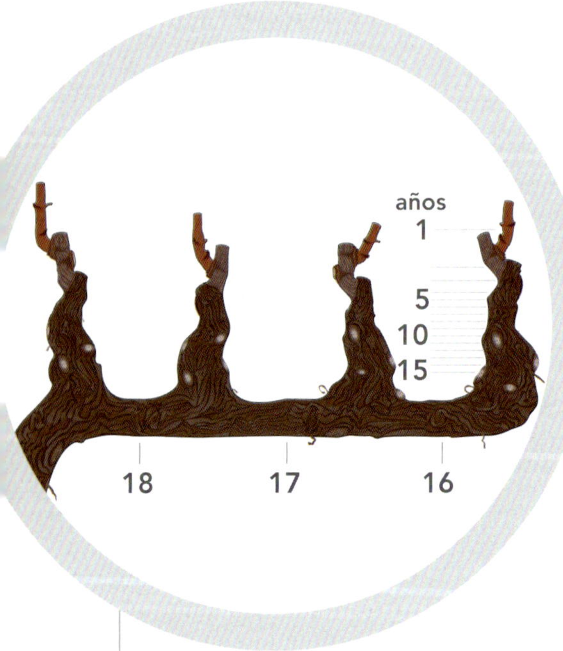

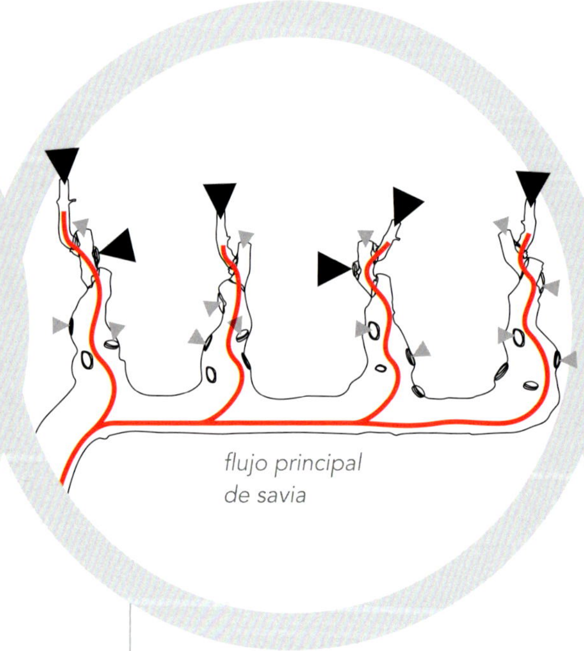

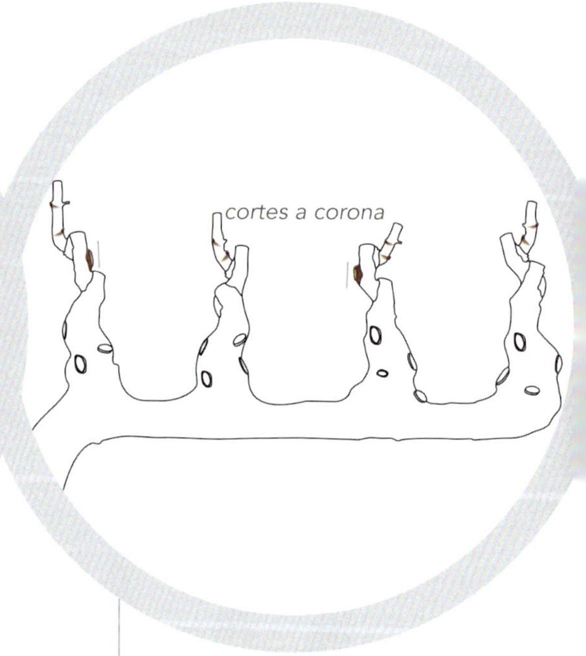

1 Ramificación

Respetando la cronología natural del crecimiento de la planta.

2 Continuidad del flujo de savia

Siguiendo las ramificaciones verticales controladas y distanciando los cortes.

3 Cortes y coronas

Efectuando cortes de pequeñas dimensiones (en madera de uno y dos años), respetando las yemas de la corona que están en el flujo principal de savia.

▲ *Conos de desecación de los cortes realizados en el año actual*

▲ *Conos de desecación de los cortes realizados en años anteriores*

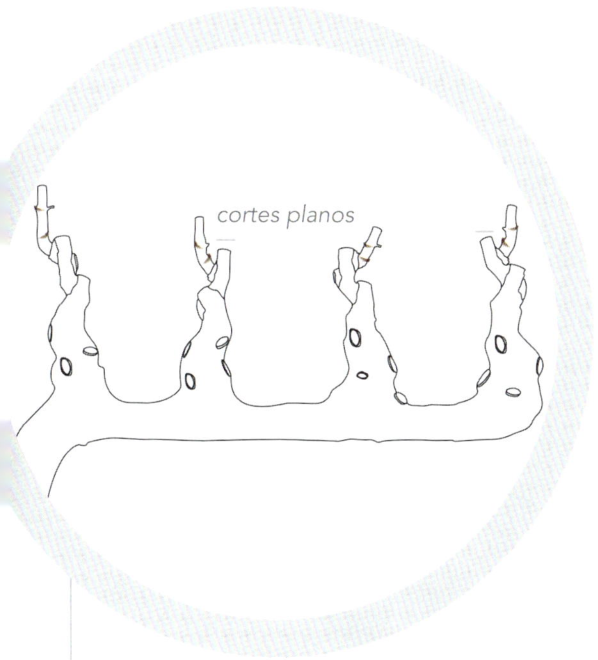

4 Madera de respeto

Realizando un corte plano en la madera de dos años.

CORDÓN SIMPLE OBLICUO DESPUÉS DE 15 AÑOS DE RAMIFICACIÓN

Primavera

Poda en verde

En la brotación se realiza la poda en verde para eliminar los brotes superfluos, mientras que los que están en posiciones correctas se conservan para desarrollar la ramificación oblicua.

Por qué

Para evitar cortes en invierno y así reducir el número de heridas, dirigir las sustancias de reserva hacia las yemas restantes con el objetivo de garantizar un desarrollo homogéneo de la planta (longitud de los entrenudos, diámetro, longitud de los sarmientos) y evitar el amontonamiento excesivo de la vegetación.

Cuándo

Intervenir en brotes de 5 a 10 cm de longitud.

Cómo

Identificar los cuatro puntos vegetativos y mantener los dos brotes principales (**A**, **B**, **C**, **D**, **E**, **F**, **G**, **H**) que se han desarrollado en cada uno de ellos. Quitar todos los brotes que haya en los puntos vegetativos, el cordón horizontal y el tronco vertical.

Eliminación de los brotes secundarios
Después de la limpieza del tronco se procede a la eliminación de los brotes secundarios.

Los brotes **A**, **C**, **E** y **G**, situados sobre los cuatro puntos vegetativos, son los futuros pulgares que permitirán continuar la ramificación oblicua.

CORDÓN SIMPLE OBLICUO DESPUÉS DE 15 AÑOS DE RAMIFICACIÓN
Verano

Conducción de la vegetación
Durante el verano se continúa con la conducción vertical de la vegetación.

Atado
En caso de necesidad, se atarán los brotes que corren el riesgo de romperse.

Despuntado
Se aconseja despuntar los brotes cuando la vegetación sobrepase el último alambre de soporte.

Si es necesario, se realizará una segunda poda en verde para eliminar posibles rebrotes en el tronco y alrededor del punto de injerto.

Otoño

Agostamiento y lignificación
En esta estación la planta completa el ciclo de desarrollo de los brotes.

Con el agostamiento, que empieza en verano, se inicia el proceso de lignificación que transformará los brotes en sarmientos.

En esta fase se puede regular la carga productiva con un aclareo de racimos.

CORDÓN SIMPLE OBLICUO DESPUÉS DE 15 AÑOS DE RAMIFICACIÓN

Invierno

Selección de los pulgares
Los sarmientos de la vid están bien lignificados, son homogéneos y presentan un buen desarrollo del eje principal y de los nietos. Los entrenudos son de longitud media y regular.

Durante esta fase, el objetivo de la poda es continuar la ramificación oblicua controlada de los puntos vegetativos, podando los sarmientos procedentes de los pulgares del año anterior en pulgares orientados (**A**, **C**, **E**, **G**). Luego se eliminan los sarmientos restantes (**B**, **D**, **F**, **H**).

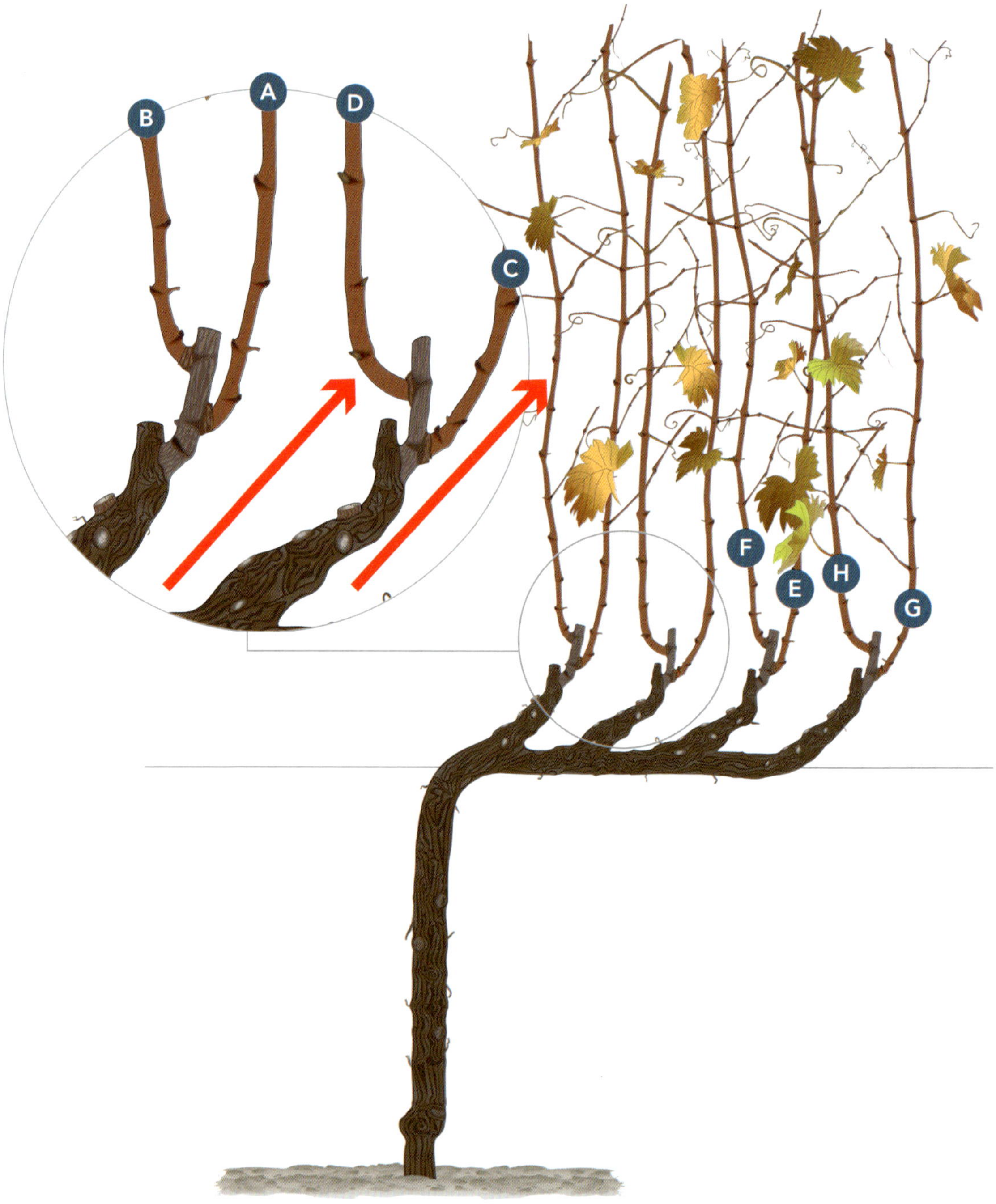

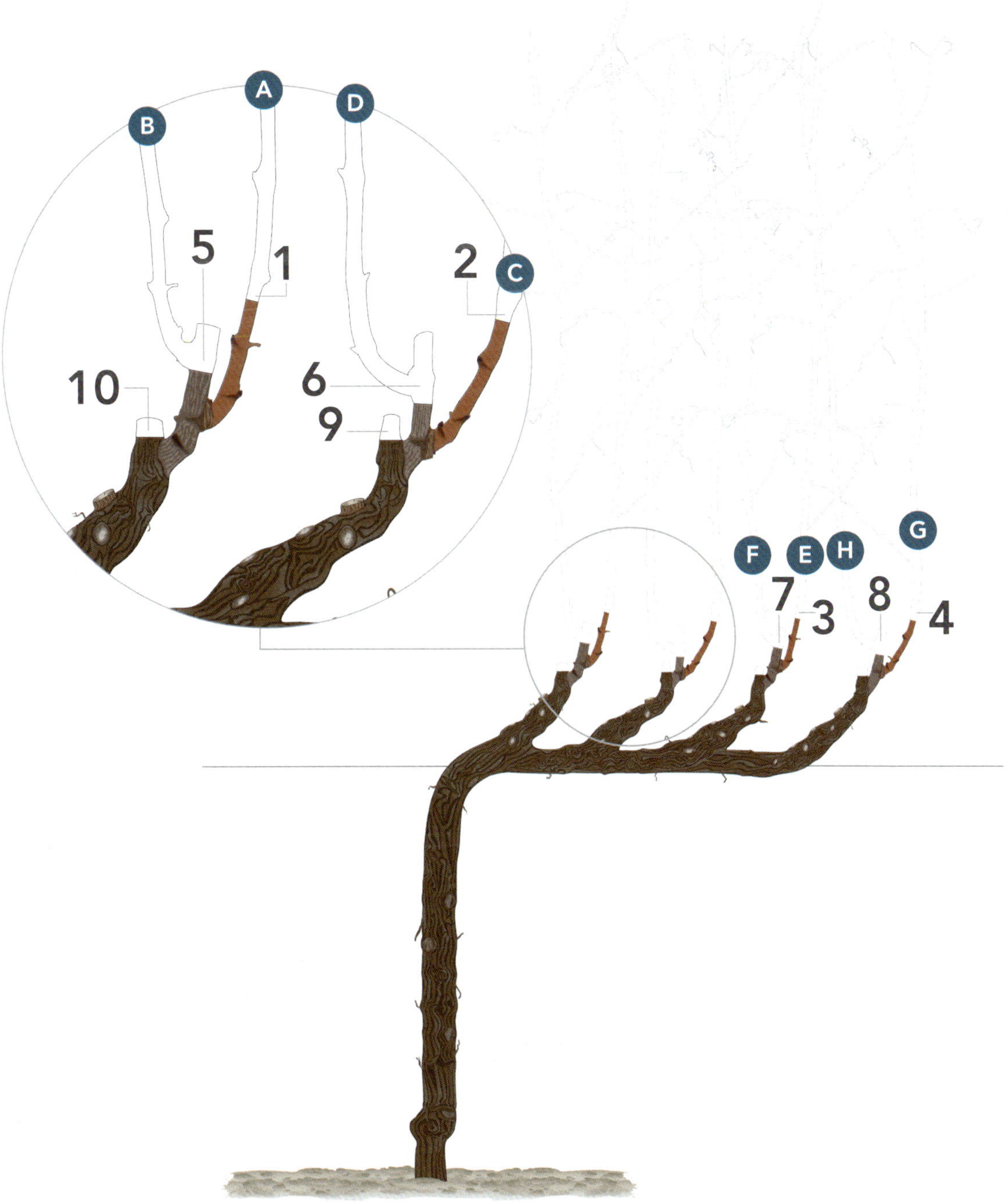

Poda

1-2-3-4. Podar los sarmientos **A**, **C**, **E** y **G**, situados sobre los cuatro puntos vegetativos, en un pulgar orientado.

5-6-7-8. Eliminar los sarmientos **B**, **D**, **F** y **H** con un corte plano en la madera de dos años.

9-10. Eliminar los posibles trozos de madera seca en los puntos vegetativos.

CORDÓN SIMPLE OBLICUO DESPUÉS DE 15 AÑOS DE RAMIFICACIÓN
Cómo hemos podado – Invierno

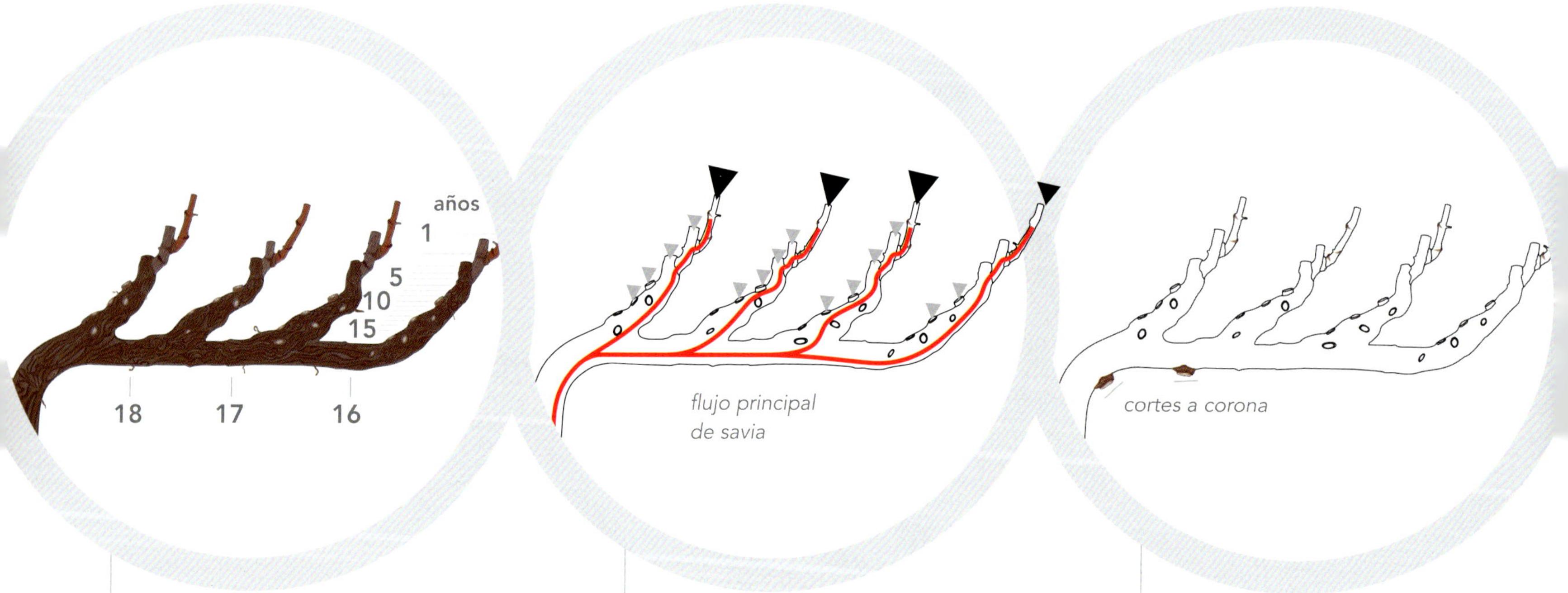

1 Ramificación

Respetando la cronología natural del crecimiento de la planta.

2 Continuidad del flujo de savia

Siguiendo las ramificaciones oblicuas y orientando los cortes hacia el mismo lado con el objetivo de separar la zona de los conos de desecación del flujo principal de savia.

3 Cortes y coronas

Efectuando cortes de pequeñas dimensiones (en madera de uno y dos años), respetando las yemas de la corona que están en el flujo principal de savia.

▲ *Conos de desecación de los cortes realizados en el año actual*
▲ *Conos de desecación de los cortes realizados en años anteriores*

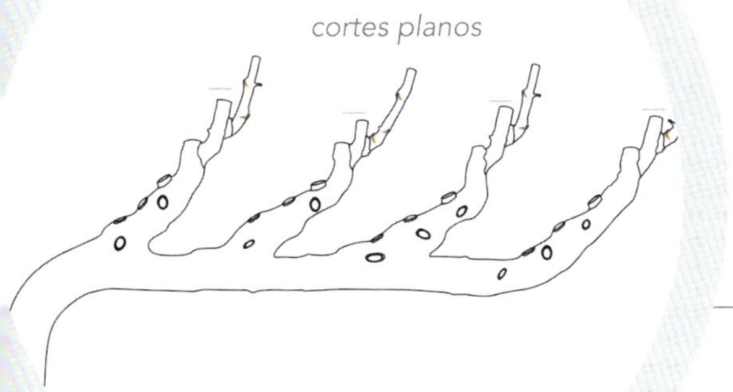

4 Madera de respeto

Realizando un corte plano en la madera de dos años.

RENOVACIÓN DE LOS PUNTOS VEGETATIVOS

Invierno – 1er año

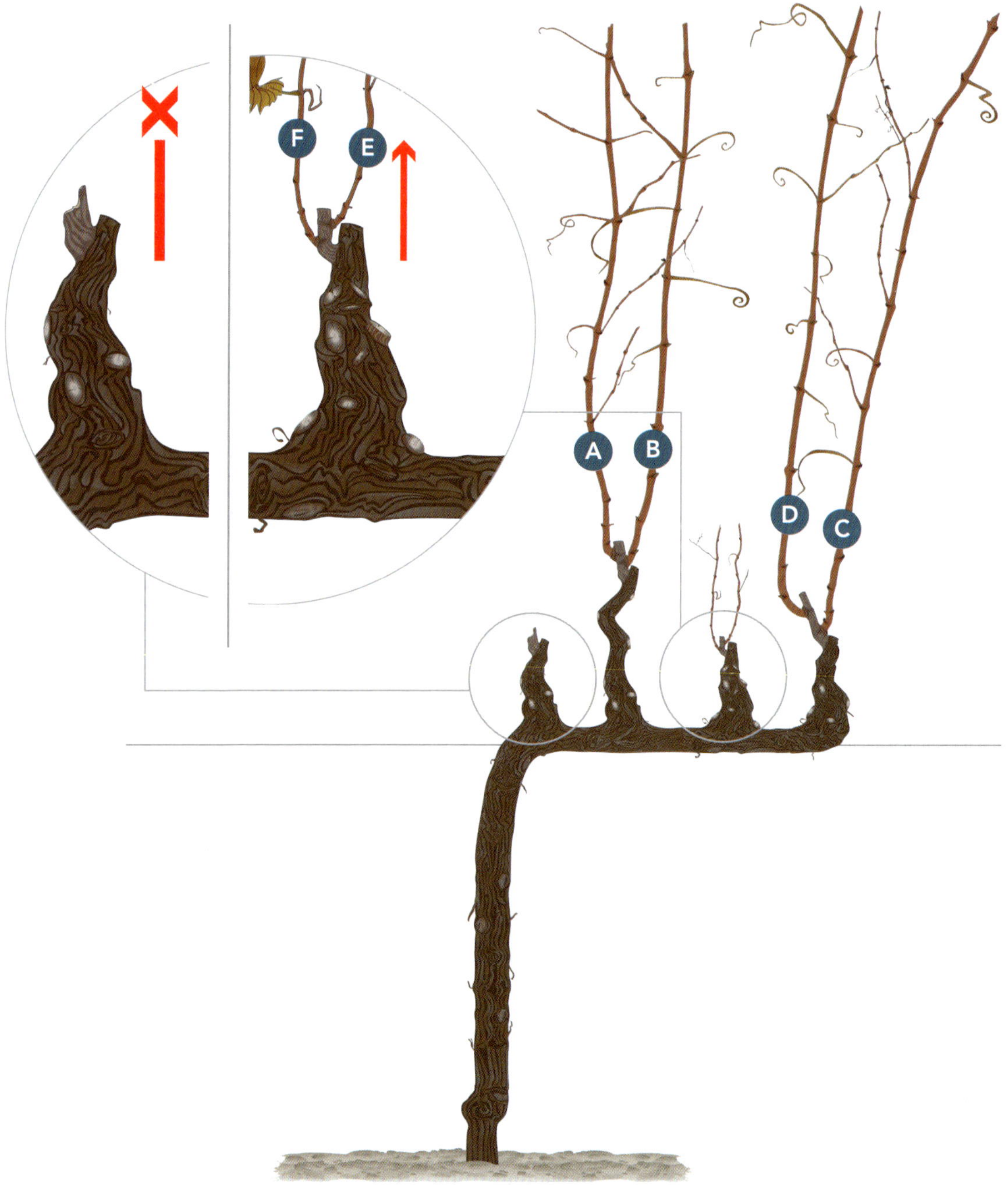

Selección de los pulgares

Los dos puntos vegetativos que tienen sarmientos bien lignificados y homogéneos (segundo y cuarto punto vegetativo) se podan siguiendo la ramificación vertical.
Los sarmientos **A** y **C** son los futuros pulgares.
El punto vegetativo, que se ha perdido debido a una **rotura accidental (primer punto)**, no se elimina, sino que se recuperará en primavera.
El punto vegetativo deteriorado (tercer punto) por culpa de **cortes demasiado cercanos** y que muestra una excesiva carencia de vigor, no se elimina, sino que se mantendrá podando a pulgar un sarmiento pequeño que actúe de **tirasavia** (**E**).
Esta tirasavia se eliminará cuando el nuevo punto vegetativo esté bien consolidado (al menos dos años). En ambos casos, rotura accidental o deterioro, no se realizan cortes de retorno para eliminar los puntos vegetativos perdidos.

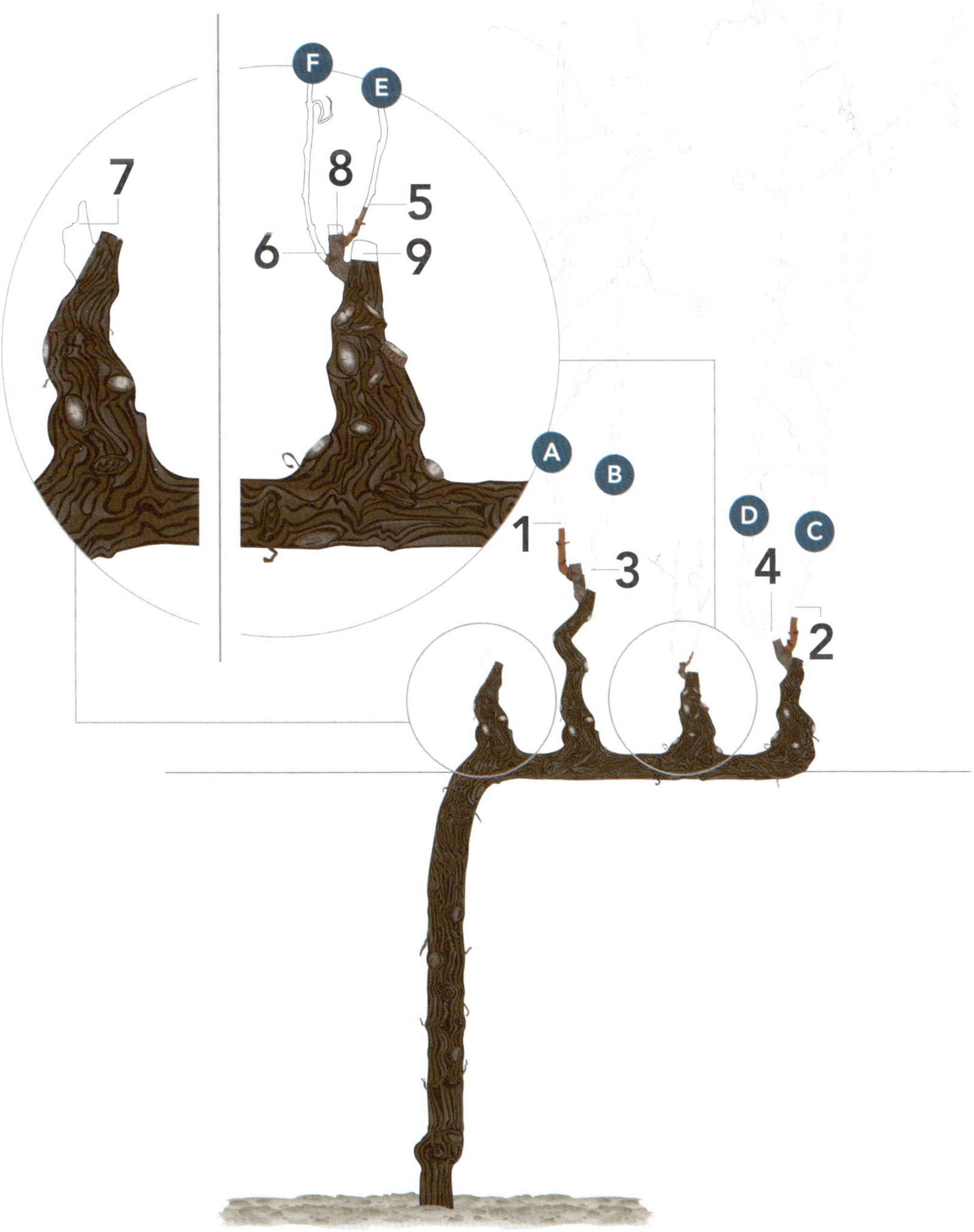

Poda

1-2. Podar como pulgares a dos yemas francas los sarmientos **A** y **C**.

3. Eliminar el sarmiento **B** con un corte al nivel de la corona.

4. Eliminar el sarmiento **D** con un corte plano en la madera de dos años.

5. Podar a dos yemas francas el sarmiento **E**.

6. Eliminar el sarmiento **F** con un corte al nivel de la corona.

7-8-9. Eliminar los posibles trozos de madera seca.

RENOVACIÓN DE LOS PUNTOS VEGETATIVOS
Cómo hemos podado – Invierno 1er año

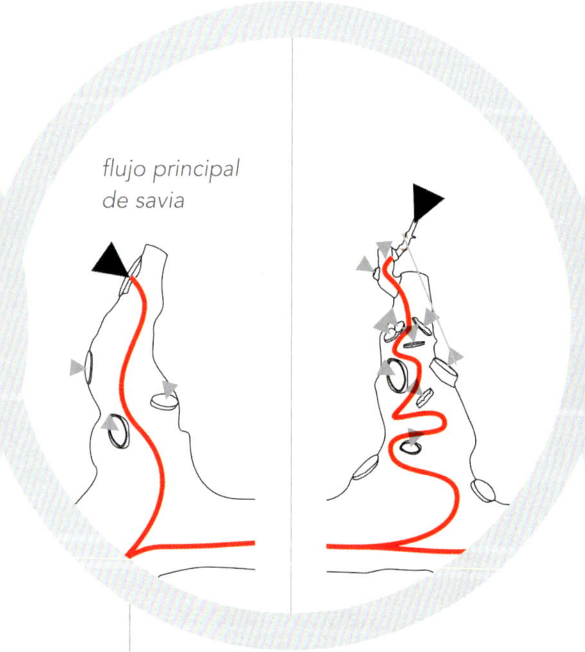

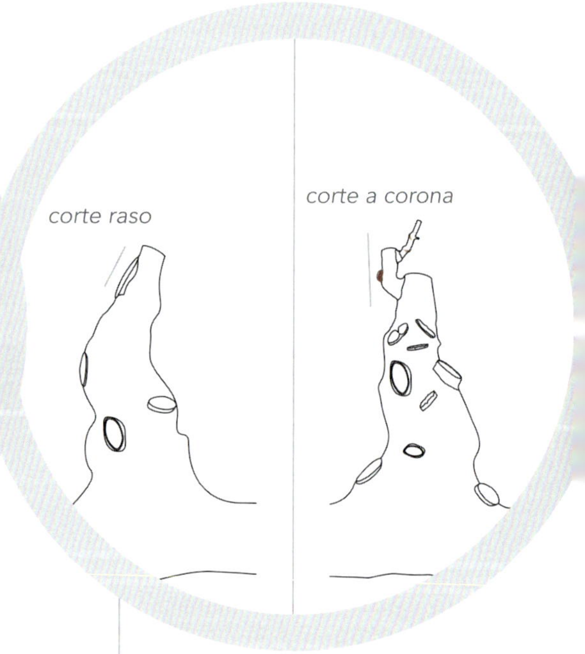

1 Ramificación

Respetando la cronología natural del crecimiento de la planta.

2 Continuidad del flujo de savia

Manteniendo el flujo principal de savia de los puntos vegetativos que se quiere recuperar.

3 Cortes y coronas

Efectuando cortes de pequeñas dimensiones (en madera de uno y dos años), respetando las yemas de la corona que están en el flujo principal de savia.

▲ *Conos de desecación de los cortes realizados en el año actual*
▲ *Conos de desecación de los cortes realizados en años anteriores*

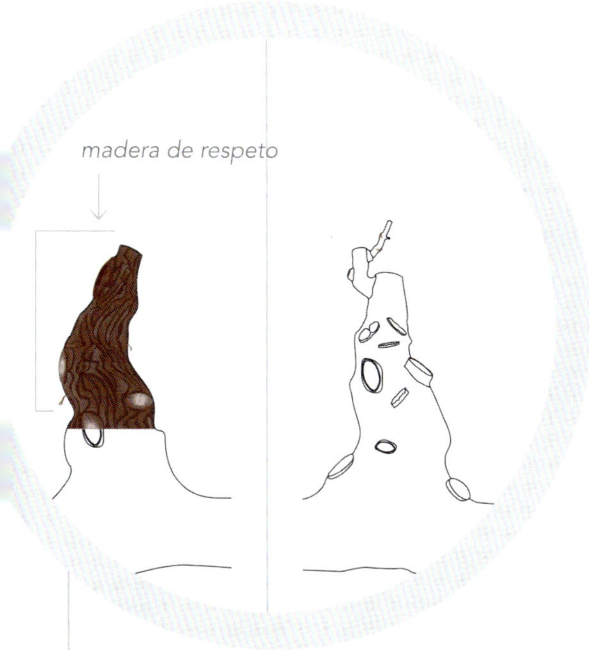

4 Madera de respeto

Evitando cortar los puntos vegetativos que se quiere recuperar.

RENOVACIÓN DE LOS PUNTOS VEGETATIVOS

Primavera – 2º año

Poda en verde

En la brotación se mantienen los brotes necesarios para recuperar los puntos vegetativos perdidos o para rebajar un punto que ha crecido demasiado.

Por qué

La renovación de puntos perdidos o el rebaje de puntos demasiado desarrollados se puede hacer en primavera. En esta estación es cuando podemos comprobar la vitalidad real de las ramificaciones de la planta.

Cuándo

Intervenir en brotes de 5 a 10 cm de longitud.

Cómo

Localizar los puntos vegetativos no afectados (segundo y cuarto punto) y mantener los dos brotes principales (**A**, **B**, **C**, **D**) en cada uno de ellos; identificar los puntos que hay que recuperar (primero y tercero) y mantener un brote en la base de ambos (**E** y **F**); mantener los dos brotes (**G**, **H**) de la futura tirasavia. Eliminar los demás brotes.

Eliminación de los brotes secundarios

Después de la limpieza del tronco se procede a la eliminación de los brotes secundarios.

Los brotes **A** y **C** son los futuros pulgares que permitirán continuar la ramificación vertical.

Los brotes **E** y **F** son las nuevas aperturas de los puntos vegetativos que hay que renovar.

RENOVACIÓN DE LOS PUNTOS VEGETATIVOS
Invierno – 2º año

Selección de los pulgares
En los dos puntos vegetativos sanos (segundo y cuarto), se continúa la ramificación vertical podando a pulgar los sarmientos procedentes de los pulgares del año anterior (**A**, **C**).
En los puntos vegetativos que hay recuperar (primero y tercero), los sarmientos **E** y **F** forman los nuevos puntos de renovación: se podan a pulgar para poner en marcha la nueva ramificación vertical. El sarmiento **G**, que actúa de tirasavia, se mantiene y se poda a pulgar mientras la formación del nuevo punto no esté terminada.
Los demás sarmientos se eliminan (**B**, **D**, **H**).

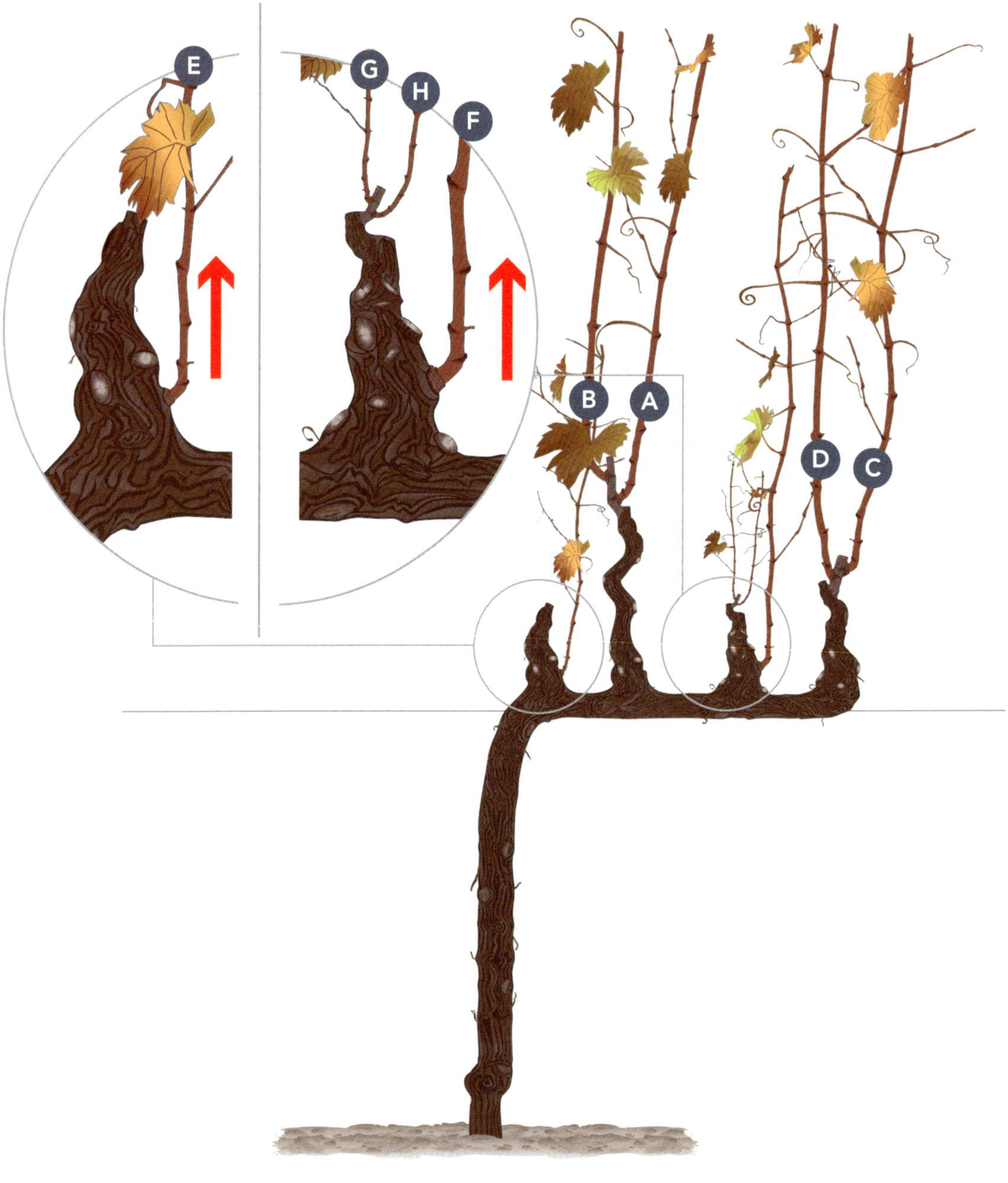

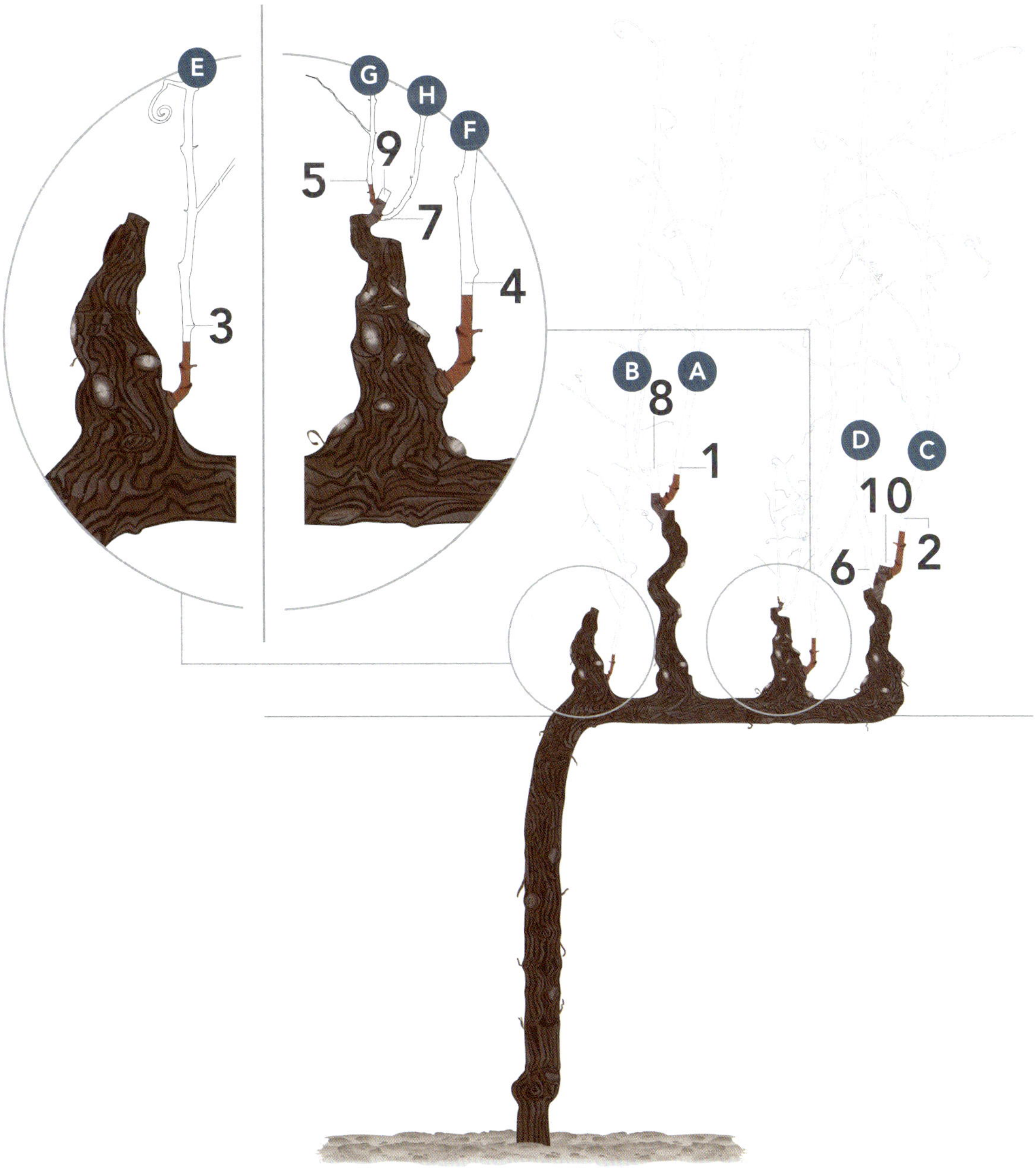

Poda

1-2. Podar como pulgares a dos yemas francas los sarmientos **A** y **C** situados sobre los dos puntos vegetativos sanos.

3-4. Podar como pulgares a dos yemas francas los sarmientos **E** y **F** situados en la base de los dos puntos vegetativos que hay que recuperar.

5. Podar como pulgar a dos yemas francas el sarmiento **G** que cumple la función de tirasavia.

6-7. Eliminar los sarmientos **D** y **H** con un corte al nivel de la corona.

8. Eliminar el sarmiento **B** con un corte plano en la madera de dos años.

9-10. Eliminar los posibles trozos de madera seca.

RENOVACIÓN DE LOS PUNTOS VEGETATIVOS

Cómo hemos podado – Invierno 2º año

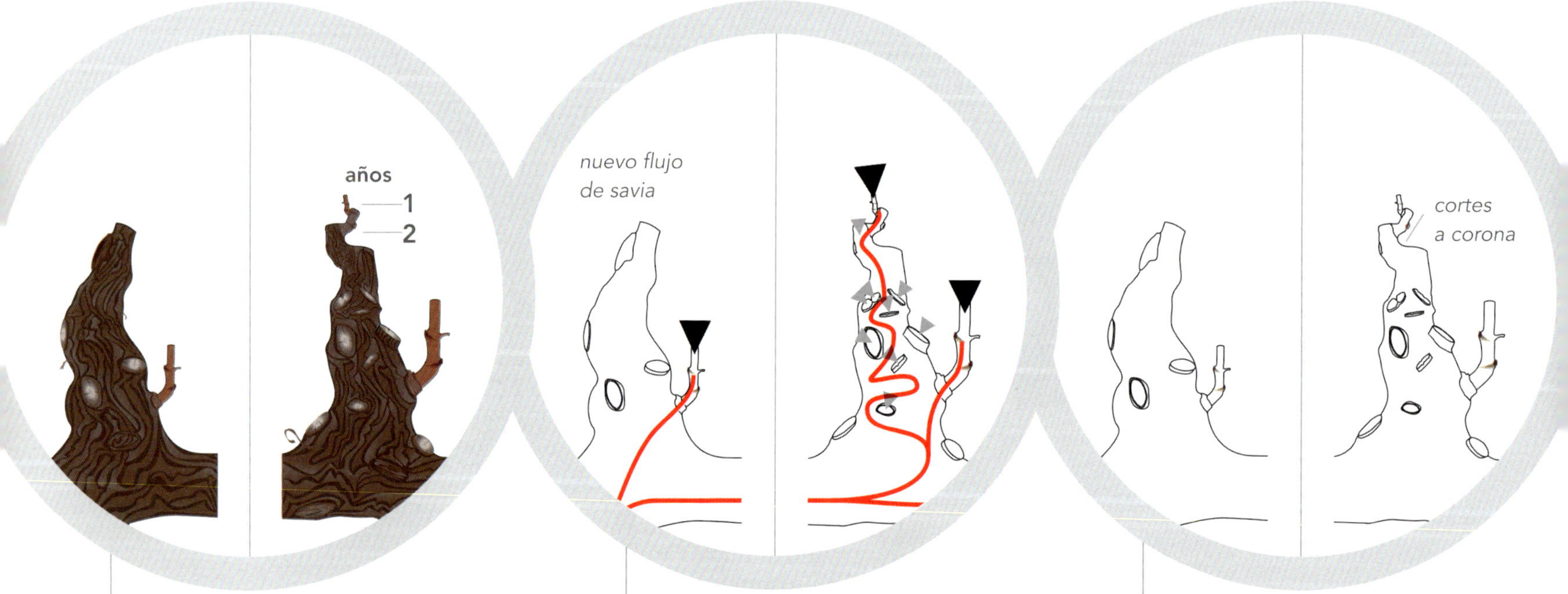

1 Ramificación

Reposicionando más abajo la nueva ramificación de los puntos vegetativos estropeados.

2 Continuidad del flujo de savia

Restableciendo un nuevo flujo de savia por debajo de la zona de los cortes de los años anteriores.

3 Cortes y coronas

Efectuando cortes de pequeñas dimensiones (en madera de uno y dos años), respetando las yemas de la corona que están en el flujo principal de savia.

▲ *Conos de desecación de los cortes realizados en el año actual*
▲ *Conos de desecación de los cortes realizados en años anteriores*

4 Madera de respeto

Manteniendo un trozo
de madera de respeto.

RENOVACIÓN DE LOS PUNTOS VEGETATIVOS

Primavera – 3er año

Poda en verde

En la brotación se mantienen los brotes necesarios para la renovación de los puntos vegetativos perdidos o para rebajar un punto que ha crecido demasiado.

Por qué

La renovación de puntos perdidos o el rebaje de puntos demasiado desarrollados se puede hacer en primavera. En esta estación es cuando podemos comprobar la vitalidad real de las ramificaciones de la planta.

Cuándo

Intervenir en brotes de 5 a 10 cm de longitud.

Cómo

Identificar los cuatro pulgares del año anterior y mantener en ellos los dos brotes principales (**A**, **B**, **C**, **D**, **E**, **F**, **G**, **H**); mantener los dos brotes (**I**, **L**) que actuarán de tirasavia. Si se quiere rebajar un punto que ha ganado demasiada altura (segundo punto), se puede mantener un brote más abajo (**M**) en el punto vegetativo. Eliminar los demás brotes.

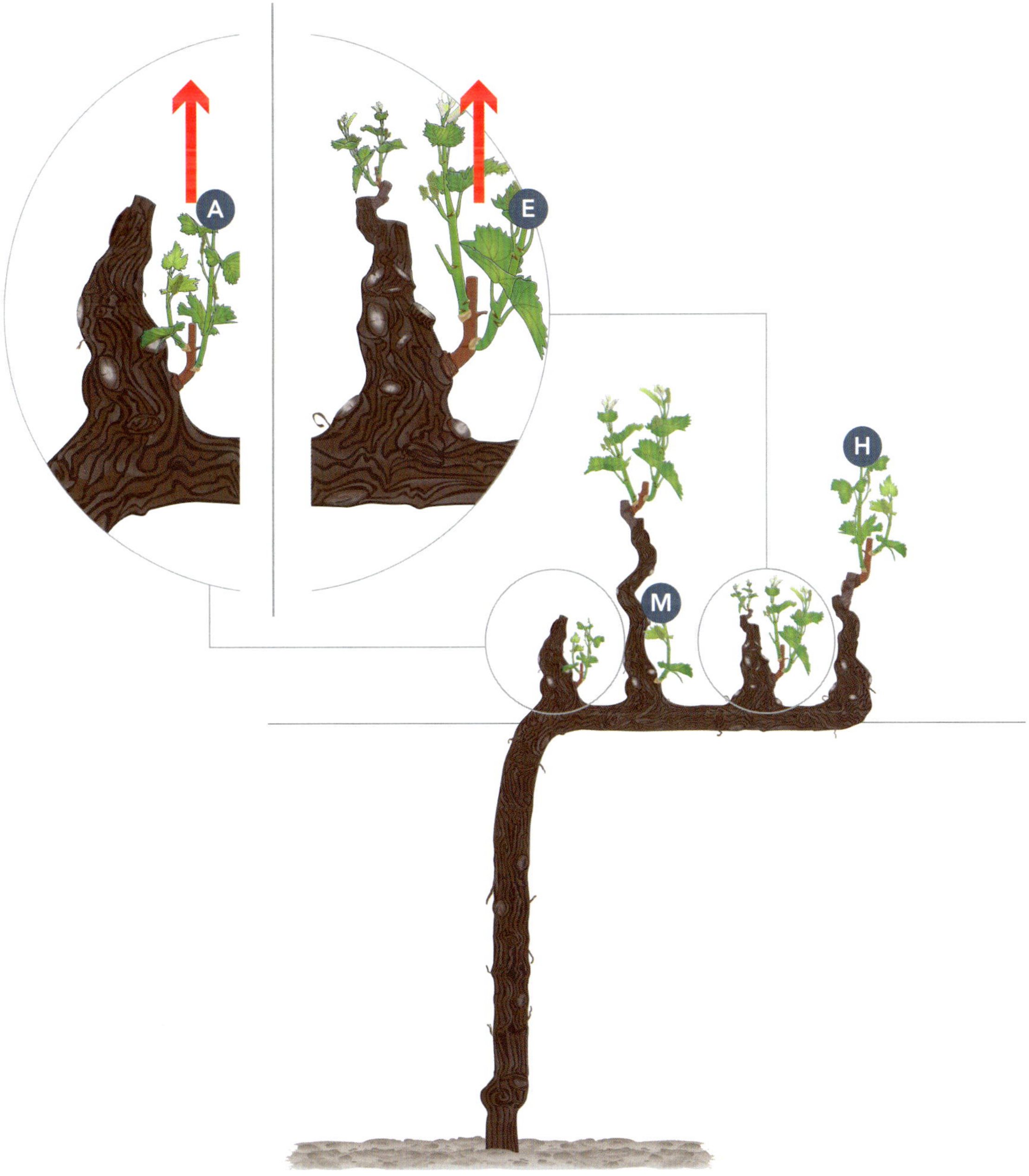

Eliminación de los brotes secundarios

Después de la limpieza del tronco se procede a la eliminación de los brotes secundarios y los rebrotes del punto dañado.

Los brotes **A**, **E** y **H** formarán los futuros pulgares. El brote **M** es el nuevo punto de renovación del segundo punto vegetativo, que ha ganado demasiada altura.

RENOVACIÓN DE LOS PUNTOS VEGETATIVOS
Invierno – 3er año

Selección de los pulgares
Localizar los pulgares en el primer, tercer y cuarto punto vegetativo y podar a dos yemas francas los sarmientos **A**, **C** y **E**. Para el segundo punto vegetativo se comprueba el estado del sarmiento **M** (lignificación, integridad) y se poda a dos yemas francas, reposicionando la salida del punto demasiado desarrollado hacia arriba. Para cerrar el flujo de savia que está fuera de control se mantiene una porción adecuada de madera de respeto. Luego se eliminan los sarmientos restantes.

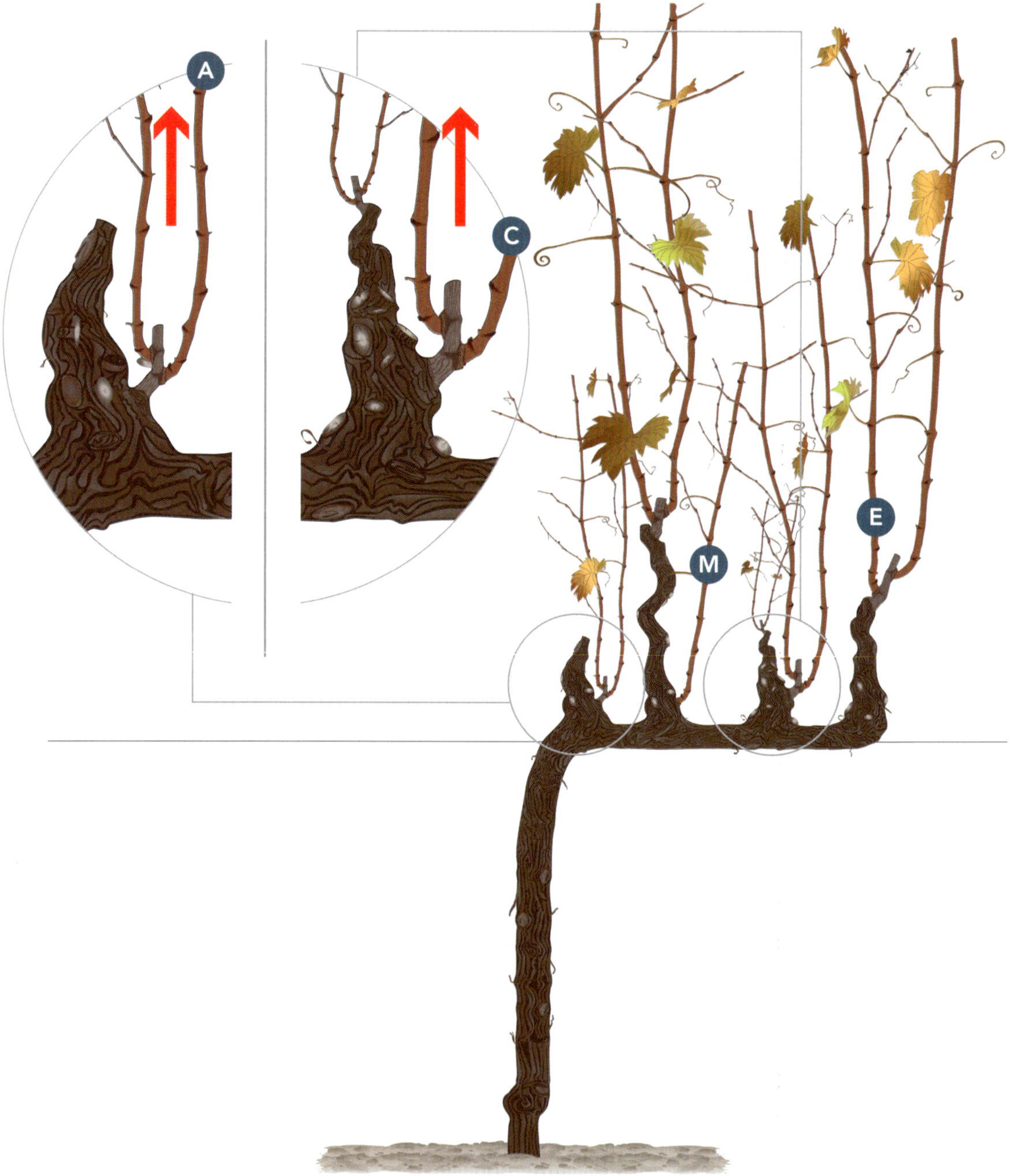

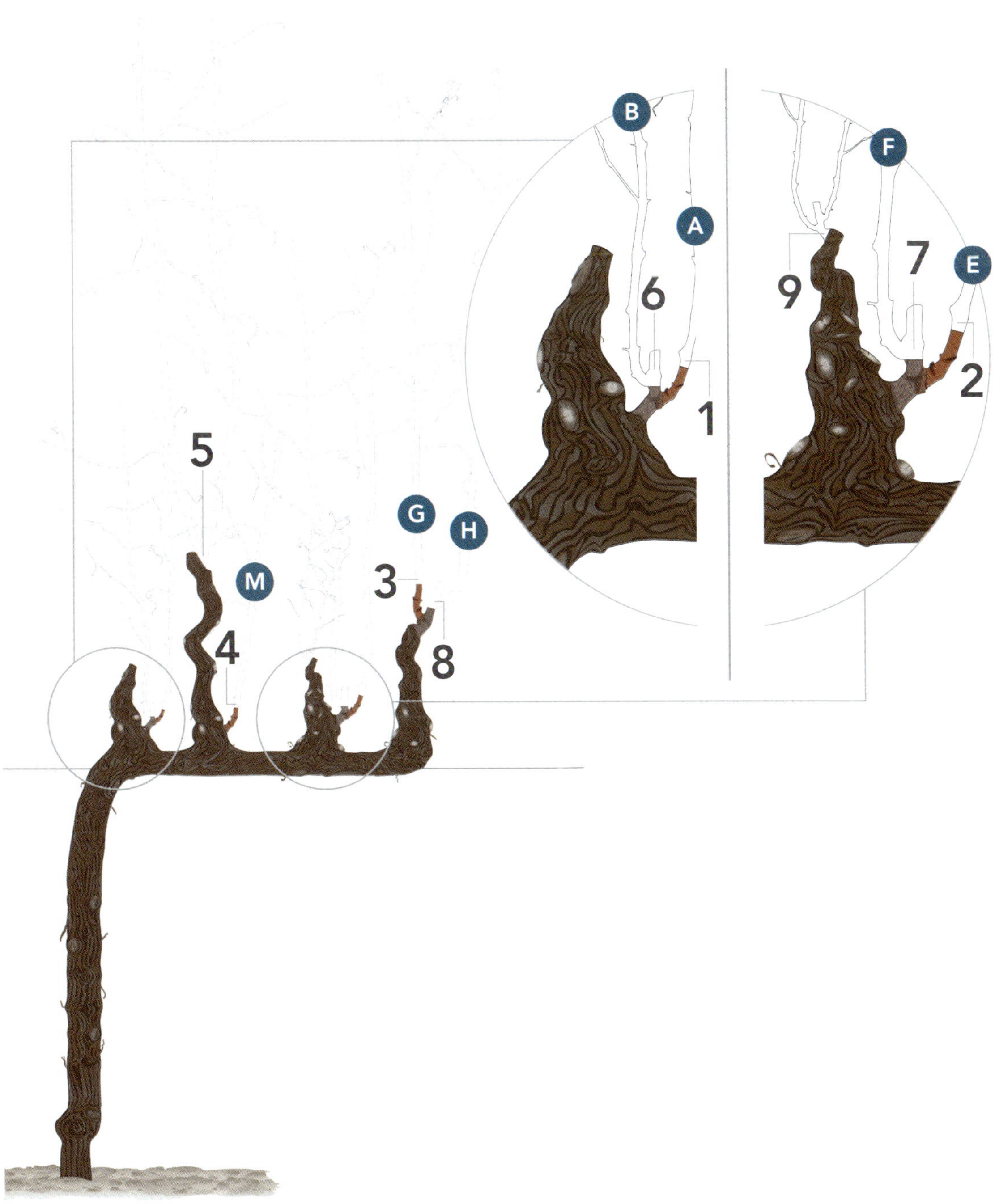

Poda

1-2-3. Podar como pulgares a dos yemas francas los sarmientos **A**, **E** y **G**.

4. Podar como pulgares a dos yemas francas el sarmiento **M** situado en la base del punto vegetativo que hay que rebajar.

5. Cerrar la ramificación demasiado desarrollada (segundo punto vegetativo) manteniendo una porción suficiente de madera de respeto.

6-7-8. Eliminar los sarmientos **B**, **F** y **H** con un corte plano en la madera de dos años.

9. Eliminar la tirasavia con un corte raso manteniendo un trozo de madera de respeto suficientemente largo.

A lo largo de las siguientes estaciones vegetativas, todos los rebrotes que quedan en las partes de madera de respeto se tienen que eliminar. Para evitar cortes de excesiva dimensión, se recomienda eliminar el trozo de madera de respeto una vez que esté totalmente seco.

RENOVACIÓN DE LOS PUNTOS VEGETATIVOS

Cómo hemos podado – Invierno 3er año

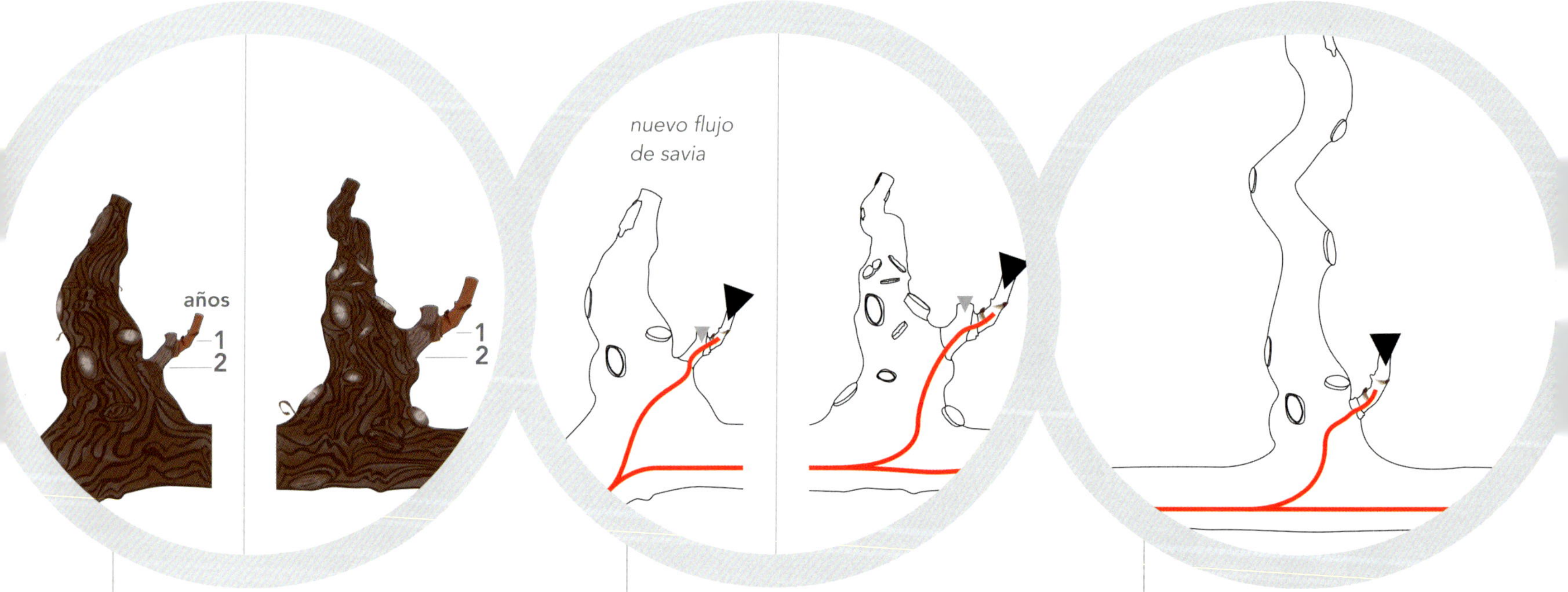

1 Ramificación

Respetando la cronología natural del crecimiento de la planta.

2 Continuidad del flujo de savia

Siguiendo las nuevas ramificaciones para alejarse de la zona de los cortes de años anteriores.

Reiniciando un nuevo flujo de savia más abajo.

▲ *Conos de desecación de los cortes realizados en el año actual*

▲ *Conos de desecación de los cortes realizados en años anteriores*

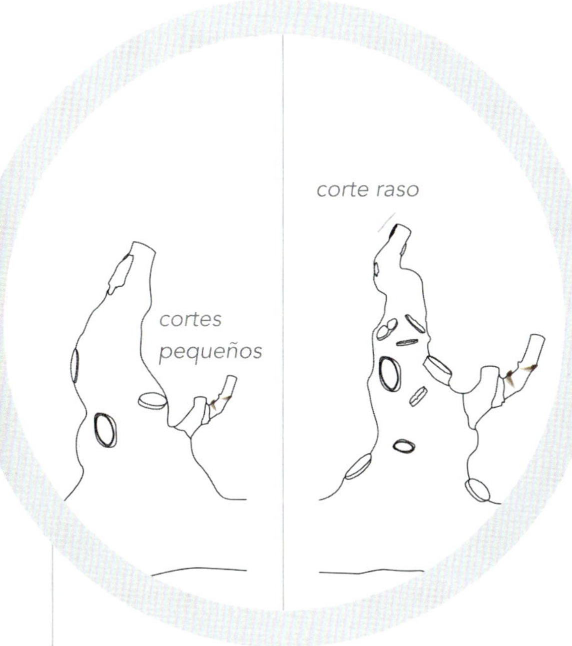

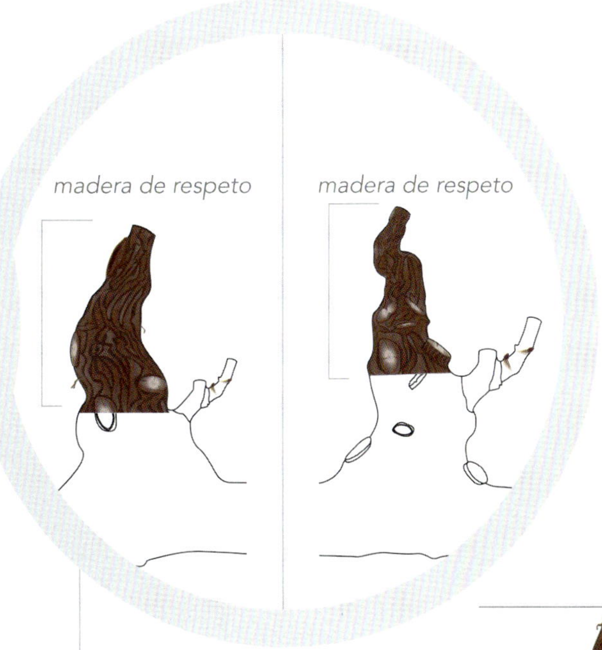

3 Cortes y coronas

Efectuando cortes de pequeñas dimensiones (en madera de uno y dos años), respetando las yemas de la corona que están en el flujo principal de savia.

4 Madera de respeto

Manteniendo un trozo de madera de respeto.

Fase de renovación completada

Capítulo 11

Aplicación del método en plantas adultas

Conversión a la estructura ramificada

Reconstrucción de la planta

GUION DEL CAPÍTULO

Conversión a la estructura ramificada
Si la planta presenta heridas de pequeña o gran dimensión, pero los puntos vegetativos todavía están vivos, la planta puede restaurarse.

Objetivos
1. Restablecer la continuidad del flujo de savia en los puntos vegetativos vivos.
2. Poner en marcha la ramificación.
3. Evitar cortes de retorno.

Invierno 1er año | 2º año | 3er año

Pág. 242 | Pág. 247 | Pág. 257 | Pág. 263

Fase de conversión terminada.

Reconstrucción de la planta
En el caso de que el cordón presente heridas de pequeña o gran dimensión, puntos vegetativos decaídos o comprometidos, sarmientos de vigor débil y rebrotes alrededor del punto de injerto, se procede a la reconstrucción de la planta.

Objetivos
1. Reconstrucción del pie: empezando lo más cerca posible del punto de injerto y sobre la parte viva de la planta.
2. Reconstrucción del tronco vertical: respetando la continuidad del nuevo flujo principal de savia.

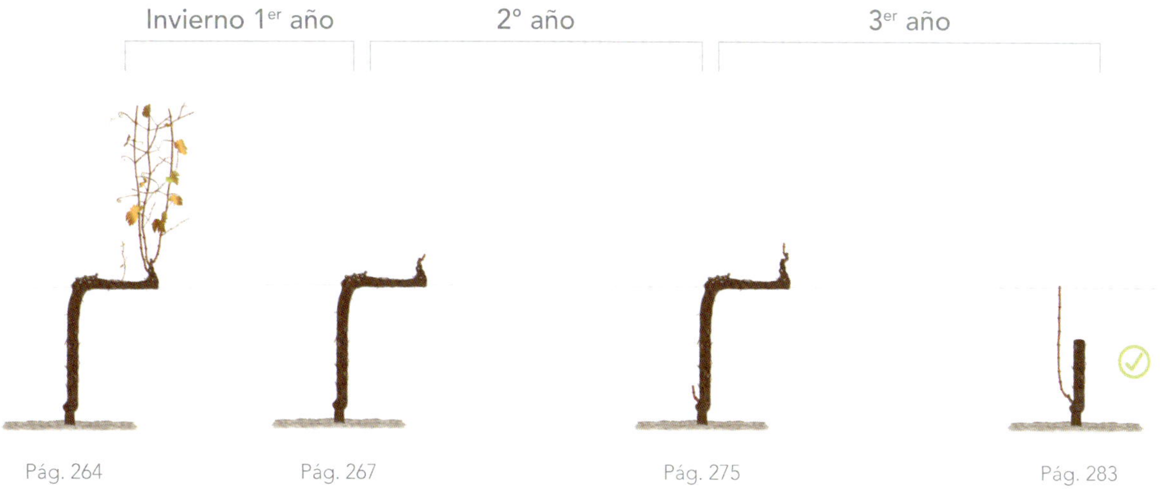

Selección de los pulgares
El objetivo es asegurar la producción del año y mantener viva la planta, incluso si decae.

Reconstrucción del pie
En el segundo año se inicia la reconstrucción del pie a partir de un pulgar en el punto de injerto.

Reconstrucción del tronco
Si el vigor del sarmiento es suficiente, en el tercer año se sustituye el tronco viejo por un tronco nuevo, eliminando la parte de la planta que se ha deteriorado.

✓ **Fase de reconstrucción terminada.**

CONVERSIÓN A LA ESTRUCTURA RAMIFICADA

Invierno – 1er año

La correcta puesta en marcha de la conversión a la poda ramificada requiere, en primer lugar, que el podador sea capaz de distinguir la morfología de los puntos vegetativos.
Para simplificar, las diferentes situaciones se distinguen en tres casos típicos: cabeza de sauce, corte de retorno y punto vegetativo ramificado.

Selección de los pulgares
En el primer año de conversión, un primer objetivo de la poda es eliminar los posibles puntos de retorno formados el año anterior.
En segundo lugar, los pulgares se podan para asegurar la producción del año siguiente y finalmente, se eliminan los sarmientos restantes.

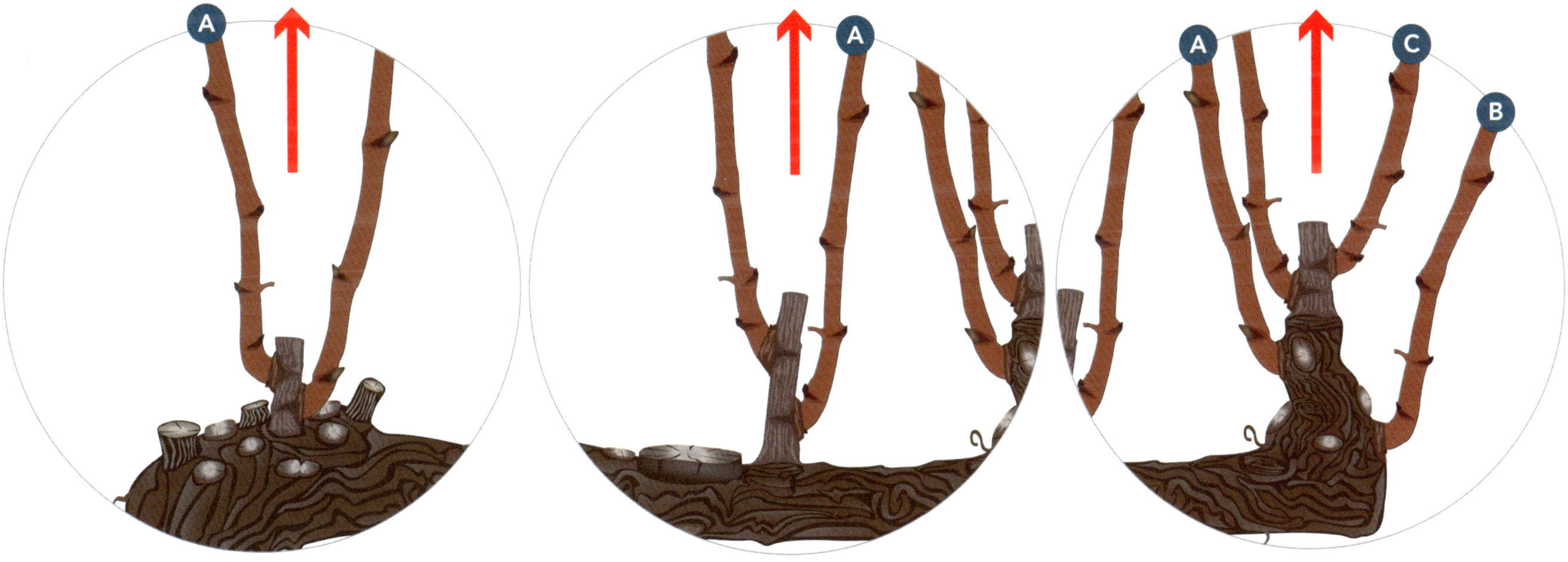

Cabeza de sauce
Este caso incluye todos los puntos vegetativos que no han sufrido cortes de gran dimensión, pero en los cuales siempre se ha evitado la ramificación, desplazando cada año la posición de los pulgares. El sarmiento **A** se poda a pulgar para empezar a reforzar el punto vegetativo mediante la ramificación; los demás sarmientos se eliminan.

Corte de retorno
Este caso incluye todos los puntos vegetativos que han sufrido cortes de gran dimensión.
El sarmiento más alto (**A**) se poda a pulgar; los demás sarmientos se eliminan. De esta manera, nos alejamos de la zona de los cortes y empezamos la ramificación vertical.

Punto vegetativo ramificado
Este caso incluye todos los puntos vegetativos en los que aún no se ha hecho corte de retorno. Estos puntos, a diferencia de los otros dos casos, ya están ramificados. Se dejan crecer hacia arriba, eliminando los sarmientos (**A** y **B**) presentes en el punto vegetativo. Después se poda a pulgar el sarmiento **C**, que permitirá continuar la ramificación vertical.

CONVERSIÓN A LA ESTRUCTURA RAMIFICADA

Invierno – 1er año

Poda a pulgar

Una vez elegidos los sarmientos que formarán los nuevos pulgares, se podan.

Las tres situaciones presentadas aquí son idénticas a las descritas en el capítulo 2 (pág. 28-29); sin embargo, hay que tener en cuenta que la poda es distinta en cada caso.
Un cordón adulto que ha sufrido a lo largo de los años las consecuencias de cortes cercanos y concentrados en un solo punto, o de cortes de gran dimensión, según las prácticas habituales, se considera que hay que reconstruirlo.
Por el contrario, aplicando el método Simonit & Sirch, es posible revitalizar los cordones de plantas adultas alejándose de la zona de las heridas.
De hecho, en los tres casos que aquí se presentan, se poda a pulgar el sarmiento más alejado del pulgar del año anterior, con una lógica inversa respecto a la expuesta en el capítulo 2.

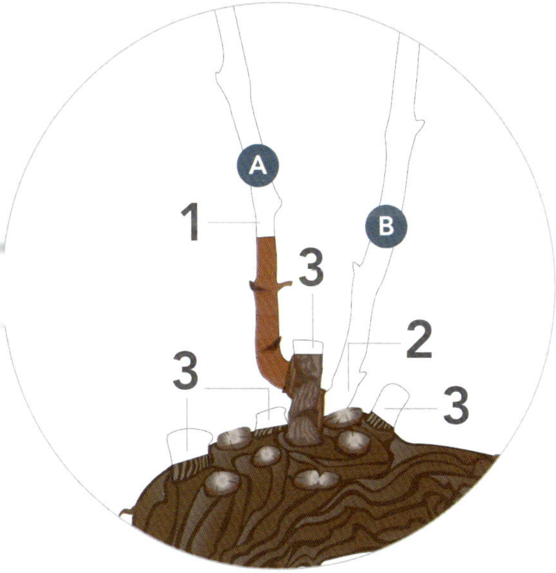

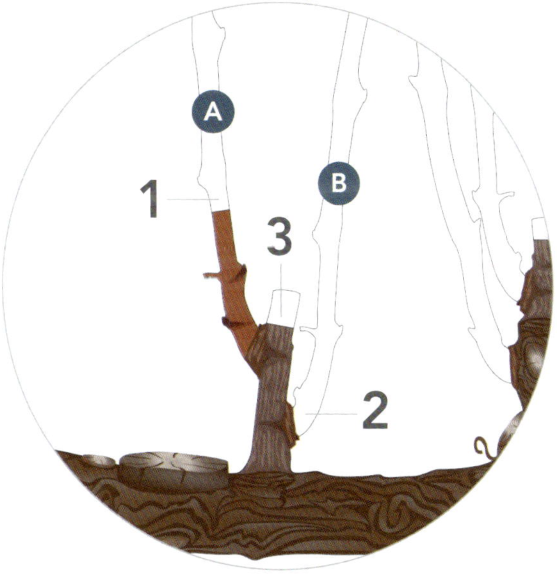

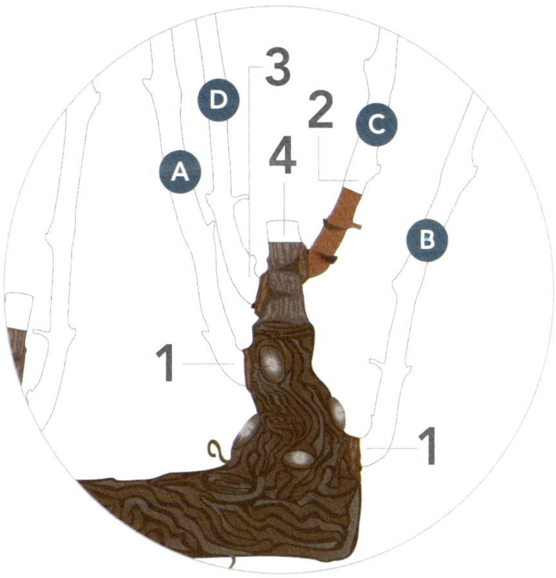

Cabeza de sauce

1. Podar como pulgar a dos yemas francas el sarmiento **A**.

2. Eliminar el sarmiento **B** con un corte al nivel de la corona.

3. Eliminar la porción de madera seca.

Corte de retorno

1. Podar como pulgar a dos yemas francas el sarmiento **A**.

2. Eliminar el sarmiento **B** con un corte al nivel de la corona.

3. Eliminar la porción de madera seca.

Punto vegetativo ramificado

1. Eliminar los sarmientos **A** y **B** con un corte al nivel de la corona.

2. Podar como pulgar a dos yemas francas el sarmiento **C**.

3. Eliminar el sarmiento **D** con un corte al nivel de la corona.

4. Eliminar las porciones de madera seca.

CONVERSIÓN A LA ESTRUCTURA RAMIFICADA
Cómo hemos podado – Invierno 1er año

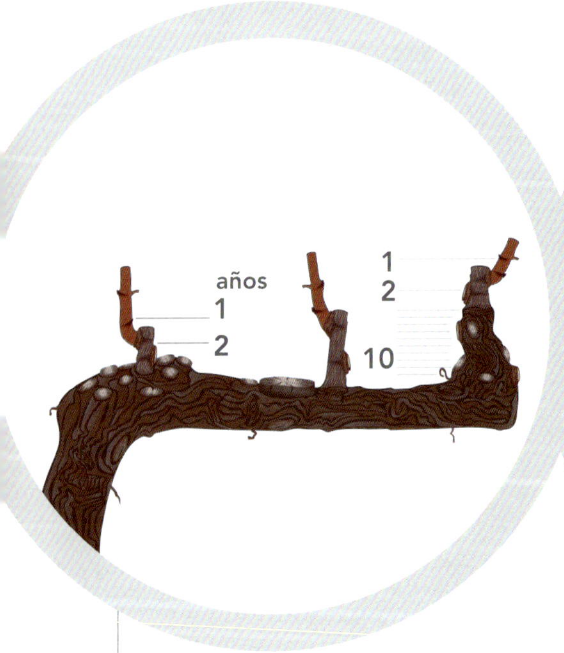

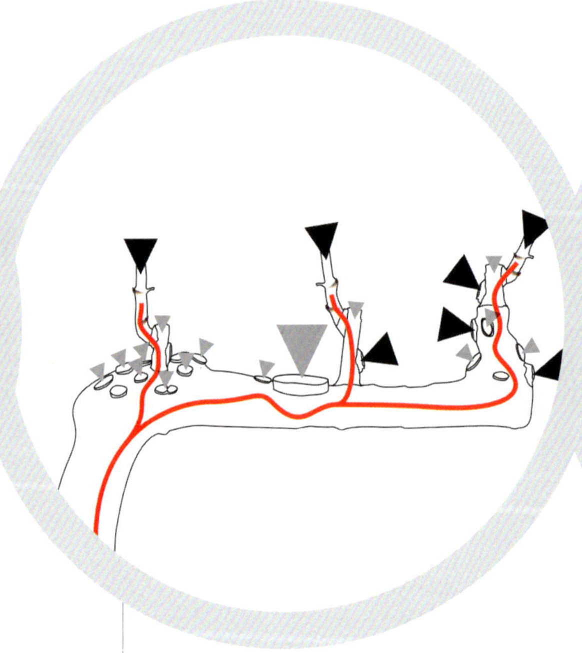

1 Ramificación

Restableciendo la cronología natural del crecimiento de la planta.

2 Continuidad del flujo de savia

Restaurando la continuidad del flujo de savia y distanciando los cortes entre sí para separar la zona de madera seca de la del flujo de savia.

3 Cortes y coronas

Efectuando cortes de pequeñas dimensiones (en madera de uno y dos años), respetando las yemas de la corona que están en el flujo principal de savia.

▲ *Conos de desecación de los cortes realizados en el año actual*
▲ *Conos de desecación de los cortes realizados en años anteriores*

CONVERSIÓN A LA ESTRUCTURA RAMIFICADA
Primavera – 2° año

Poda en verde
En la brotación se realiza la poda en verde para eliminar los brotes superfluos, mientras que los que están en posiciones correctas se conservan para desarrollar la ramificación.

Por qué
Para evitar cortes en invierno y así reducir el número de heridas, dirigir las sustancias de reserva hacia las yemas restantes con el objetivo de garantizar un desarrollo homogéneo de la planta (longitud de los entrenudos, diámetro, longitud de los sarmientos) y evitar el amontonamiento excesivo de la vegetación.

Cuándo
Intervenir en brotes de 5 a 10 cm de longitud.

Cómo
Ver página siguiente.

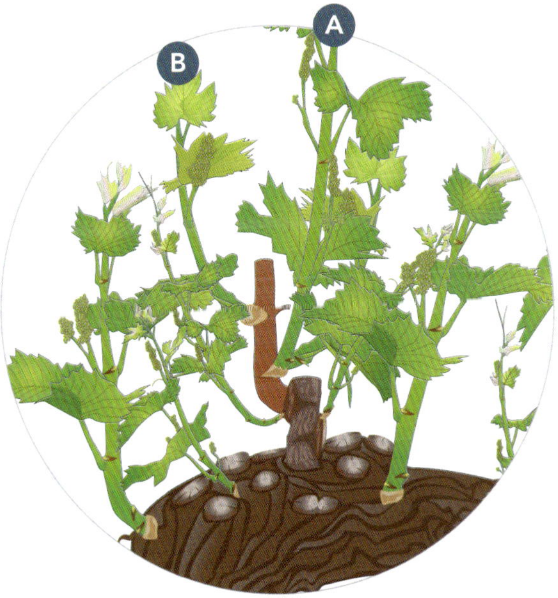

Cabeza de sauce
Identificar y mantener los dos brotes principales del pulgar (**A** y **B**); eliminar los brotes restantes.

Corte de retorno
Identificar y mantener los dos brotes principales del pulgar (**C** y **D**); eliminar los brotes restantes.

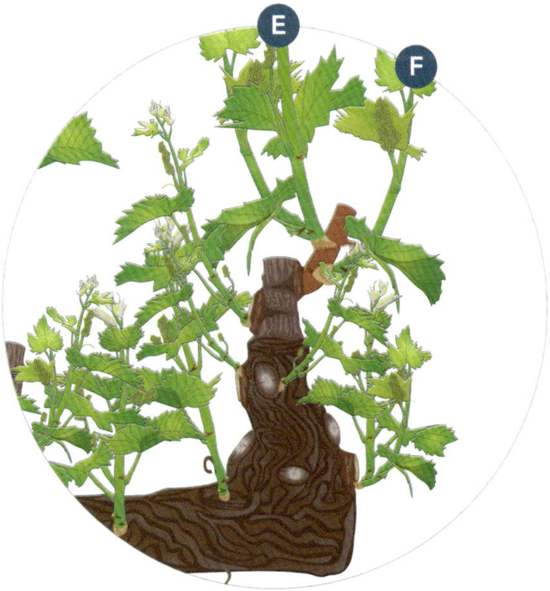

Punto vegetativo ramificado
Identificar y mantener los dos brotes principales del pulgar (**E** y **F**); eliminar los brotes restantes.

CONVERSIÓN A LA ESTRUCTURA RAMIFICADA
Primavera – 2º año

Eliminación de los brotes secundarios
Después de la limpieza del tronco se procede a la eliminación de los brotes secundarios.

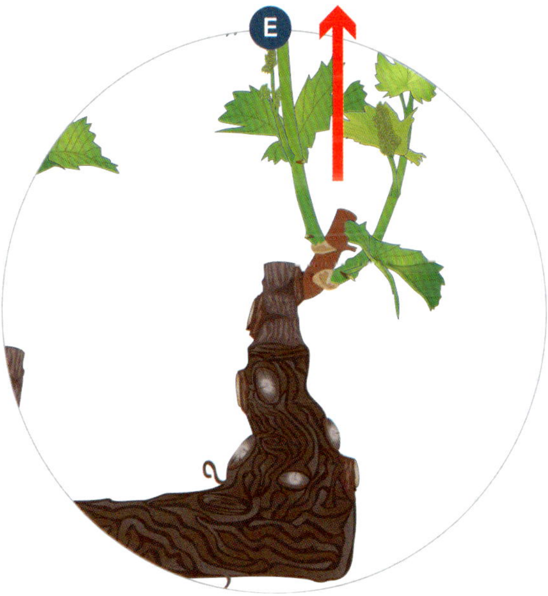

Cabeza de sauce
El brote **A** es el futuro pulgar que permitirá continuar la ramificación vertical.

Corte de retorno
El brote **C** es el futuro pulgar que permitirá continuar la ramificación vertical.

Punto vegetativo ramificado
El brote **E** es el futuro pulgar que permitirá continuar la ramificación vertical.

CONVERSIÓN A LA ESTRUCTURA RAMIFICADA

Invierno – 2º año

Selección de los pulgares

Los sarmientos de la vid están bien lignificados, son homogéneos y presentan un buen desarrollo del eje principal y de los nietos. Los entrenudos son de longitud media y regular.

Cabeza de sauce
En este caso, el objetivo es continuar la ramificación puesta en marcha el año anterior, podando a pulgar el sarmiento **A**. Los demás sarmientos se eliminan.

Corte de retorno
También en este caso, el objetivo es continuar la ramificación puesta en marcha el año anterior, podando a pulgar el sarmiento **C**. Los demás sarmientos se eliminan.

Punto vegetativo ramificado
En este caso, el objetivo es continuar la ramificación puesta en marcha el año anterior, podando a pulgar el sarmiento **E**. Los demás sarmientos se eliminan.

CONVERSIÓN A LA ESTRUCTURA RAMIFICADA

Invierno – 2º año

Poda de los pulgares
Una vez elegidos
los sarmientos que formarán
los nuevos pulgares,
se procede a podarlos.

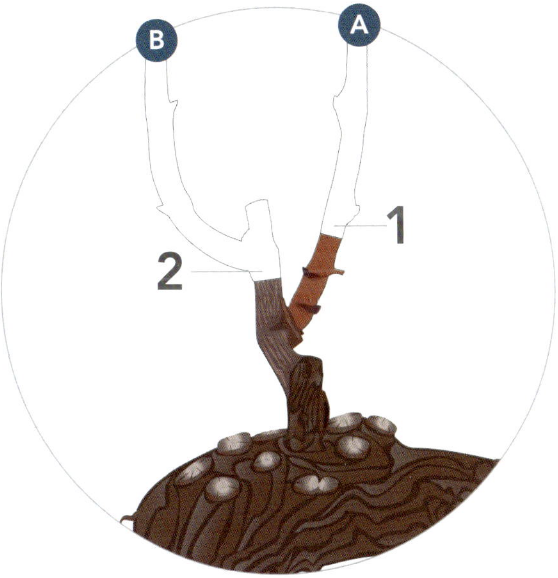

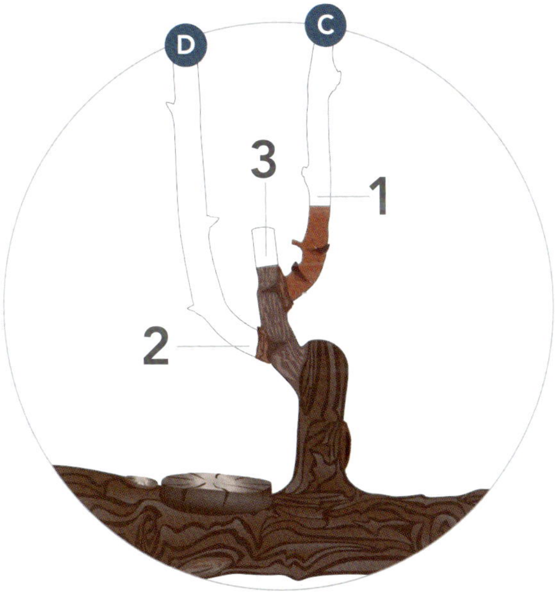

Cabeza de sauce

1. Podar como pulgar a dos yemas francas el sarmiento **A**.

2. Eliminar el sarmiento **B** con un corte plano en la madera de dos años.

Corte de retroceso

1. Podar como pulgar a dos yemas francas el sarmiento **C**.

2. Eliminar el sarmiento **D** con un corte al nivel de la corona.

3. Eliminar la porción de madera seca.

Punto vegetativo ramificado

1. Podar como pulgar a dos yemas francas el sarmiento **E**.

2. Eliminar el sarmiento **F** con un corte al nivel de la corona.

CONVERSIÓN A LA ESTRUCTURA RAMIFICADA
Cómo hemos podado – Invierno 2º año

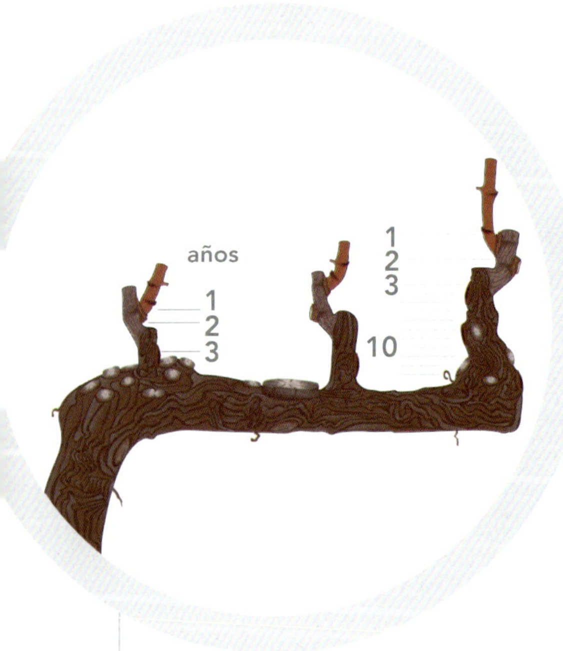

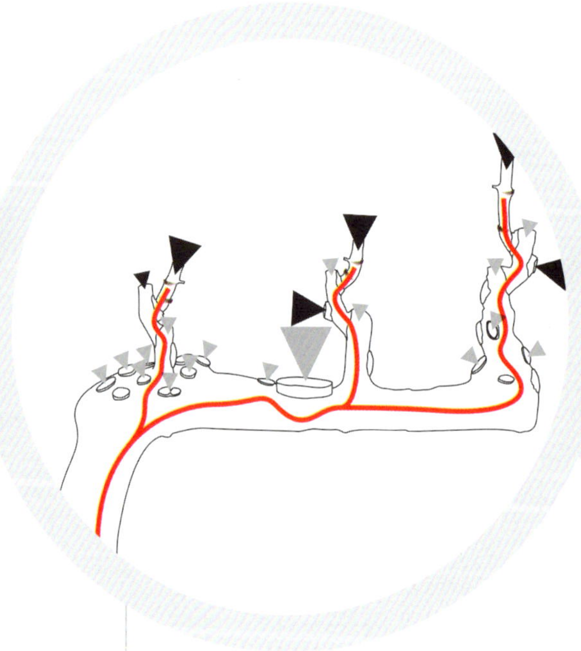

1 Ramificación

Respetando la cronología natural del crecimiento de la planta.

2 Continuidad del flujo de savia

Respetando la continuidad del flujo de savia y distanciando los cortes entre sí para separar la zona de madera seca de la del flujo de savia.

3 Cortes y coronas

Efectuando cortes de pequeñas dimensiones (en madera de uno y dos años), respetando las yemas de la corona que están en el flujo principal de savia.

▲ *Conos de desecación de los cortes realizados en el año actual*
▲ *Conos de desecación de los cortes realizados en años anteriores*

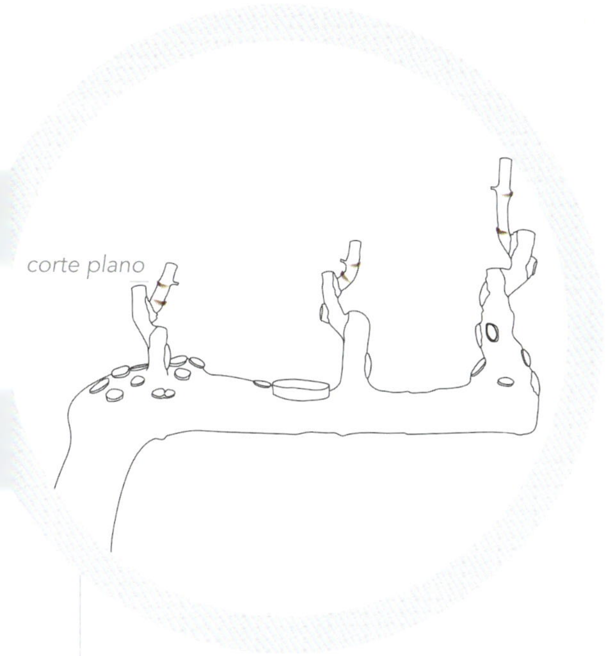

4 Madera de respeto

Realizando un corte plano
en la madera de dos años
manteniendo un trozo
de madera de respeto.

CONVERSIÓN A LA ESTRUCTURA RAMIFICADA

Primavera – 3er año

Poda en verde

En la brotación se realiza la poda en verde para eliminar los brotes superfluos, mientras que los que están en posiciones correctas se conservan para desarrollar la ramificación.

Por qué

Para evitar cortes en invierno y así reducir el número de heridas, dirigir las sustancias de reserva hacia las yemas restantes con el objetivo de garantizar un desarrollo homogéneo de la planta (longitud de los entrenudos, diámetro, longitud de los sarmientos) y evitar el amontonamiento excesivo de la vegetación.

Cuándo

Intervenir en brotes de 5 a 10 cm de longitud.

Cómo

Identificar y mantener los brotes principales situados en los pulgares (**A**, **B**, **C**, **D**, **E**, **F**); eliminar los demás brotes.

Eliminación de los brotes secundarios

Después de la limpieza del tronco se procede a la eliminación de los brotes secundarios.

Los brotes **A**, **D** y **E** son los futuros pulgares que permitirán continuar la ramificación vertical.

CONVERSIÓN A LA ESTRUCTURA RAMIFICADA

Invierno – 3er año

Selección de los pulgares
Los sarmientos de la vid están lignificados, son homogéneos y presentan un buen desarrollo del eje principal y de los nietos. Los entrenudos son de longitud media y regular.

Durante esta fase, el objetivo de la poda es continuar la ramificación, podando a pulgar los sarmientos procedentes de los pulgares del año anterior (**A**, **D**, **E**). Luego se eliminan los sarmientos restantes (**B**, **C**, **F**).

Invierno – 3er año

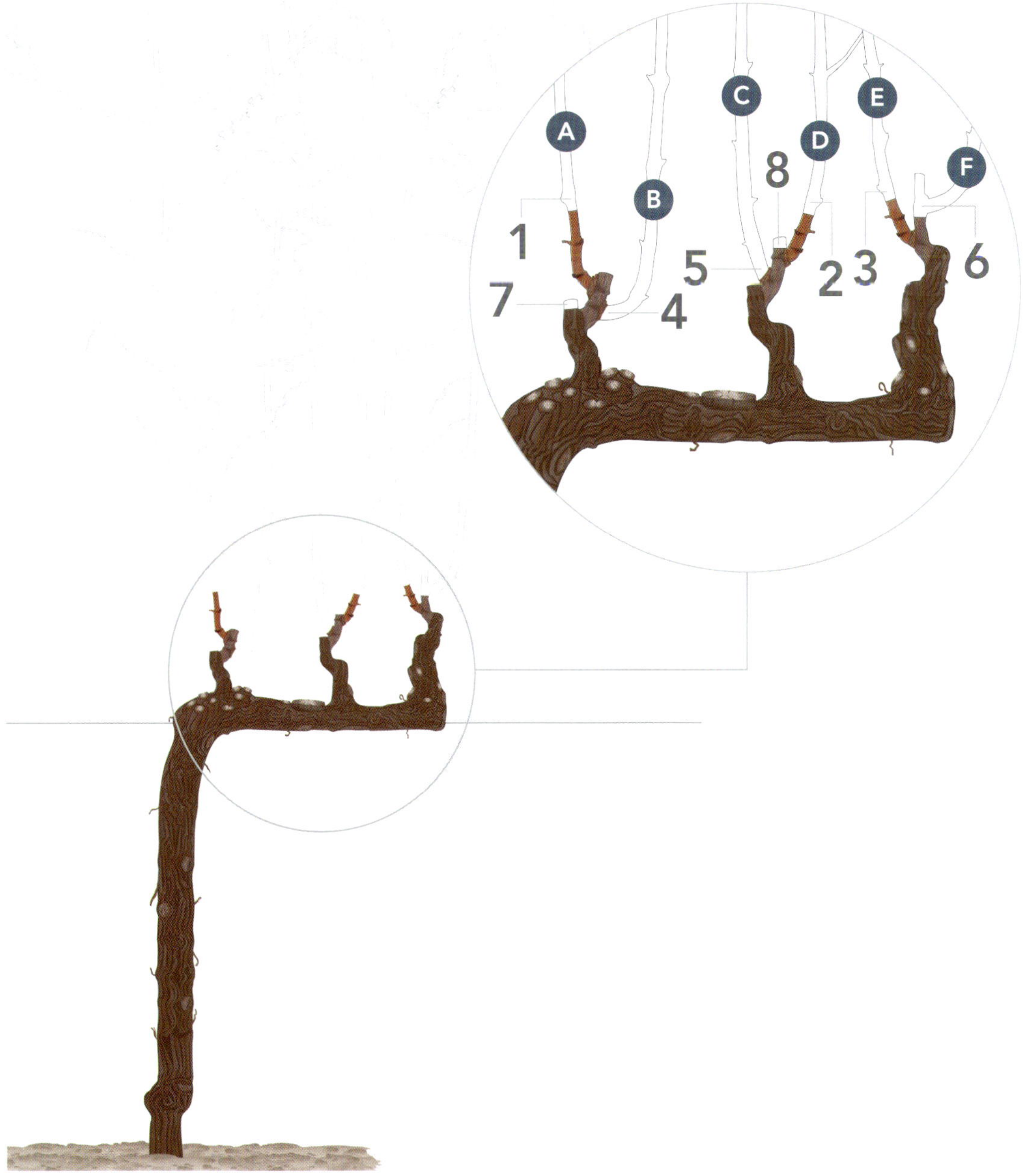

Poda

1-2-3. Podar como pulgar a dos yemas francas los sarmientos **A**, **D** y **E**.

4-5. Eliminar los sarmientos **B** y **C** con un corte al nivel de la corona.

6. Eliminar el sarmiento **F** con un corte plano en la madera de dos años.

7-8. Eliminar los trozos de madera seca.

CONVERSIÓN A LA ESTRUCTURA RAMIFICADA
Cómo hemos podado – Invierno 3er año

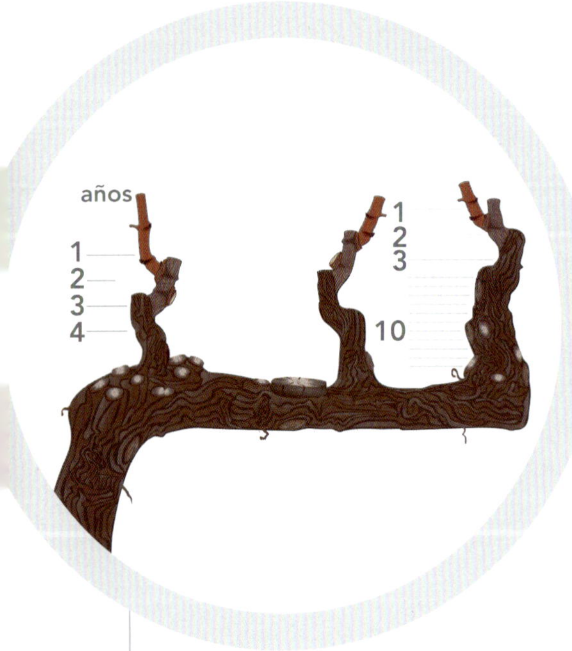

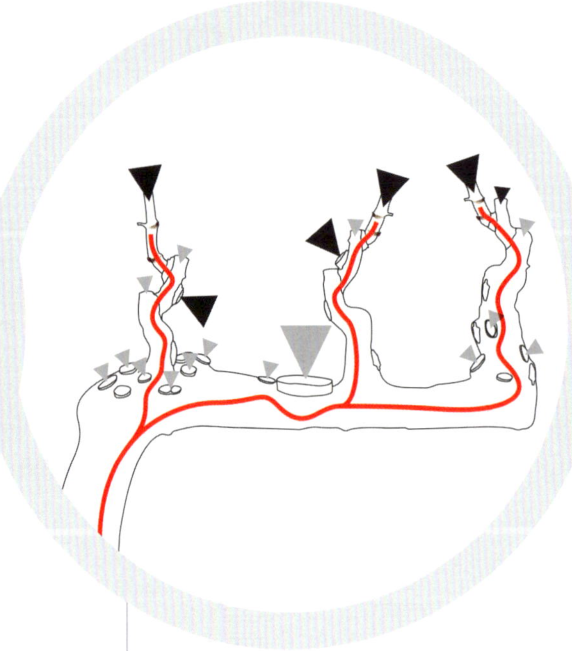

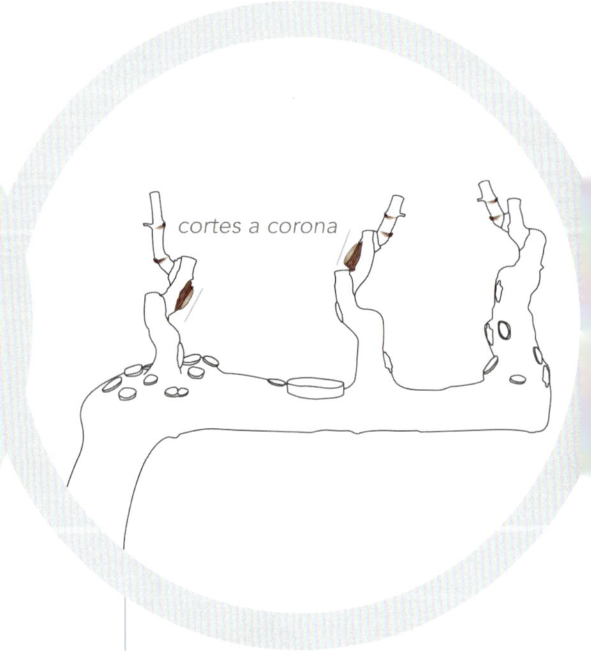

1 Ramificación

Respetando la cronología natural del crecimiento de la planta.

2 Continuidad del flujo de savia

Respetando la continuidad del flujo de savia y distanciando los cortes entre sí para separar la zona de madera seca de la del flujo de savia.

3 Cortes y coronas

Efectuando cortes de pequeñas dimensiones (en madera de uno y dos años), respetando las yemas de la corona que están en el flujo principal de savia.

▲ *Conos de desecación de los cortes realizados en el año actual*
▲ *Conos de desecación de los cortes realizados en años anteriores*

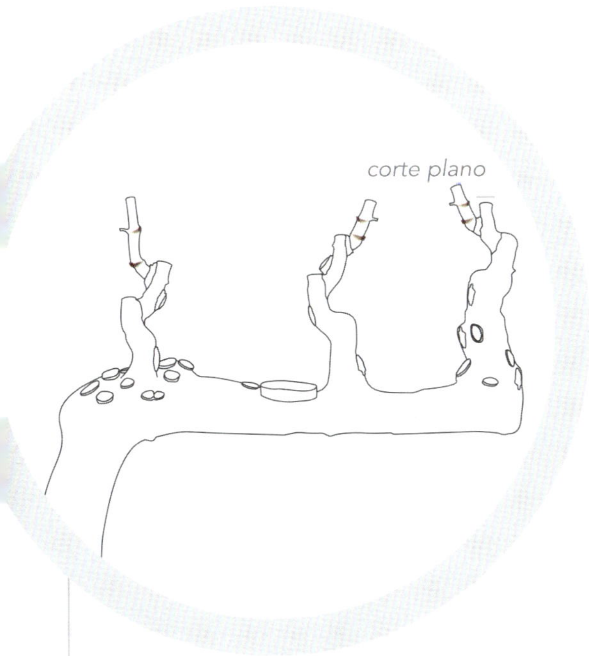

4 Madera de respeto

Realizando un corte plano en la madera de dos años.

Fase de conversión terminada

RECONSTRUCCIÓN DE LA PLANTA

Invierno – 1er año, reconstrucción del pie

Selección de los pulgares

Durante esta fase, el primer objetivo de la poda es eliminar los posibles puntos de retorno formados en el año anterior. Se procede así al cierre, con cortes al nivel de la corona, de los sarmientos que han podido dejarse en posiciones inapropiadas el año anterior. El punto vegetativo se poda como tirasavia; los demás sarmientos se eliminan.

Poda

1. Identificar el primer punto vegetativo vivo y podar como pulgar a dos yemas francas el sarmiento **B**.

2. Eliminar los sarmientos **A** y **C** con un corte al nivel de la corona.

3. Eliminar el sarmiento **D** con un corte al nivel de la corona.

4. Eliminar la porción de madera seca.

RECONSTRUCCIÓN DE LA PLANTA

Cómo hemos podado – Invierno 1er año, reconstrucción del pie

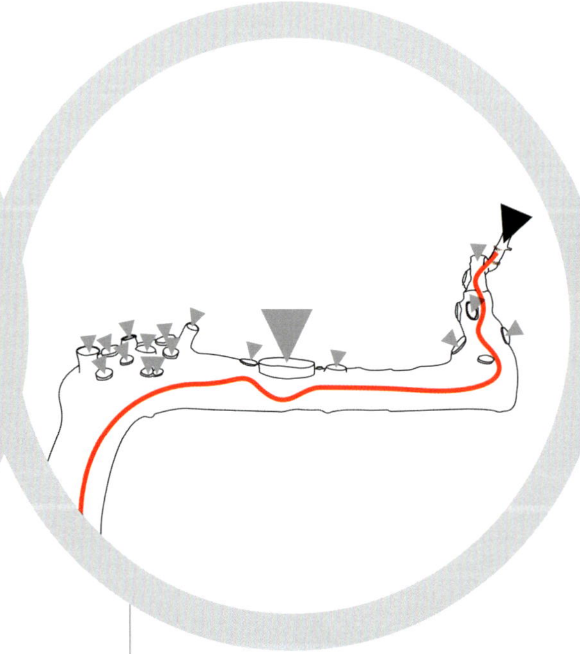

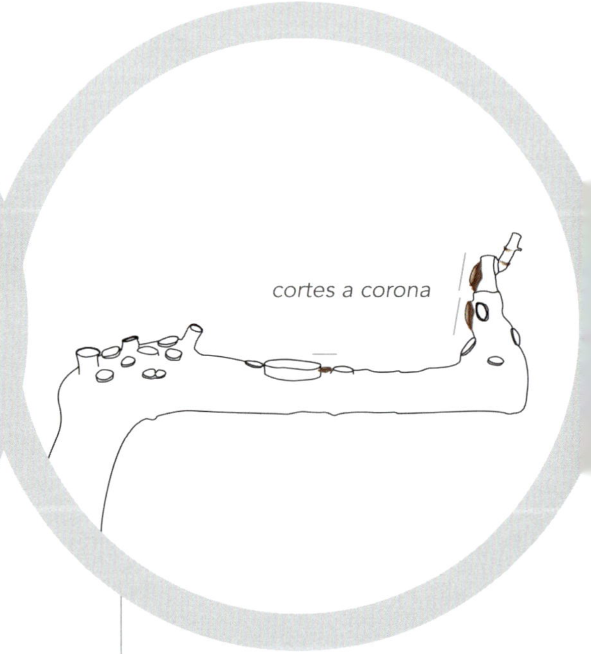

1 Ramificación

Manteniendo la planta con vida a pesar de su decaimiento.

2 Tirasavia

Manteniendo abierto el canal principal de savia.

3 Cortes y coronas

Efectuando cortes de pequeñas dimensiones (en madera de uno y dos años), respetando las yemas de la corona que están en el flujo principal de savia.

▲ *Conos de desecación de los cortes realizados en el año actual*

▲ *Conos de desecación de los cortes realizados en años anteriores*

RECONSTRUCCIÓN DE LA PLANTA
Primavera – 2º año, reconstrucción del pie

Poda en verde
En la brotación se realiza la poda en verde para eliminar los brotes superfluos, mientras que los que están en posiciones correctas se conservan para desarrollar la ramificación.

Por qué
Para evitar cortes en invierno y así reducir el número de heridas, dirigir las sustancias de reserva hacia las yemas restantes con el objetivo de garantizar un desarrollo homogéneo de la planta (longitud de los entrenudos, diámetro, longitud de los sarmientos) y evitar el amontonamiento excesivo de la vegetación.

Cuándo
Intervenir en brotes de 5 a 10 cm de longitud.

Cómo
Identificar y mantener el brote **A**, que está alineado con la hilera y cerca del punto de injerto del tronco viejo; en el cordón, mantener los dos brotes principales del pulgar (**C**, **D**); eliminar los demás brotes.

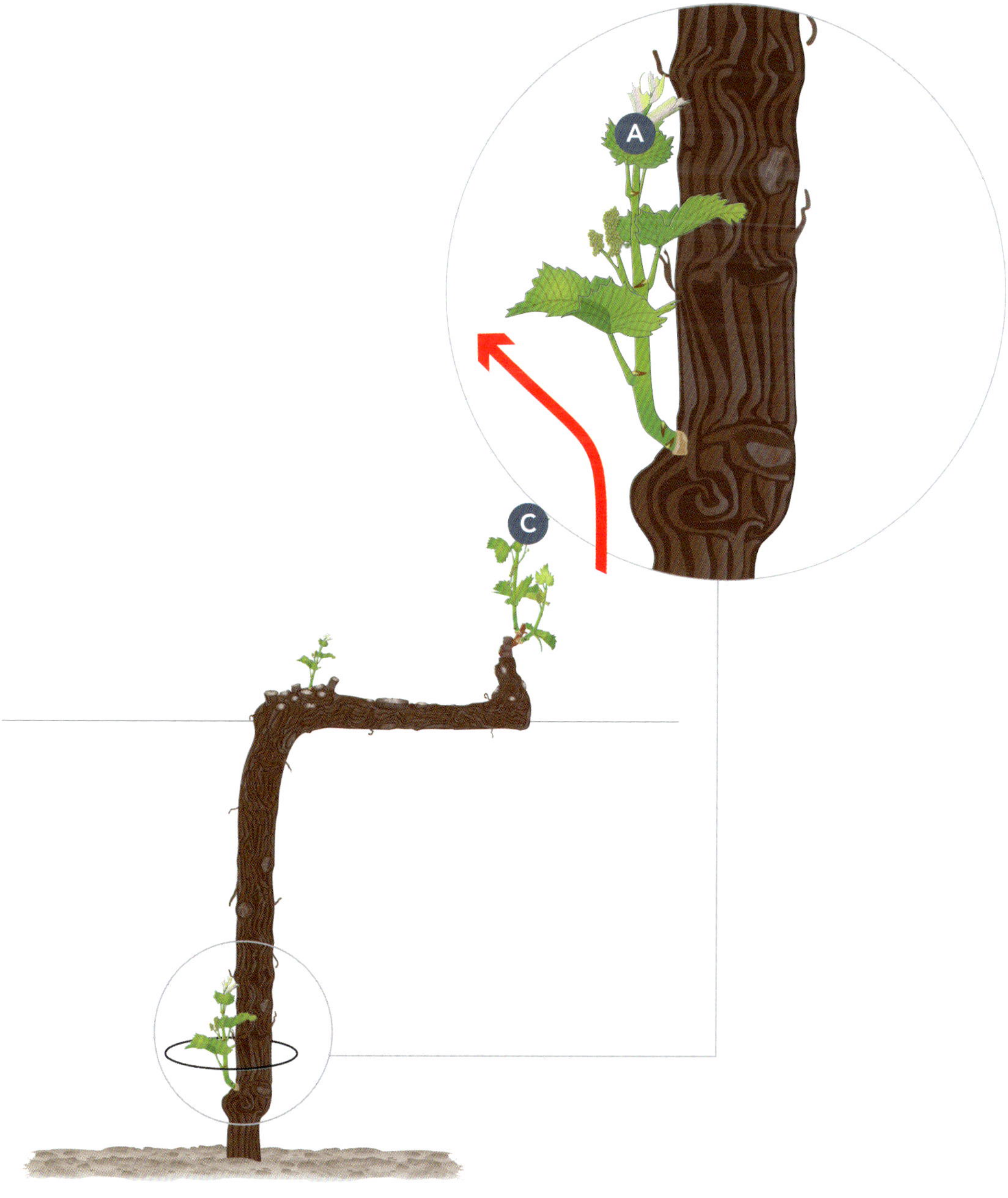

Atado y eliminación de los brotes secundarios

Después de la poda en verde, se recomienda atar inmediatamente el brote **A** al tronco para prevenir roturas accidentales. Después de la limpieza del tronco, se procede a la eliminación de los brotes secundarios.

El brote **A**, situado en la base del pie, cerca del punto de injerto, constituye el futuro pulgar que se utilizará para reconstruir el pie de la planta.

El brote **C**, que está sobre el cordón, es el futuro pulgar que permitirá continuar la ramificación vertical y asegurar la producción del año.

RECONSTRUCCIÓN DE LA PLANTA

Verano – 2º año, reconstrucción del pie

Atado y conducción de la vegetación

Durante el verano, se continúa con el atado del brote **A** al tronco y con la conducción vertical de la vegetación.

Despuntado

Se aconseja despuntar los brotes cuando la vegetación sobrepase el último alambre de soporte.

Si es necesario, se realizará una segunda poda en verde para eliminar posibles rebrotes en el tronco y alrededor del punto de injerto.

Otoño – 2º año

Agostamiento y lignificación
En esta estación la planta completa el ciclo de desarrollo de los brotes.

Con el agostamiento, que empieza en verano, se inicia el proceso de lignificación que transformará los brotes en sarmientos.

RECONSTRUCCIÓN DE LA PLANTA

Invierno – 2° año, reconstrucción del pie

Selección de los pulgares

Durante esta fase, el primer objetivo de la poda es reconstruir el pie de la nueva cepa; para ello, el sarmiento **A** se poda a pulgar. El segundo objetivo es continuar con la ramificación vertical del pulgar del primer punto vegetativo. Finalmente, se eliminan los sarmientos restantes.

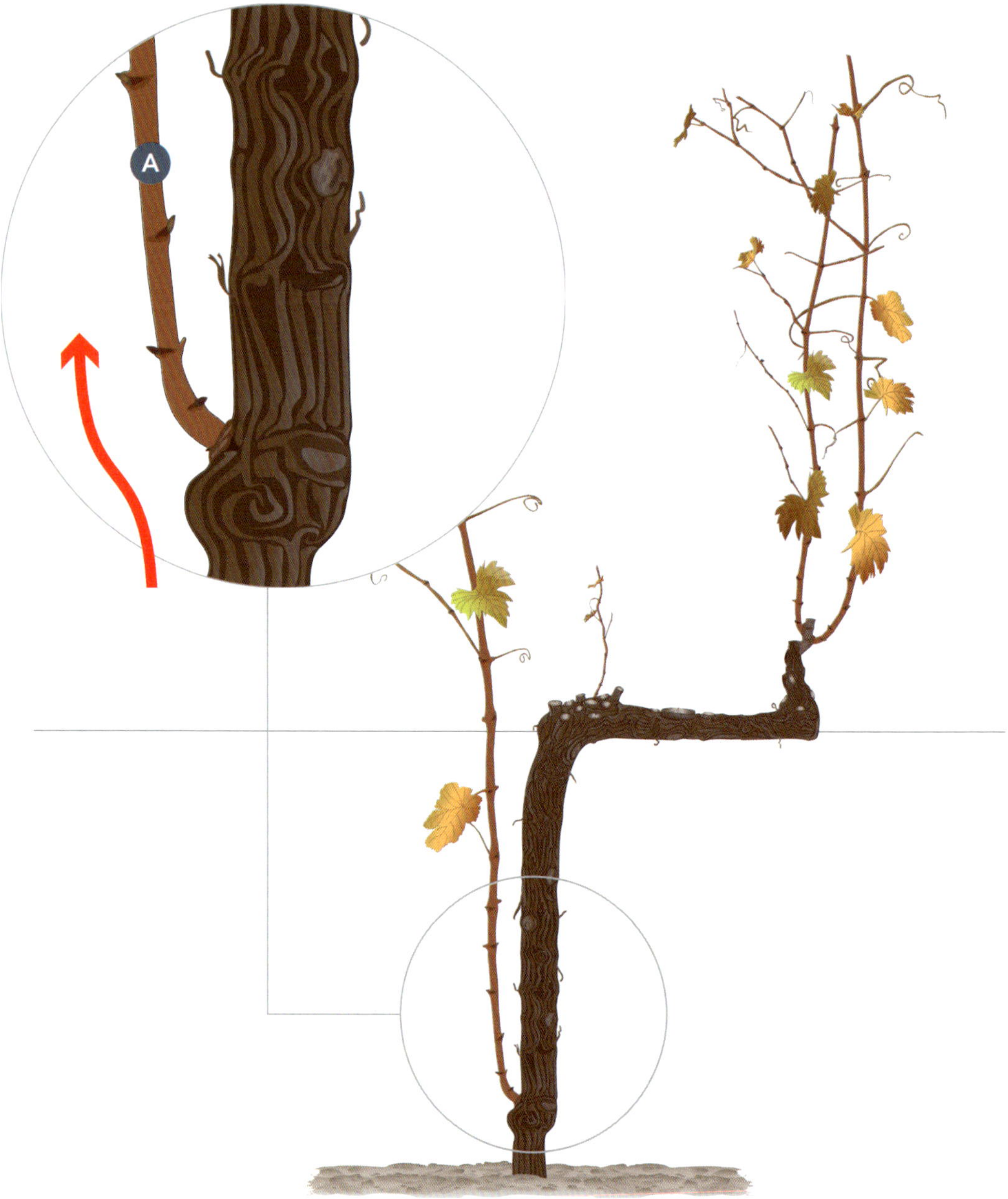

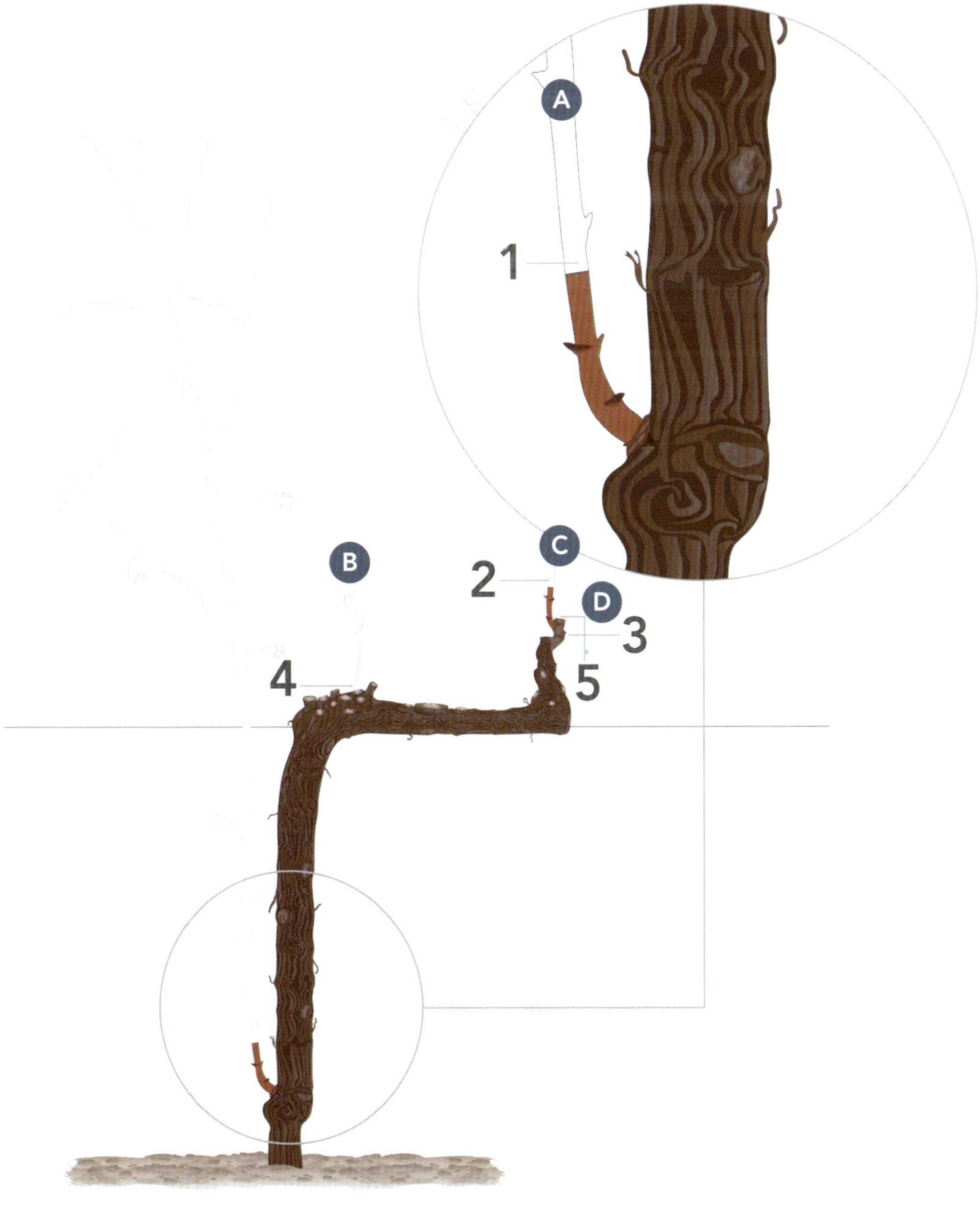

Poda

1. Podar a pulgar el sarmiento **A** situado en la base de la cepa, cerca del punto de injerto.

2. Podar como pulgar a dos yemas francas el sarmiento **C**.

3. Eliminar el sarmiento **D** dejando un trozo de madera de respeto suficientemente largo.

4. Eliminar el sarmiento **B** con un corte al nivel de la corona, ya que está situado en medio de los cortes y tiene un vigor demasiado débil.

5. Eliminar la porción de madera seca.

RECONSTRUCCIÓN DE LA PLANTA

Cómo hemos podado – Invierno 2º año, reconstrucción del pie

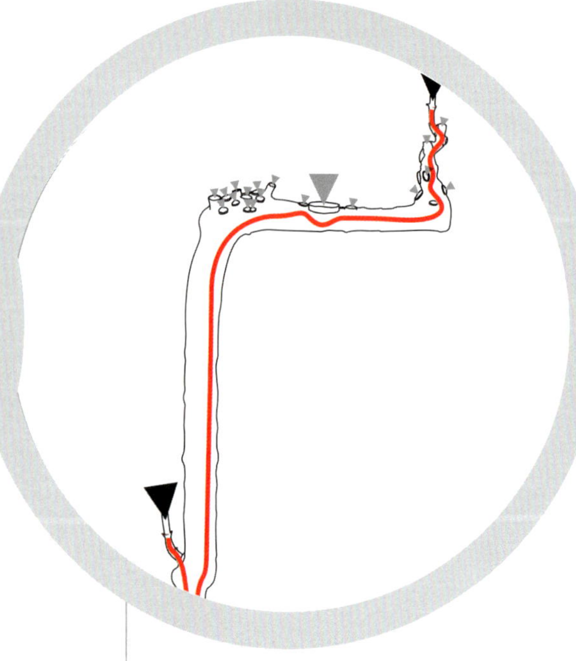

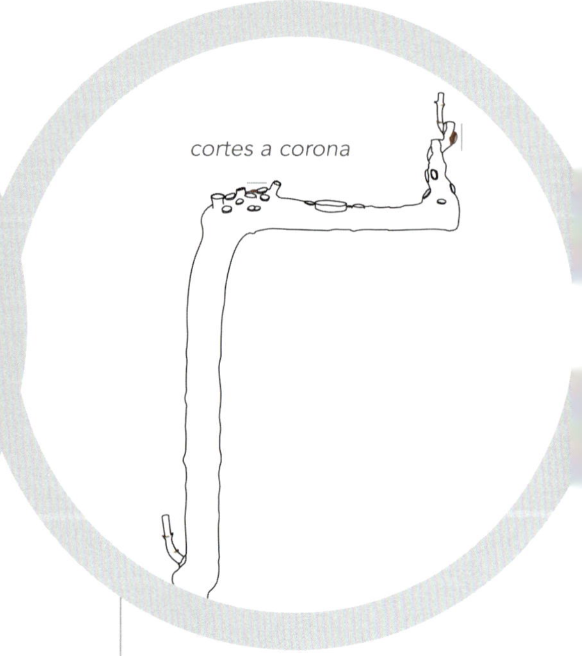

1 Ramificación

Manteniendo con vida la planta a pesar de su decaimiento; reconstituyendo el pie del tronco nuevo; creando una nueva ramificación.

2 Continuidad del flujo de savia

Manteniendo abierto el canal principal de savia; creando un nuevo flujo de savia cerca del punto de injerto.

3 Cortes y coronas

Efectuando cortes de pequeñas dimensiones (en madera de uno y dos años), respetando las yemas de la corona que están en el flujo principal de savia.

▲ *Conos de desecación de los cortes realizados en el año actual*
▲ *Conos de desecación de los cortes realizados en años anteriores*

RECONSTRUCCIÓN DE LA PLANTA

Primavera – 3er año, reconstrucción del tronco

Poda en verde

En la brotación se realiza la poda en verde para eliminar los brotes superfluos, mientras que los que están en posiciones correctas se conservan para desarrollar la ramificación.

Por qué

Para evitar cortes en invierno y así reducir el número de heridas, dirigir las sustancias de reserva hacia las yemas restantes con el objetivo de garantizar un desarrollo homogéneo de la planta (longitud de los entrenudos, diámetro, longitud de los sarmientos) y evitar el amontonamiento excesivo de la vegetación.

Cuándo

Intervenir en brotes de 5 a 10 cm de longitud.

Cómo

Identificar el pulgar que está cerca del punto de injerto y mantener en él los dos brotes principales (**A**, **B**); sobre el cordón, mantener los dos brotes principales del pulgar (**C**, **D**); eliminar los demás brotes.

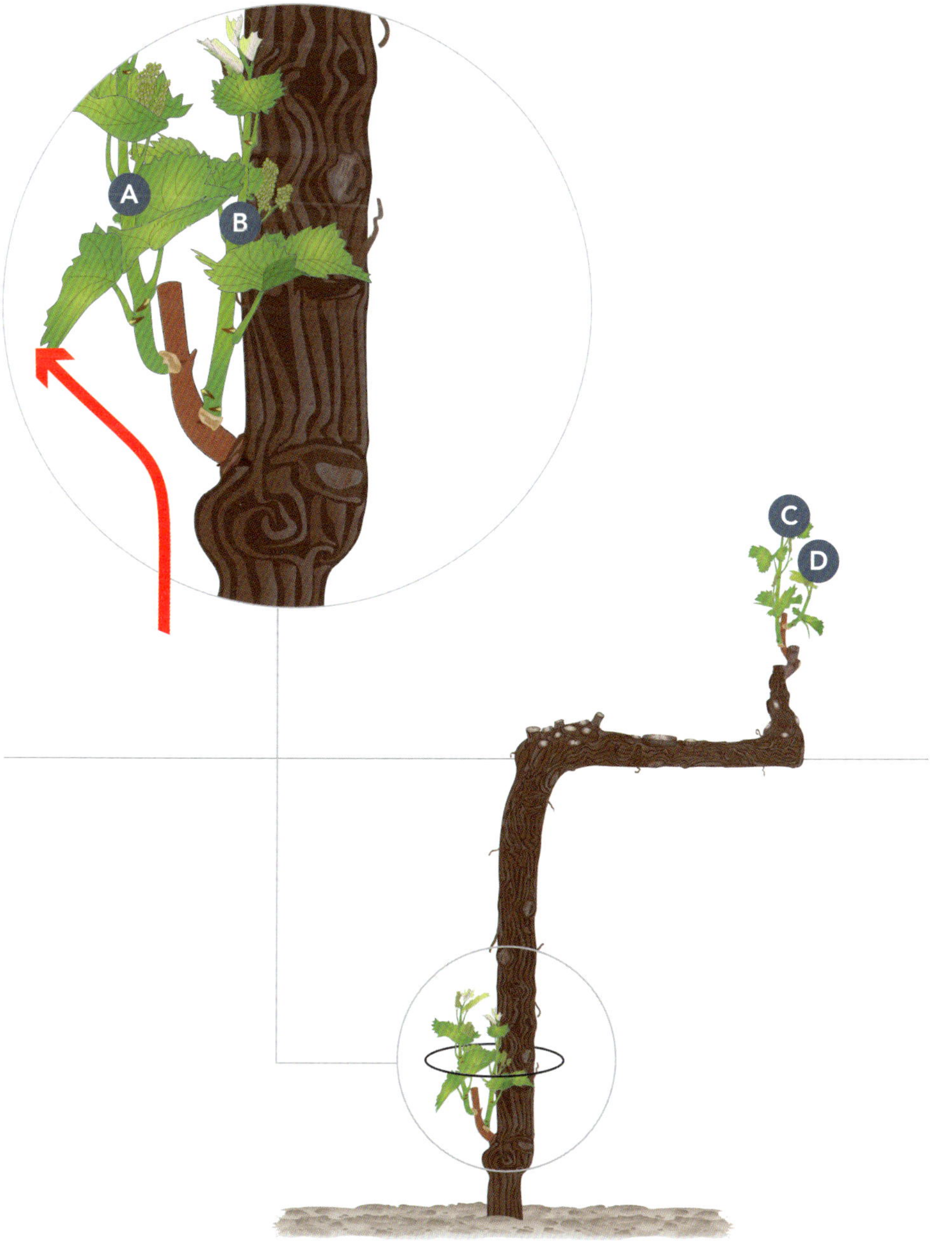

Atado y eliminación de los brotes secundarios

Después de la poda en verde, se recomienda atar inmediatamente los brotes **A** y **B** al tronco para prevenir roturas accidentales. Después de la limpieza del tronco, se procede a la eliminación de los brotes secundarios.

El brote A del pulgar formará el nuevo tronco de la planta, el brote **B** es un brote de reserva.

En el cordón, los brotes **C** o **D** son los futuros pulgares que asegurarán la producción del año.

RECONSTRUCCIÓN DE LA PLANTA
Verano – 3er año, reconstrucción del tronco

Atado y conducción de la vegetación
Durante el verano se continúa con el atado de los brotes **A** y **B** al tronco, y con la conducción vertical de la vegetación.

Despuntado
Se aconseja despuntar los brotes cuando la vegetación sobrepase el último alambre de soporte.

Si es necesario, se realizará una segunda poda en verde para eliminar posibles rebrotes en el tronco y alrededor del punto de injerto.

RECONSTRUCCIÓN DEL TRONCO
Otoño – 3er año

Agostamiento y lignificación
En esta estación la planta completa el ciclo de desarrollo de los brotes.

Con el agostamiento, que empieza en verano, se inicia el proceso de lignificación que transformará los brotes en sarmientos.

RECONSTRUCCIÓN DE LA PLANTA

Invierno – 3er año, reconstrucción del tronco

Selección del sarmiento para el tronco nuevo y para la producción

Durante esta fase, el primer objetivo de la poda es reconstruir el tronco de la planta.
A continuación, se poda el sarmiento **A**, cuyo papel es asegurar la producción, al nivel del alambre de formación, y se elimina el sarmiento de reserva **B**.
Después, se elimina una parte del tronco viejo, manteniendo un trozo adecuado de madera de respeto.
Por último, se eliminan los sarmientos restantes.

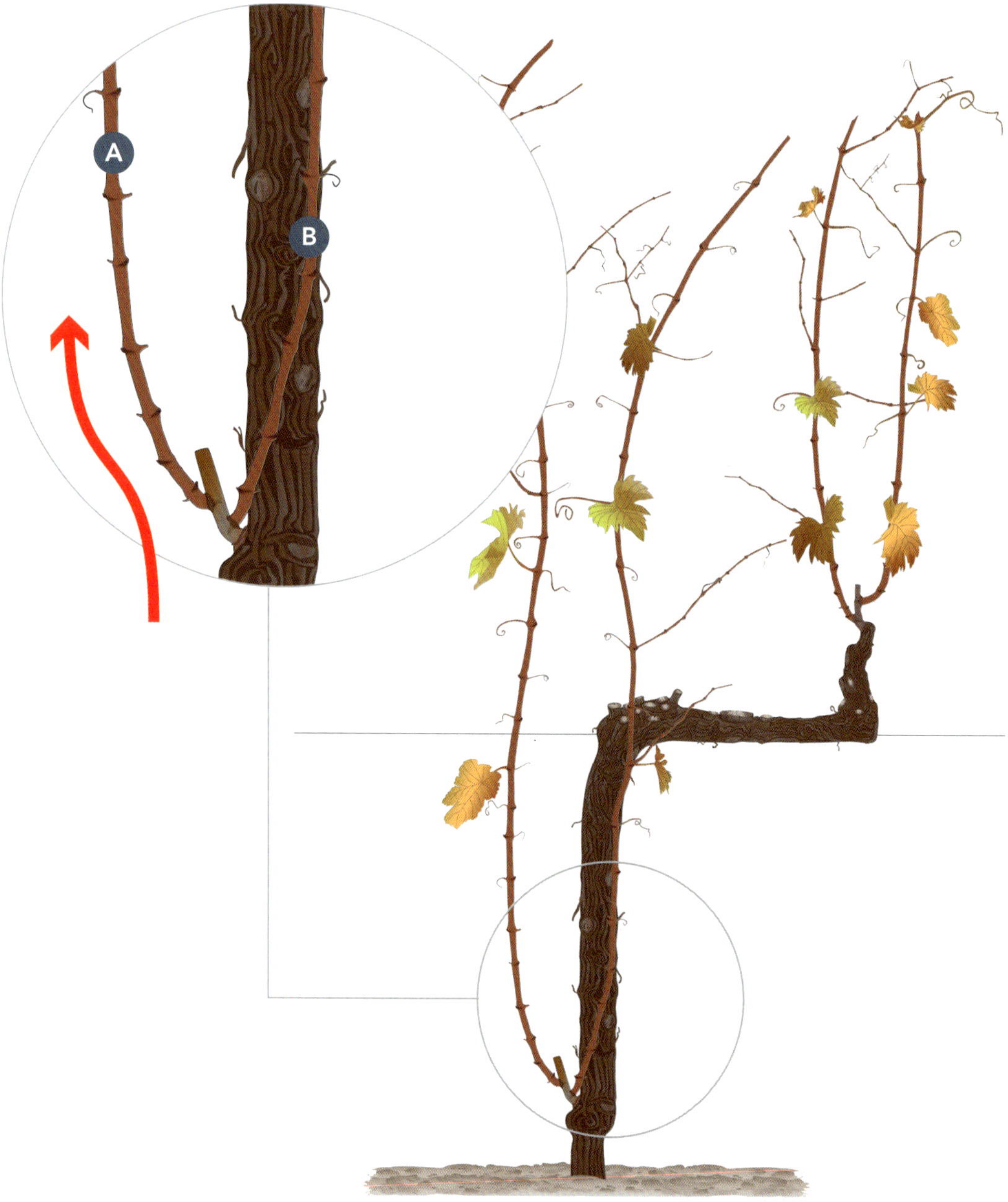

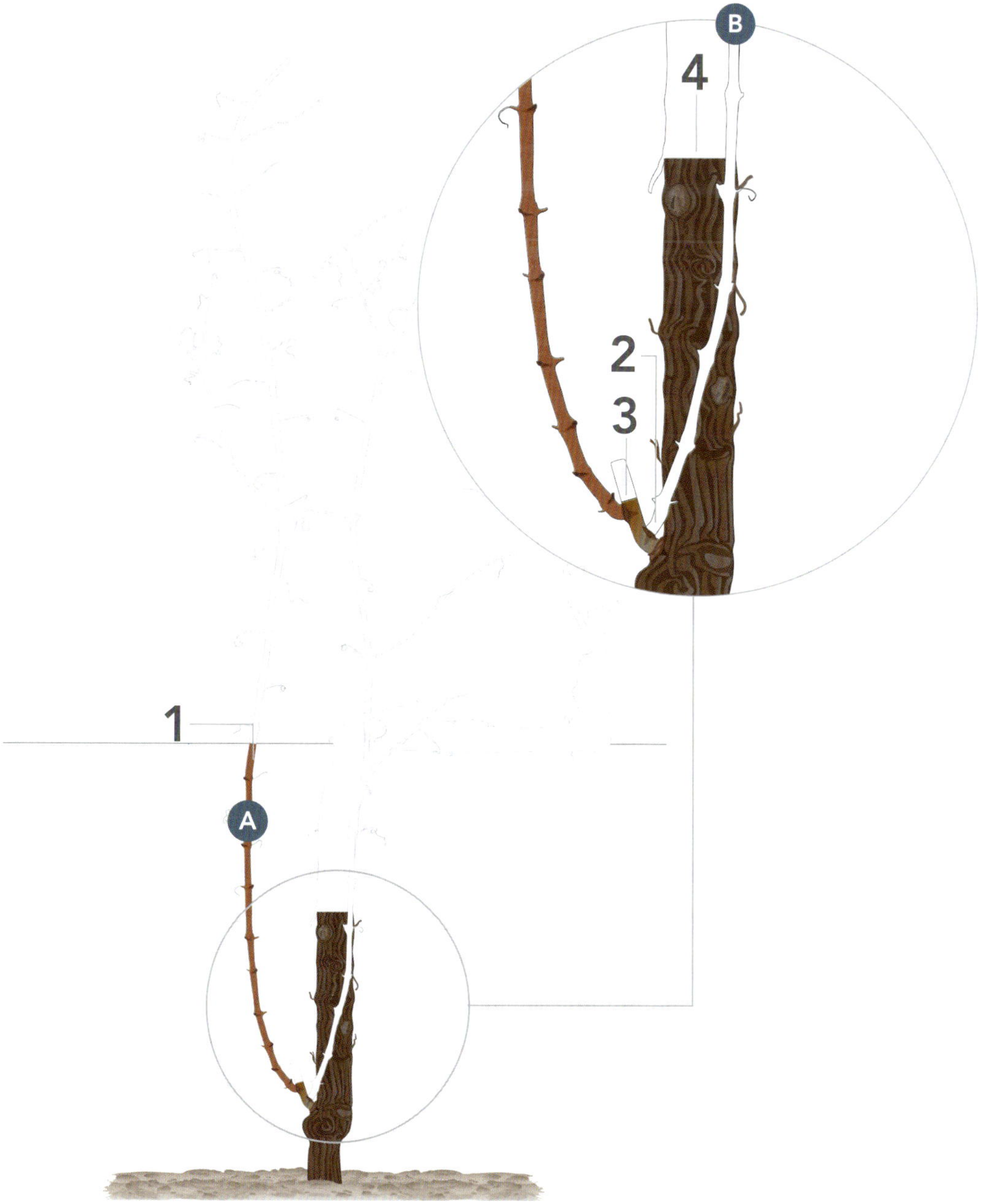

Poda

1. Podar a la altura del alambre de formación el sarmiento **A**, situado en el pulgar de dos años.

2. Eliminar el sarmiento **B** de reserva con un corte al nivel de la corona.

3. Eliminar la porción de madera seca del pulgar de dos años.

4. Eliminar una parte del tronco antiguo, cortándola aproximadamente a 35-45 cm por encima del punto de inicio del tronco nuevo.

RECONSTRUCCIÓN DE LA PLANTA
Cómo hemos podado – Invierno 3er año, reconstrucción del tronco

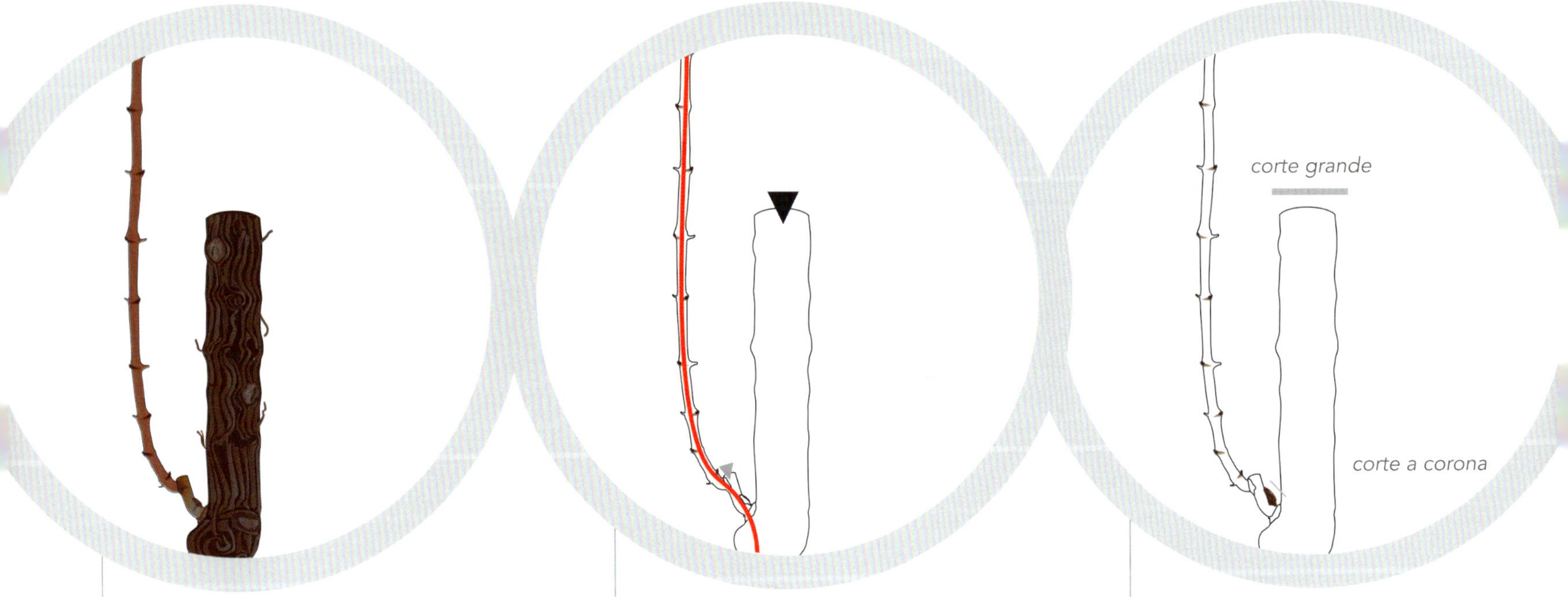

1 Ramificación

Respetando la cronología natural del crecimiento de la planta; sustituyendo el tronco viejo por uno nuevo.

2 Continuidad del flujo de savia

Cerrando el canal principal de savia a una distancia suficientemente alejada del punto de reconstrucción del tronco, restableciendo un nuevo flujo de savia.

3 Cortes y coronas

Efectuando cortes de pequeñas dimensiones (en madera de uno y dos años), respetando las yemas de la corona que están en el flujo principal de savia.

▲ *Conos de desecación de los cortes realizados en el año actual*
▲ *Conos de desecación de los cortes realizados en años anteriores*

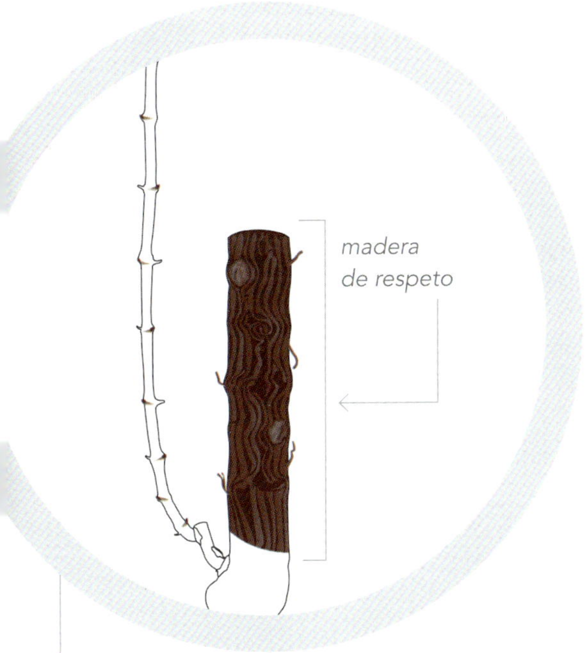

4 Madera de respeto

Manteniendo una porción de madera de respeto abundante (35-40 cm).

Fase de reconstrucción terminada
Siguiente fase en el capítulo 6

Capítulo 12

Variación del cordón simple oblicuo

Formación de los cuatro puntos vegetativos

Desarrollo después de quince años de ramificación

GUION DEL CAPÍTULO

La variación del cordón simple oblicuo es la evolución natural del cordón doble. Consiste en establecer un primer punto del cordón por debajo del alambre de formación. Esto permite conservar dos canales principales de savia (lado izquierdo y derecho de la planta) hasta el final de la primera fase de la formación, en vez de uno solo como se ha mostrado en los capítulos anteriores.

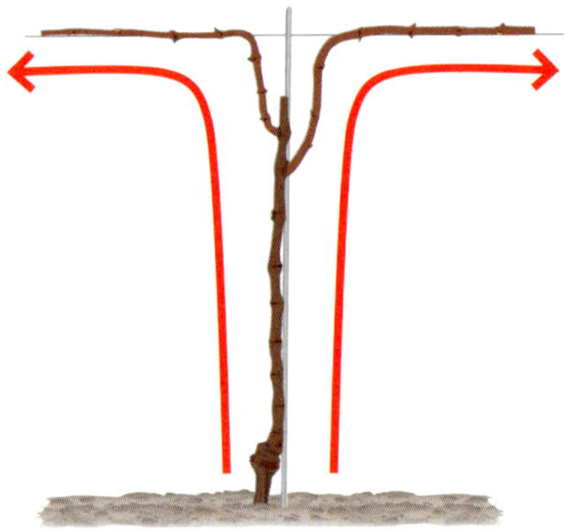

Cordón doble

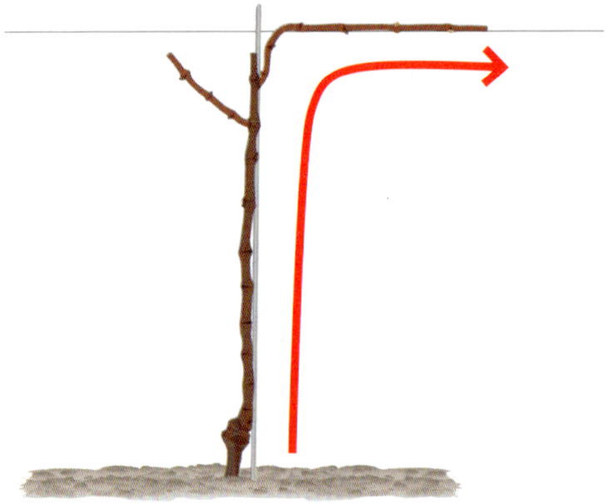

Variación del cordón simple

pág. 288 pág. 291

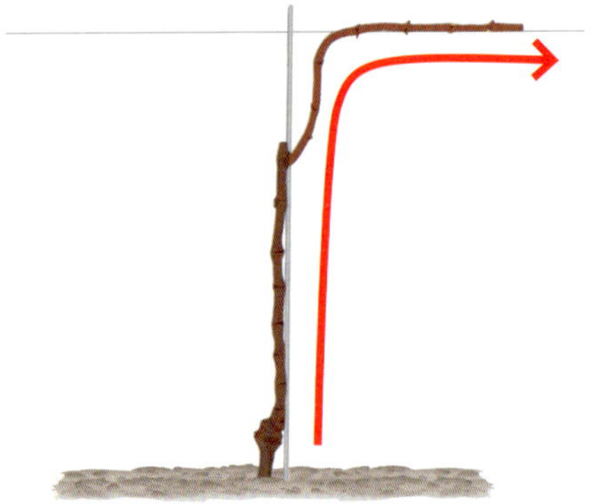

Cordón simple

Ventajas

1. Más madera viva.
2. Posibilidad de tener un punto vegetativo cerca del eje del cordón.
3. Posibilidad de reconstruir el cordón.
4. Aconsejado para las variedades sensibles a las enfermedades de la madera.

Inconvenientes

1. Es indispensable que los podadores conozcan la técnica de la ramificación.
2. Muy diferente de la formación clásica del cordón simple.

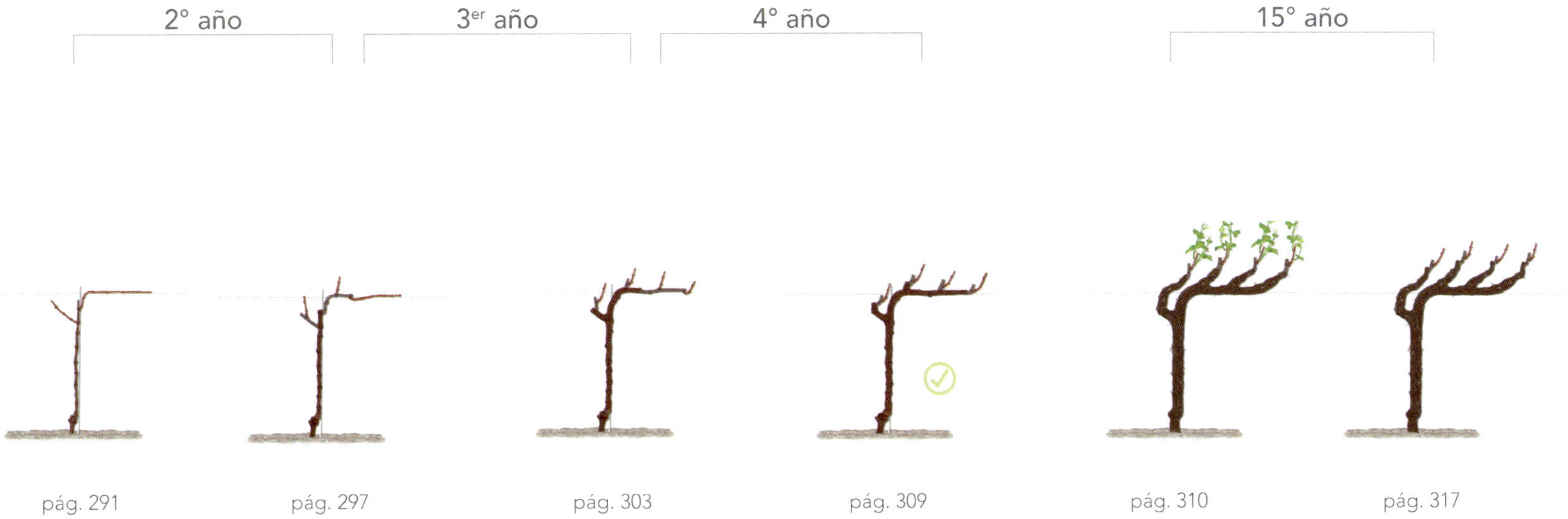

Formación del cordón horizontal y de los puntos vegetativos
Durante el primer y segundo año se realizan podas para fijar el cordón horizontal y los puntos vegetativos. Con la técnica del alargamiento, el espacio entre dos plantas se irá ocupando progresivamente.

Cordón formado. Siguiente fase a continuación.

Ramificación controlada de los puntos vegetativos
Con esta fase se termina la formación de la estructura principal del cordón. A partir de este momento, la planta seguirá desarrollándose gracias a la ramificación controlada de los puntos vegetativos.

FORMAR LOS CUATRO PUNTOS VEGETATIVOS

Invierno – 1er año

Selección del pulgar y de la prolongación

Durante esta fase, el objetivo de la poda es preparar la ramificación del cordón gracias a la apertura de dos canales laterales formados por dos sarmientos opuestos. En el ejemplo, los sarmientos **A** y **B** son los que están mejor situados para la creación de los dos canales de savia. Los sarmientos de reserva **C** y **D** se eliminan.

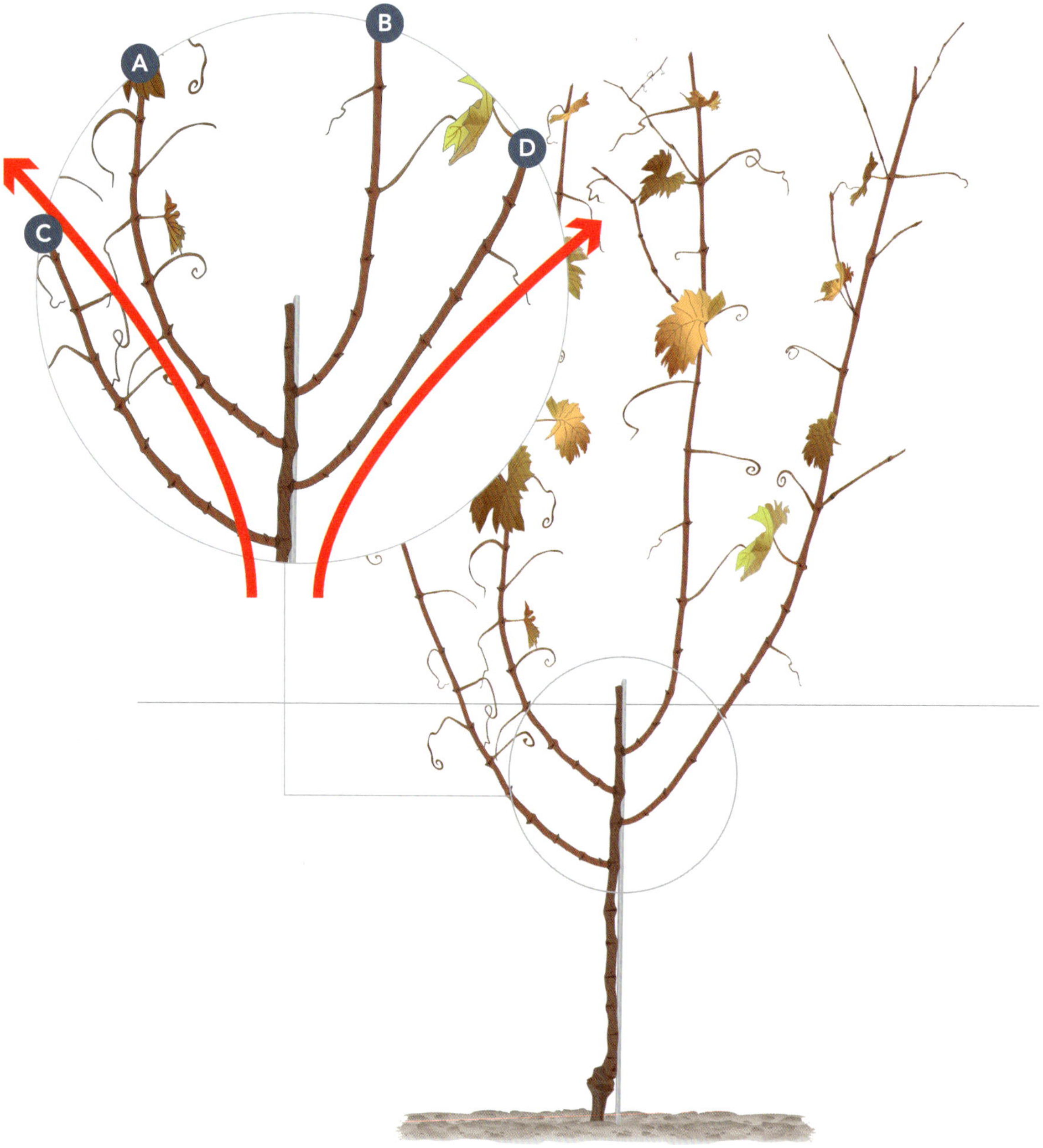

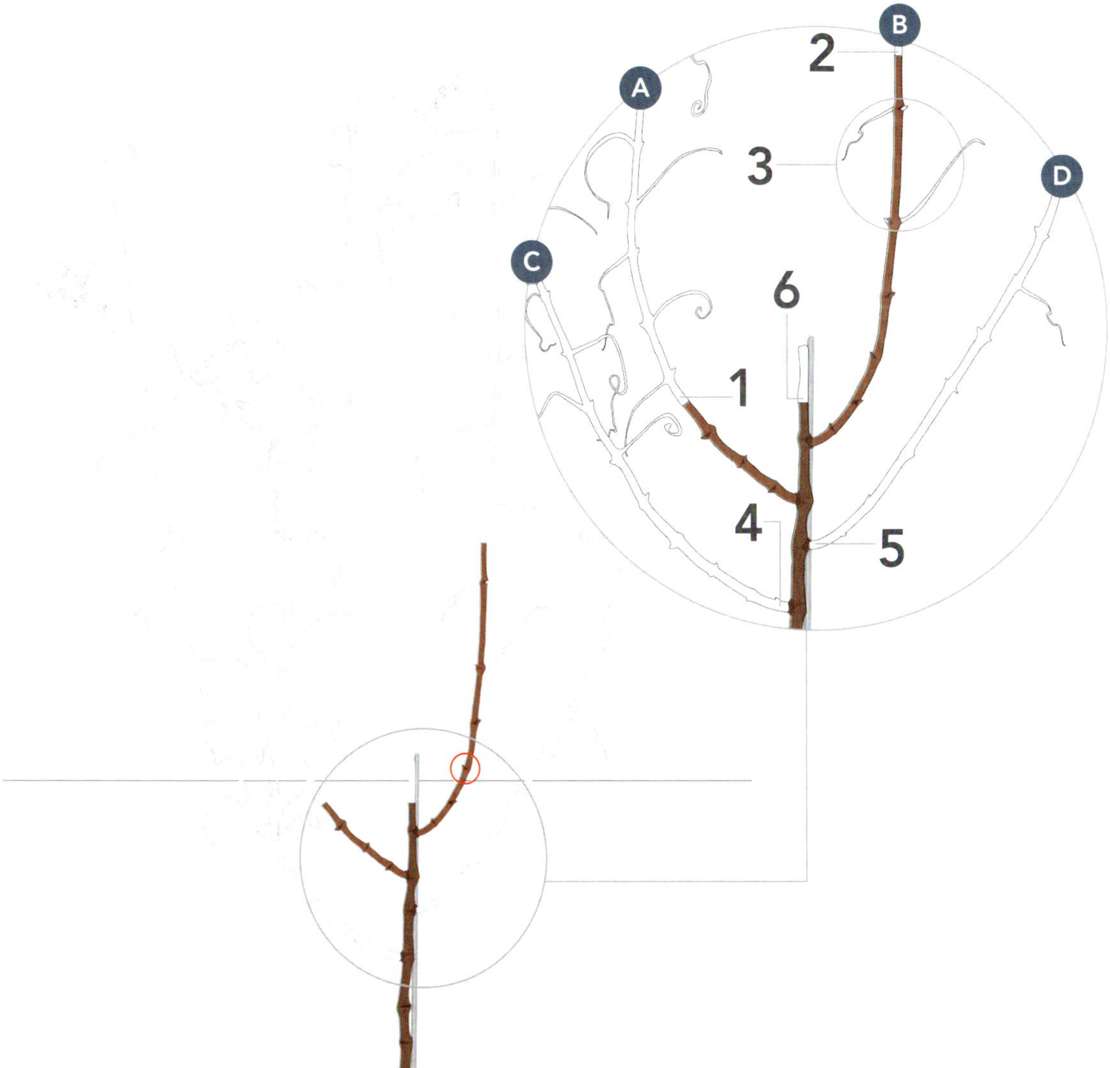

Poda

1. Formación del primer canal: podar a un pulgar orientado el sarmiento **A**, tomando como yema de referencia la primera que esté orientada en el sentido de la formación del cordón.

2. Formación del segundo canal: podar el sarmiento **B** asegurándose de que la primera yema que sigue al alambre de formación apunte hacia arriba (*círculo rojo*); a partir de esta yema, contar tres más y cortar.

3. Eliminar (*foto inferior*) las dos últimas yemas del sarmiento **B** (*círculo gris*).

4-5 Eliminar los sarmientos **C** y **D** con cortes al nivel de la corona.

6. Eliminar la madera superflua de dos años, dejando suficiente madera de respeto (aproximadamente el doble del diámetro del sarmiento podado).

FORMAR LOS CUATRO PUNTOS VEGETATIVOS
Cómo hemos podado – Invierno 1er año

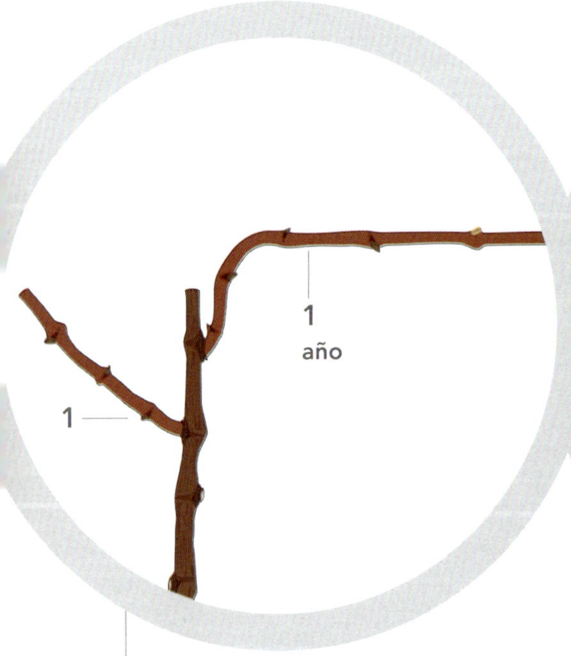

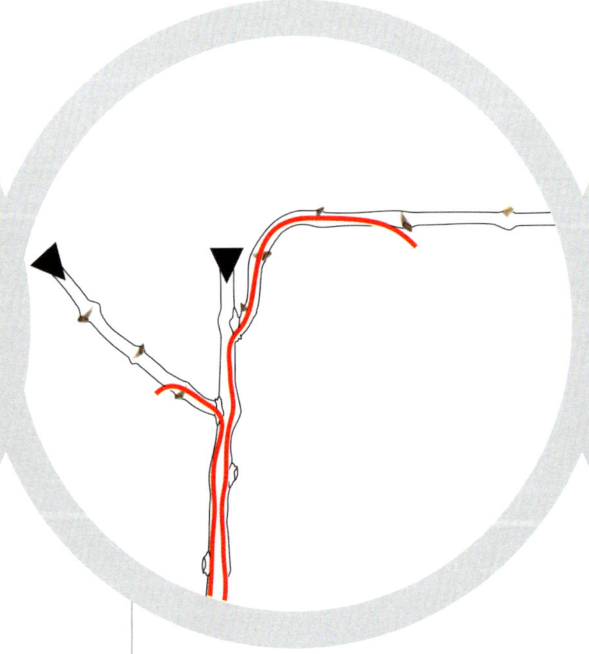

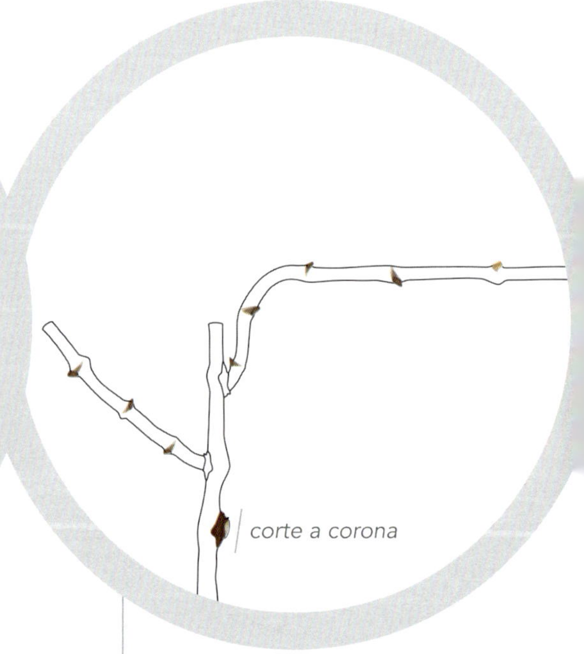

1 Ramificación

Respetando la cronología natural del crecimiento de la planta.

2 Continuidad del flujo de savia

Seleccionando en el tronco un sarmiento del lado izquierdo y otro del lado derecho para formar los dos cordones horizontales.

3 Cortes y coronas

Efectuando cortes de pequeñas dimensiones (en madera de uno y dos años), respetando las yemas de la corona que están en el flujo principal de savia.

▲ *Conos de desecación de los cortes realizados en el año actual*

Cómo hemos arqueado
El sarmiento se ha arqueado y atado al alambre de formación. Para facilitar el arqueado se eliminan las dos últimas yemas.

4 Madera de respeto

Manteniendo un trozo de madera de respeto.

FORMAR LOS CUATRO PUNTOS VEGETATIVOS
Primavera – 2º año

Poda en verde
En la brotación se realiza la poda en verde para eliminar los brotes superfluos, mientras que los que están en posiciones correctas se conservan para desarrollar la ramificación oblicua y completar la formación del cordón doble.

Por qué
Para evitar cortes en invierno y así reducir el número de heridas, dirigir las sustancias de reserva hacia las yemas restantes con el objetivo de garantizar un desarrollo homogéneo de la planta (longitud de los entrenudos, diámetro, longitud de los sarmientos) y evitar el amontonamiento excesivo de la vegetación.

Cuándo
Intervenir en brotes de 5 a 10 cm de longitud.

Cómo
Identificar el pulgar lateral y mantener los dos últimos brotes principales en el pulgar (**A**, **B**); identificar el brazo del cordón y mantener en este el brote que esté más cerca del alambre de formación y apunte hacia arriba (**C**) y el brote que le sigue (**D**); mantener como reserva el primer brote situado en el flujo de savia (**E**); eliminar el resto de brotes.

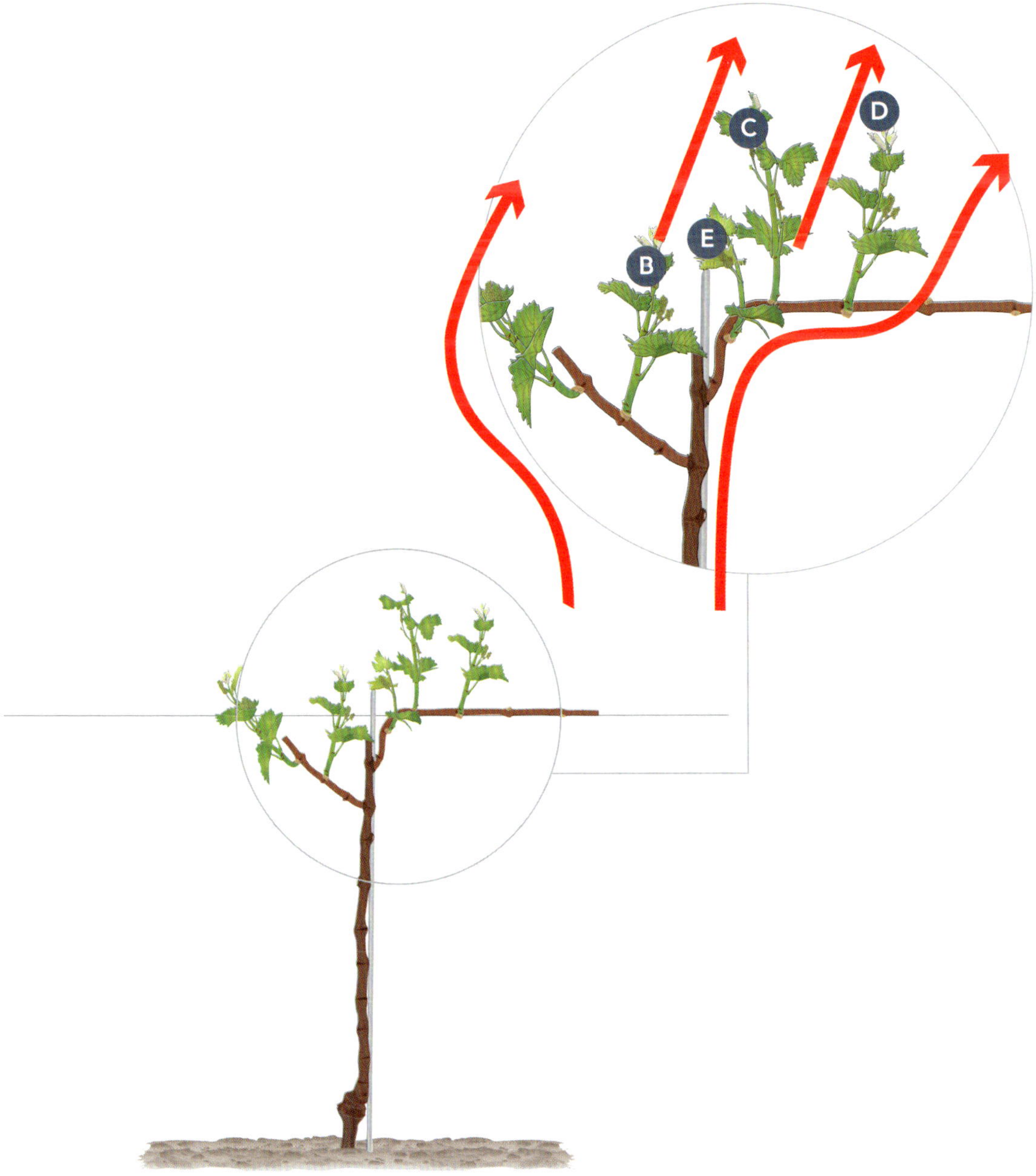

Eliminación de los brotes secundarios

Después de la limpieza del tronco se procede a la eliminación de los brotes secundarios.

Los brotes **B** y **C**, situados respectivamente en el lado izquierdo y derecho del tronco, son los futuros pulgares que permitirán iniciar la ramificación oblicua. El brote **D** es la prolongación que completará el brazo del cordón permanente. El brote **E** es de reserva en caso de que haya daño accidental o los sarmientos **D** y **C** tengan un vigor demasiado débil.

En caso de que el podador realice una segunda pasada en una fase más avanzada, el brote de reserva se puede eliminar si ya no se necesita.

FORMAR LOS CUATRO PUNTOS VEGETATIVOS

Invierno – 2º año

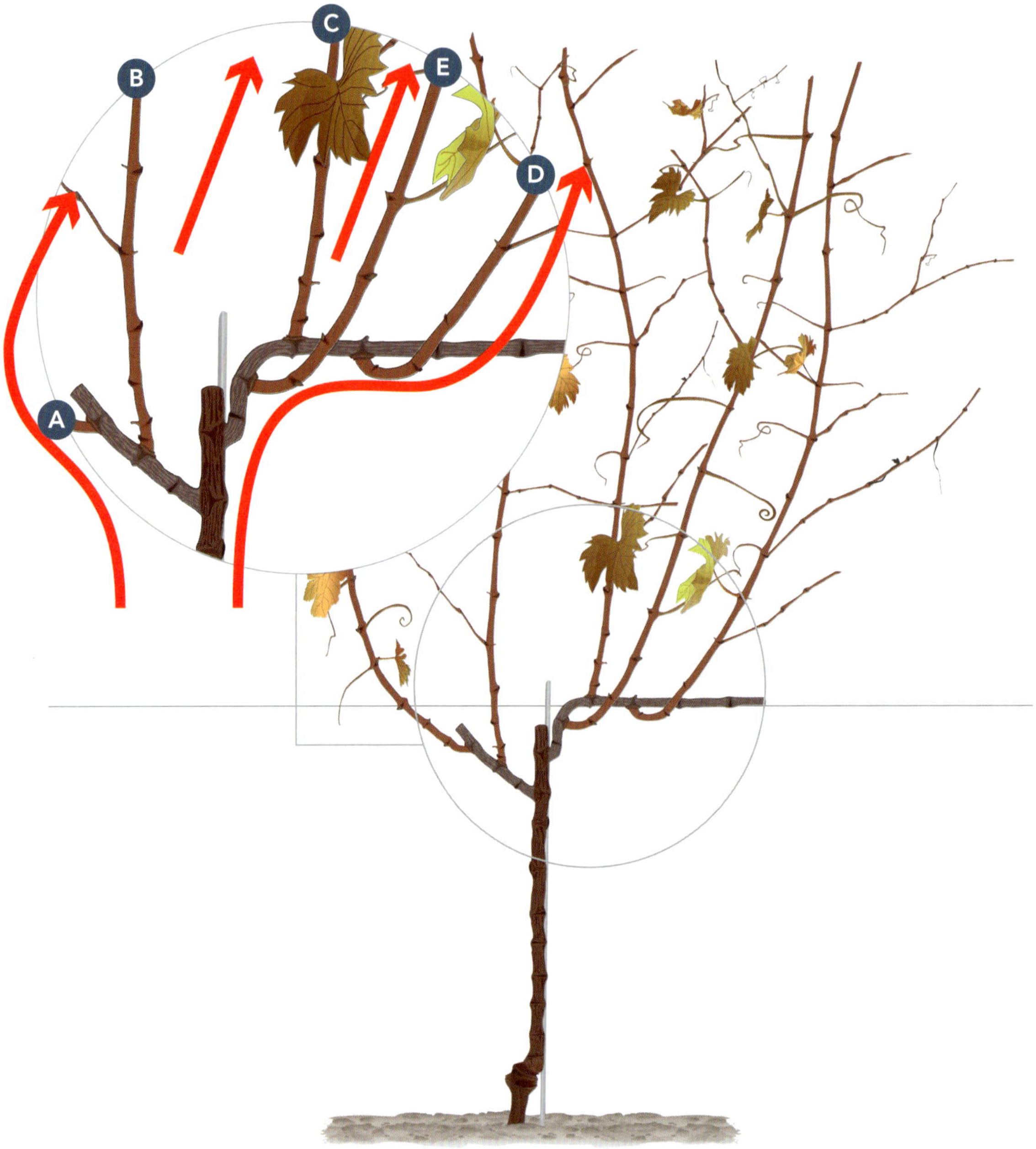

Selección del pulgar y de la prolongación

Los sarmientos de la viña están bien lignificados, son homogéneos y presentan un buen desarrollo del eje principal y de los nietos. Los entrenudos tienen una longitud mediana y regular.

Durante esta fase, el primer objetivo de la poda es iniciar la ramificación oblicua de los pulgares, podando a pulgar los dos sarmientos situados sobre los dos canales laterales de savia (**B**, **C**).
El segundo objetivo es completar la formación del cordón permanente.
La prolongación del cordón (**D**) se debe podar a tres-cuatro yemas asegurándose de que la última yema esté orientada hacia abajo para respetar la continuidad del flujo de savia.
Los sarmientos restantes se eliminan (**A**, **E**).

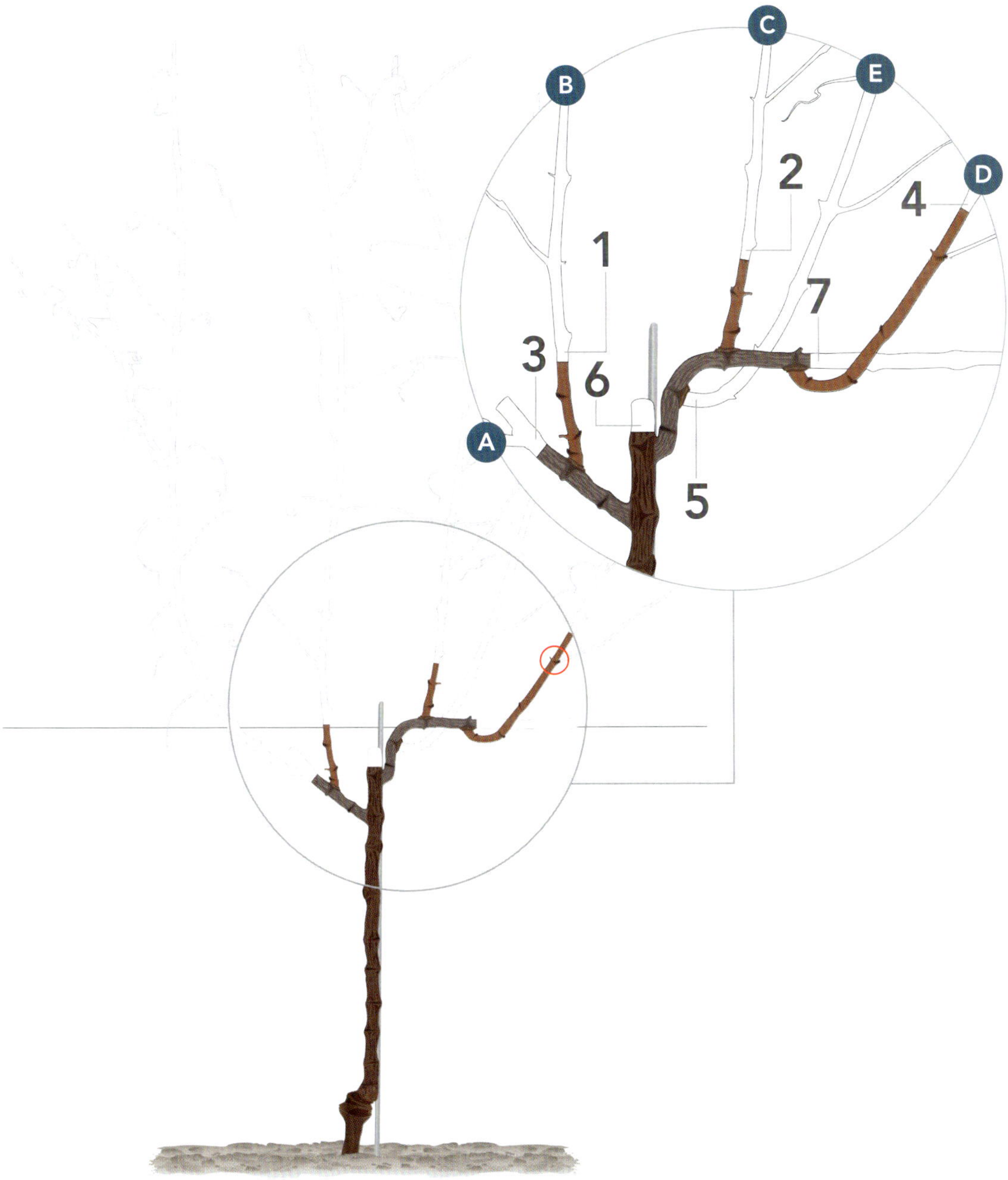

Poda

1. Podar a pulgar orientado el sarmiento **B** situado en el lado superior del cordón de la izquierda.

2. Podar a pulgar orientado el sarmiento **C** situado en el lado superior del brazo de la derecha.

3. Eliminar el sarmiento **A** manteniendo un trozo de madera de respeto.

4. Podar la prolongación (**D**) a tres-cuatro yemas manteniendo la última yema hacia abajo (*círculo rojo*). Aprovechando la longitud creciente de los entrenudos, los futuros pulgares serán equidistantes.

5. Eliminar el sarmiento de reserva (**E**) con un corte al nivel de la corona.

6. Eliminar las porciones de madera seca.

FORMAR LOS CUATRO PUNTOS VEGETATIVOS

Cómo hemos podado – Invierno 2º año

1 Ramificación

Respetando la cronología natural del crecimiento de la planta.

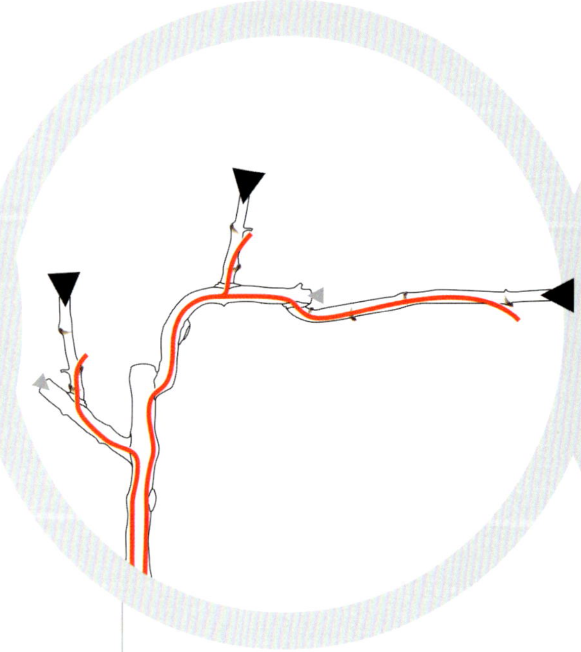

2 Continuidad del flujo de savia

Alargando el cordón y formando los dos primeros puntos vegetativos.

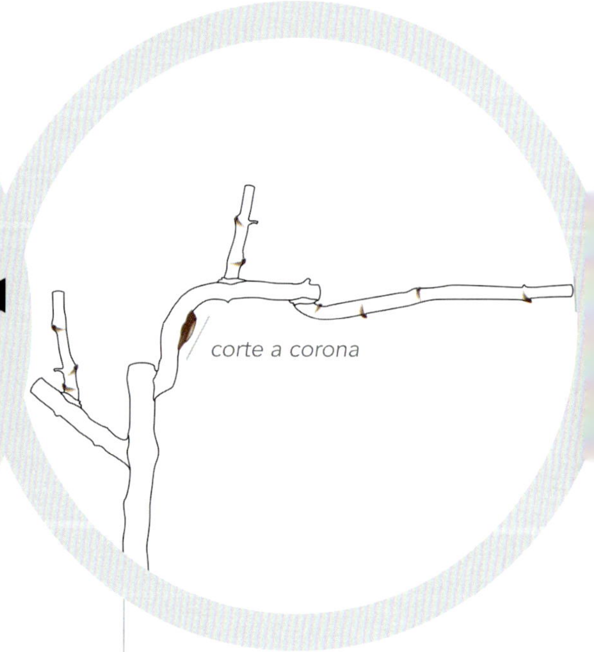

3 Cortes y coronas

Efectuando cortes de pequeñas dimensiones (en madera de uno y dos años), respetando las yemas de la corona que están en el flujo principal de savia.

▲ *Conos de desecación de los cortes realizados en el año actual*

▲ *Conos de desecación de los cortes realizados en años anteriores*

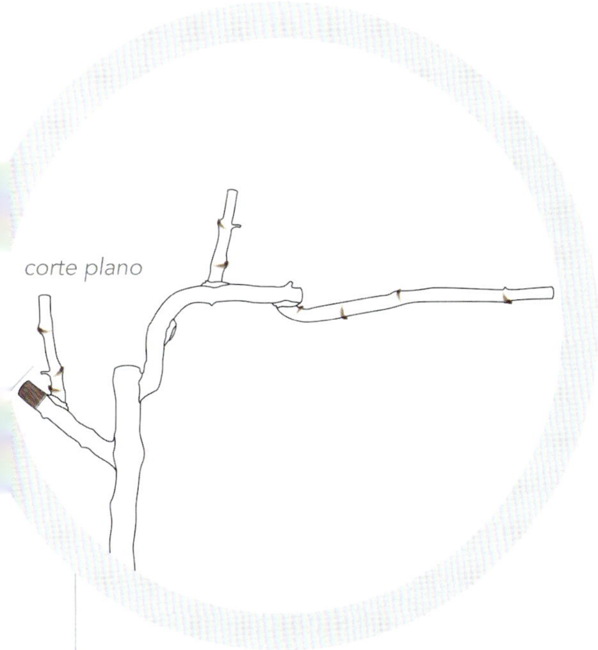

4 Madera de respeto

Realizando un corte plano en la madera de dos años.

FORMAR LOS CUATRO PUNTOS VEGETATIVOS

Primavera – 3er año

Poda en verde

En la brotación se realiza la poda en verde para eliminar los brotes superfluos, mientras que los que están en posiciones correctas se conservan para desarrollar la ramificación oblicua.

Por qué

Para evitar cortes en invierno y así reducir el número de heridas, dirigir las sustancias de reserva hacia las yemas restantes con el objetivo de garantizar un desarrollo homogéneo de la planta (longitud de los entrenudos, diámetro, longitud de los sarmientos) y evitar el amontonamiento excesivo de la vegetación.

Cuándo

Intervenir en brotes de 5 a 10 cm de longitud.

Cómo

Identificar los dos primeros puntos vegetativos y mantener en ellos los dos brotes principales (**A**, **B**, **C**, **D**); identificar la prolongación y mantener en ella dos brotes orientados hacia arriba (**E**, **F**) y que sean equidistantes respecto a los dos primeros puntos vegetativos; mantener el primer brote sobre el flujo de savia (**G**); eliminar los demás brotes.

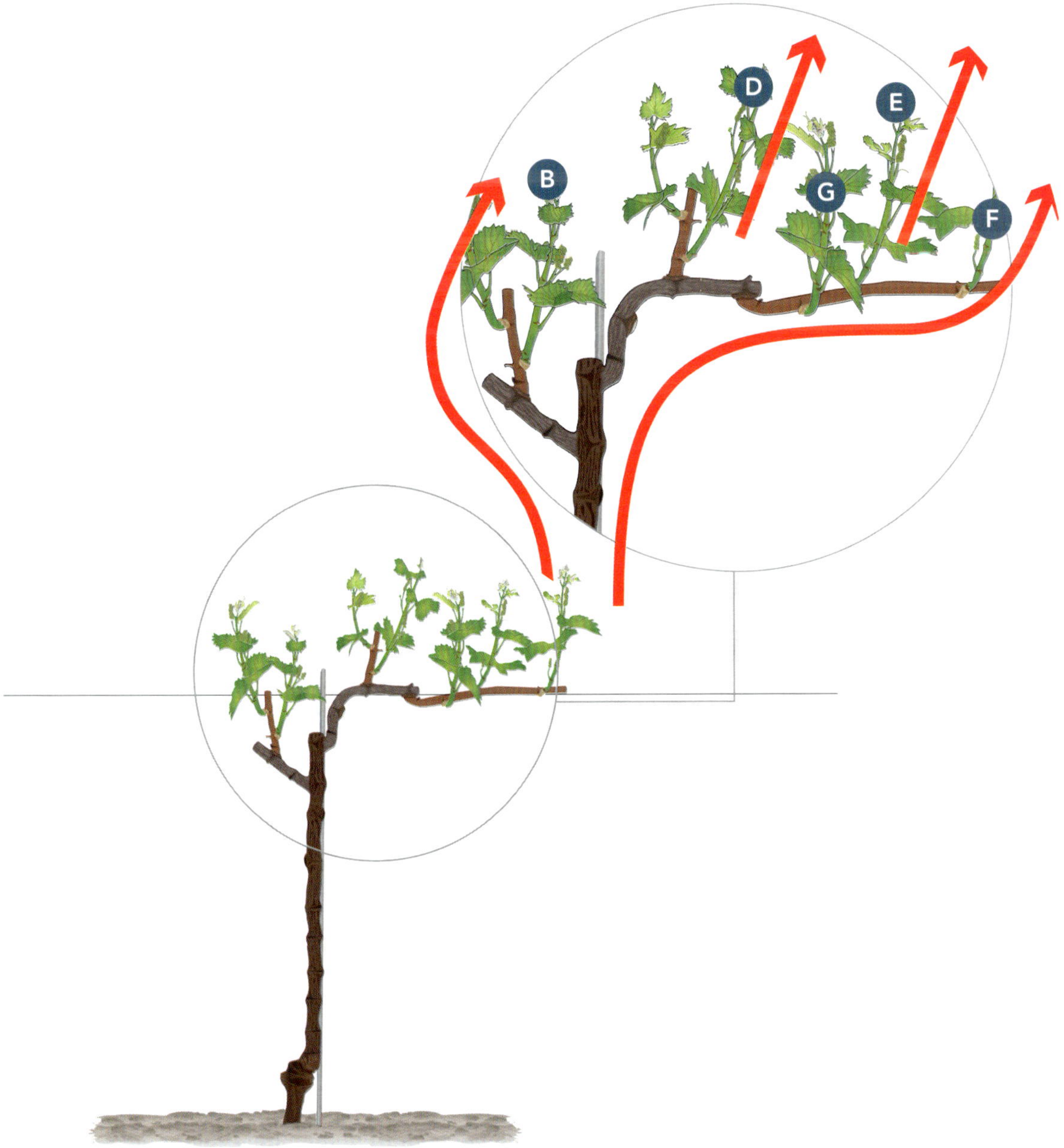

Eliminación de los brotes secundarios
Después de la limpieza del tronco se procede a la eliminación de los brotes secundarios.

Los brotes **B** y **D**, situados respectivamente en el primer y segundo punto vegetativo, son los futuros pulgares que permitirán continuar la ramificación oblicua. Los brotes **E** y **F** formarán respectivamente el tercer y cuarto punto vegetativo. El brote **G** es de reserva.

FORMAR LOS CUATRO PUNTOS VEGETATIVOS

Invierno – 3er año

Selección de los pulgares
Los sarmientos de la viña están bien lignificados, son homogéneos y presentan un buen desarrollo del eje principal y de los nietos. Los entrenudos tienen una longitud mediana y regular.

Durante esta fase, el objetivo de la poda es continuar la ramificación oblicua de los puntos vegetativos, podando en pulgares orientados los dos sarmientos de los dos primeros pulgares (**B**, **D**), así como los sarmientos situados sobre la prolongación (**E**, **F**). Los sarmientos restantes se eliminan (**A**, **C**, **G**).

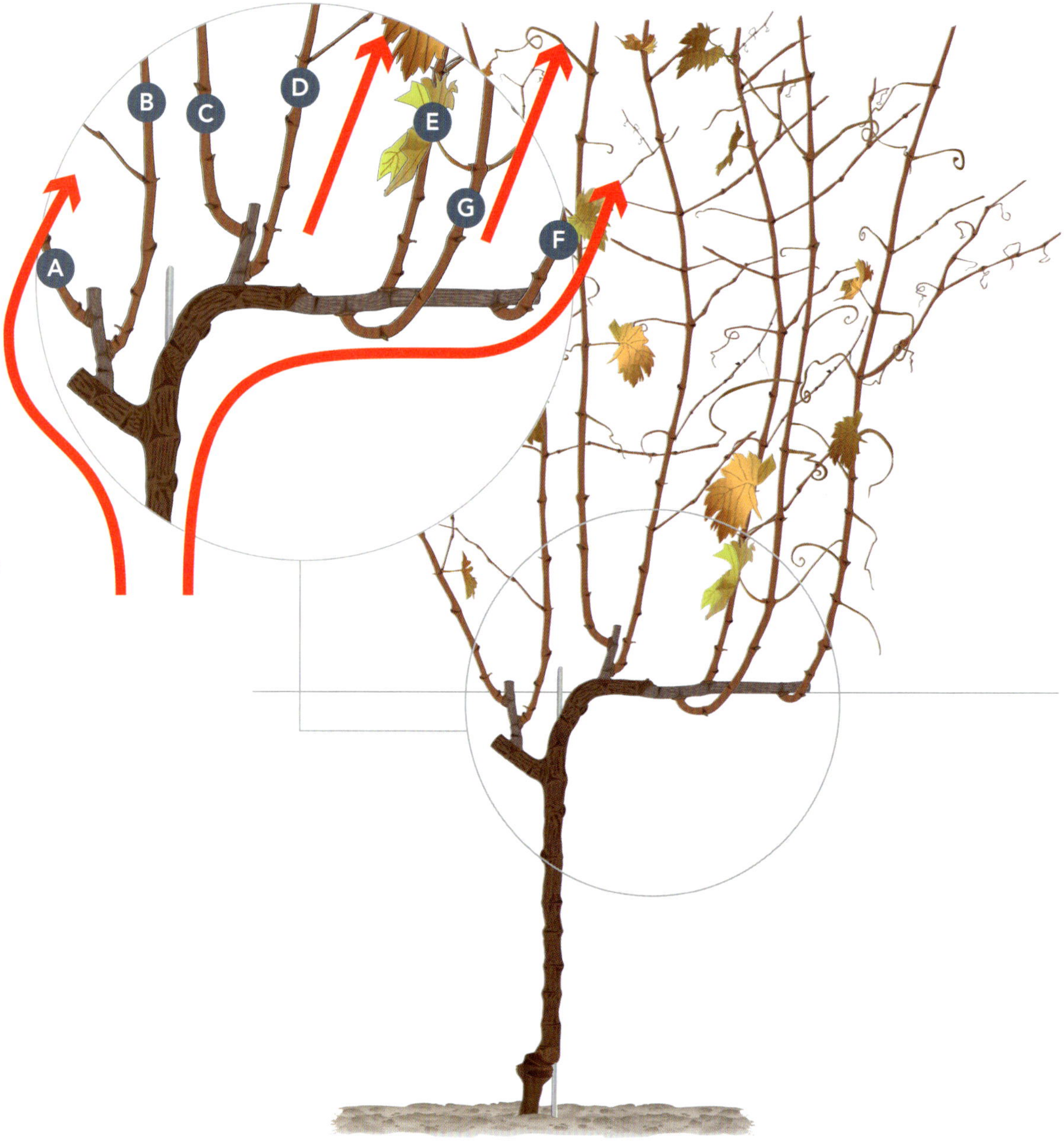

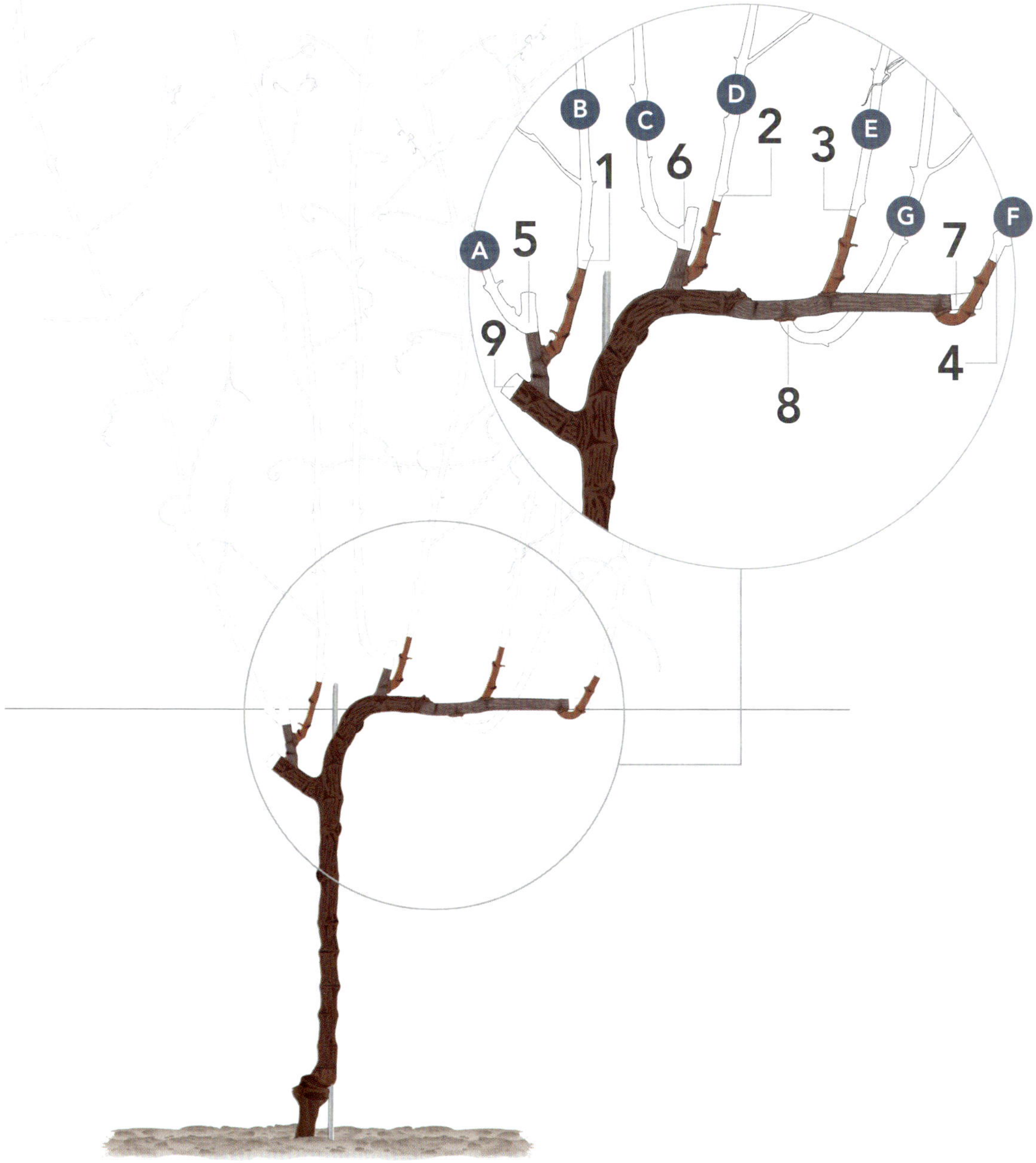

Poda

1-2. Podar a pulgar orientado los sarmientos **B** y **D** situados sobre los dos primeros puntos vegetativos.

3-4. Podar a pulgar orientado los sarmientos **E** y **F** situados sobre la prolongación.

5-6-7. Eliminar los sarmientos **A** y **C** con un corte plano en la madera de dos años.

8. Eliminar el sarmiento de reserva (**G**) con un corte al nivel de la corona.

9. Eliminar las porciones de madera seca.

FORMAR LOS CUATRO PUNTOS VEGETATIVOS

Cómo hemos podado – Invierno 3er año

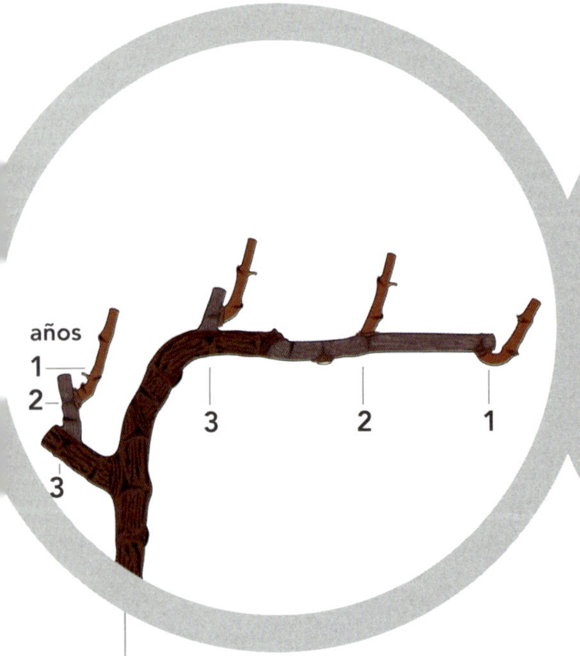

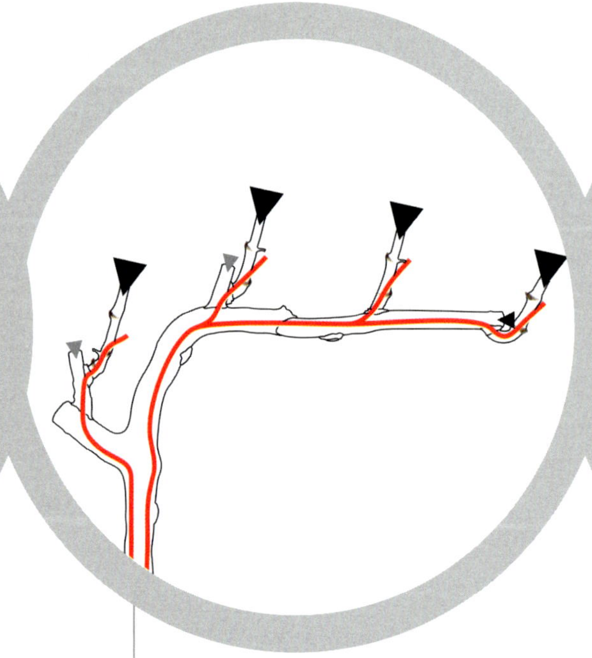

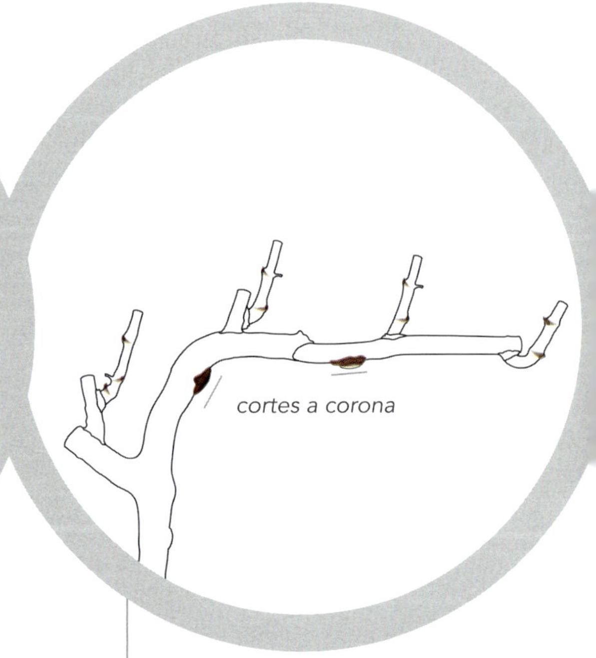

1 Ramificación

Respetando la cronología natural del crecimiento de la planta.

2 Continuidad del flujo de savia

Alargando el cordón y formando los dos últimos puntos vegetativos.

3 Cortes y coronas

Efectuando cortes de pequeñas dimensiones (en madera de uno y dos años), respetando las yemas de la corona que están en el flujo principal de savia.

▲ *Conos de desecación de los cortes realizados en el año actual*

▲ *Conos de desecación de los cortes realizados en años anteriores*

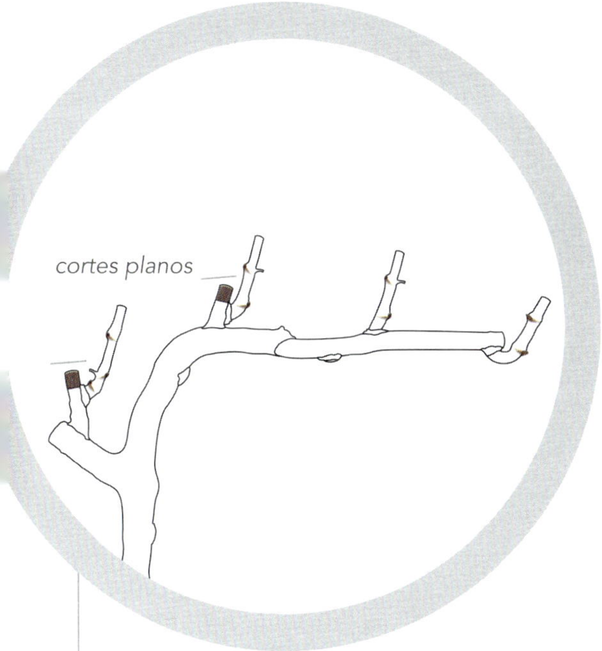

4 Madera de respeto

Realizando un corte plano en la madera de dos años.

FORMAR LOS CUATRO PUNTOS VEGETATIVOS
Primavera – 4° año

Poda en verde
En la brotación se realiza la poda en verde para eliminar los brotes superfluos, mientras que los que están en posiciones correctas se conservan para desarrollar la ramificación oblicua.

Por qué
Para evitar cortes en invierno y así reducir el número de heridas, dirigir las sustancias de reserva hacia las yemas restantes con el objetivo de garantizar un desarrollo homogéneo de la planta (longitud de los entrenudos, diámetro, longitud de los sarmientos) y evitar el amontonamiento excesivo de la vegetación.

Cuándo
Intervenir en brotes de 5 a 10 cm de longitud.

Cómo
Localizar los pulgares y mantener en ellos los brotes principales (**A**, **B**, **C**, **D**, **E**, **F**, **G**); eliminar los demás brotes.

Eliminación de los brotes secundarios

Después de la limpieza del tronco se procede a la eliminación de los brotes secundarios.

Los brotes **B**, **D**, **F** y **H**, situados respectivamente en el primer, segundo, tercer y cuarto punto vegetativo, son los futuros pulgares que permitirán continuar la ramificación oblicua.

FORMAR LOS CUATRO PUNTOS VEGETATIVOS

Invierno – 4° año

Selección de los pulgares
Los sarmientos de la viña están bien lignificados, son homogéneos y presentan un buen desarrollo del eje principal y de los nietos. Los entrenudos tienen una longitud mediana y regular.

Durante esta fase, el objetivo de la poda es continuar la ramificación oblicua de los puntos vegetativos podando a pulgar los dos sarmientos procedentes de los dos primeros puntos vegetativos (**B**, **D**), así como los sarmientos situados sobre el tercer y cuarto punto vegetativo (**F**, **H**).
Los sarmientos restantes se eliminan.

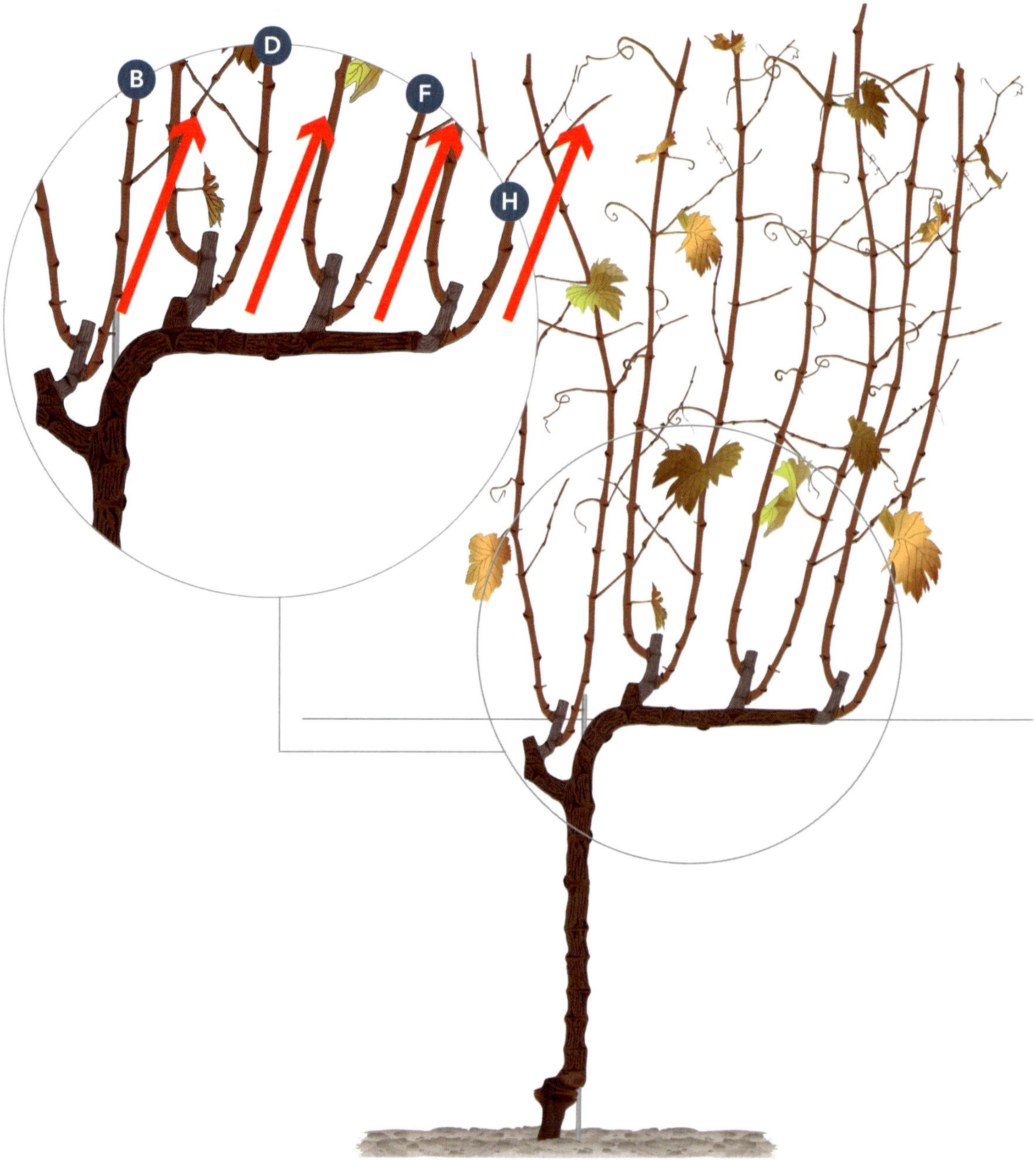

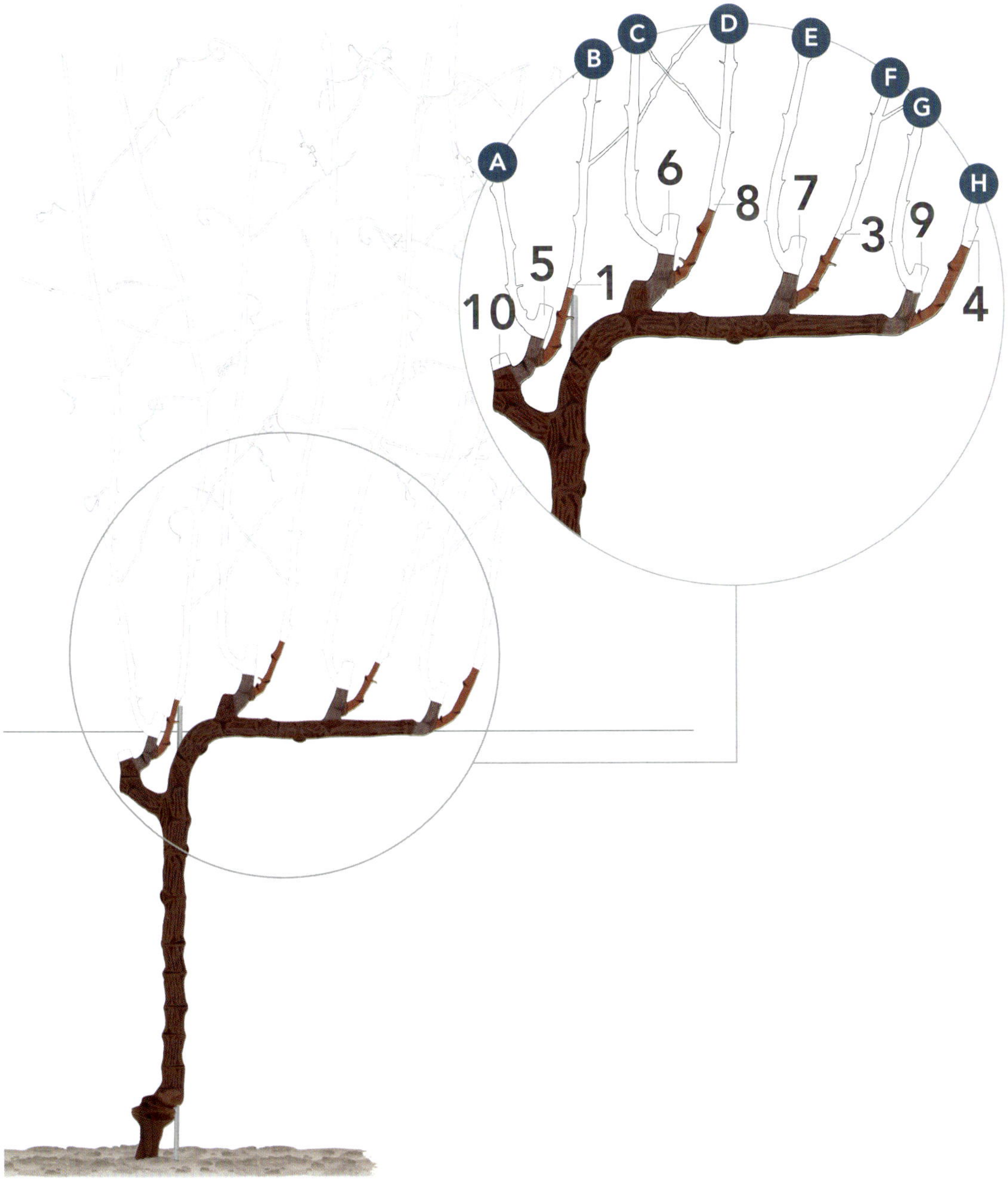

Poda

1-2. Podar a pulgar orientado los sarmientos **B** y **D** situados respectivamente en el primer y segundo punto vegetativo.

3-4. Podar a pulgar orientado los sarmientos **F** y **H** situados respectivamente en el tercer y el cuarto punto vegetativo.

5-6-7-8-9. Eliminar los sarmientos **A**, **C**, **E** y **G** con un corte plano en la madera de dos años.

10. Eliminar la porción de madera seca.

FORMAR LOS CUATRO PUNTOS VEGETATIVOS

Cómo hemos podado – Invierno 4° año

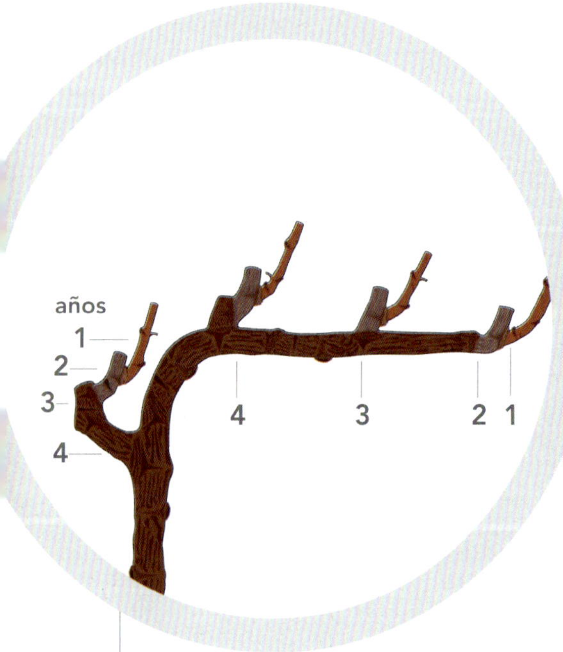

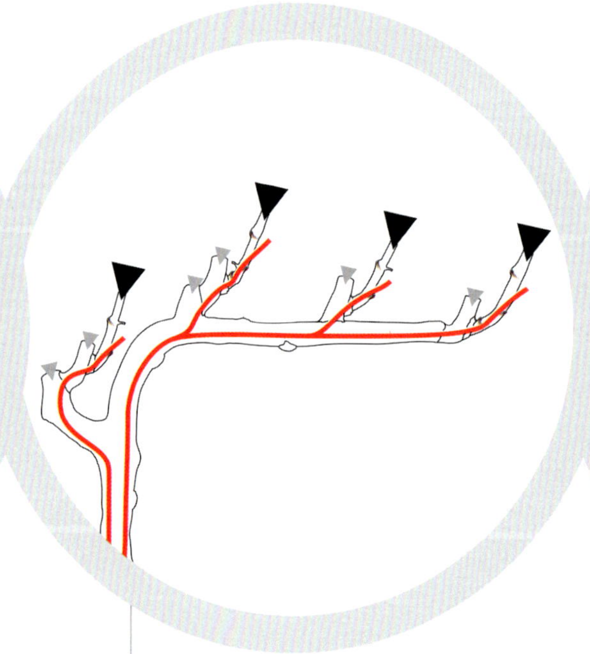

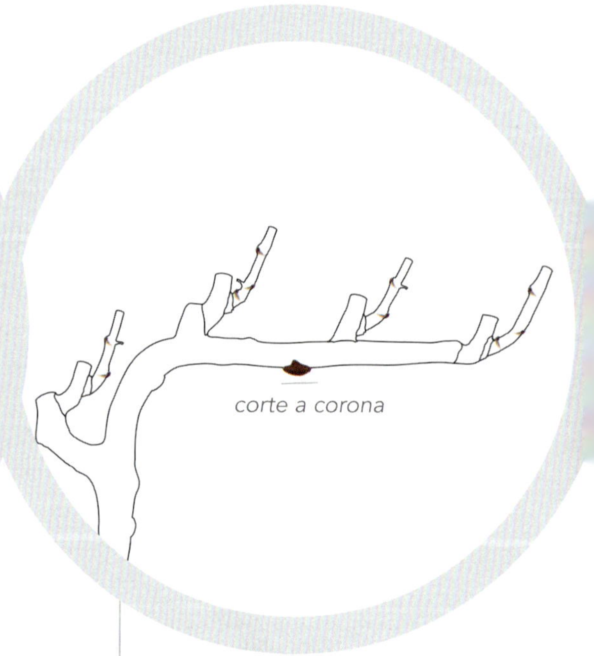

1 Ramificación

Respetando la cronología natural del crecimiento de la planta.

2 Continuidad del flujo de savia

Orientando los cortes hacia el mismo lado para separar la zona de los conos de desecación del flujo principal de savia.

3 Cortes y coronas

Efectuando cortes de pequeñas dimensiones (en madera de uno y dos años), respetando las yemas de la corona que están en el flujo principal de savia.

▲ *Conos de desecación de los cortes realizados en el año actual*

▲ *Conos de desecación de los cortes realizados en años anteriores*

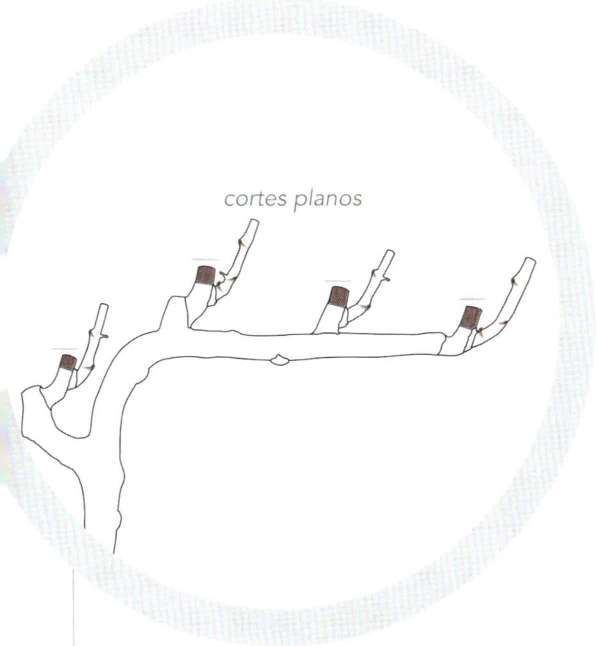

4 Madera de respeto

Realizando un corte plano en la madera de dos años.

DESARROLLO DESPUÉS DE QUINCE AÑOS DE RAMIFICACIÓN

Primavera

Poda en verde
En la brotación se realiza la poda en verde para eliminar los brotes superfluos, mientras que los que están en posiciones correctas se conservan para desarrollar la ramificación oblicua.

Por qué
Para evitar cortes en invierno y así reducir el número de heridas, dirigir las sustancias de reserva hacia las yemas restantes con el objetivo de garantizar un desarrollo homogéneo de la planta (longitud de los entrenudos, diámetro, longitud de los sarmientos) y evitar el amontonamiento excesivo de la vegetación.

Cuándo
Intervenir en brotes de 5 a 10 cm de longitud.

Cómo
Localizar los pulgares y mantener en ellos los brotes principales (**A**, **B**, **C**, **D**, **E**, **F**, **G**); eliminar el resto de brotes.

Eliminación de los brotes secundarios
Después de la limpieza del tronco se procede a la eliminación de los brotes secundarios.

Los brotes **B**, **D**, **F** y **H**, situados en los cuatro puntos vegetativos, son los futuros pulgares que permitirán continuar la ramificación oblicua.

DESARROLLO DESPUÉS DE QUINCE AÑOS DE RAMIFICACIÓN
Verano

Conducción de la vegetación
Durante el verano se continúa con la conducción vertical de la vegetación.

Atado
Si es necesario, se atarán los brotes que corren el riesgo de romperse.

Despuntado
Se aconseja despuntar los brotes cuando la vegetación sobrepase el último alambre de soporte.

Si es necesario, se realizará una segunda poda en verde para eliminar posibles rebrotes en el tronco y alrededor del punto de injerto.

Otoño

Agostamiento y lignificación

En esta estación la planta completa el ciclo de desarrollo de los brotes.

Con el agostamiento, que empieza en verano, se inicia el proceso de lignificación que transformará los brotes en sarmientos.

En esta fase se puede regular la carga productiva con un aclareo de racimos.

DESARROLLO DESPUÉS DE QUINCE AÑOS DE RAMIFICACIÓN

Invierno

Selección de los pulgares
Los sarmientos de la vid están bien lignificados, son homogéneos y presentan un buen desarrollo del eje principal y de los nietos. Los entrenudos tienen una longitud mediana y regular.

Durante esta fase, el objetivo de la poda es continuar la ramificación oblicua de los puntos vegetativos, podando a pulgar los sarmientos situados en los pulgares del año anterior (**B**, **D**, **F**, **H**). Los sarmientos restantes se eliminan.

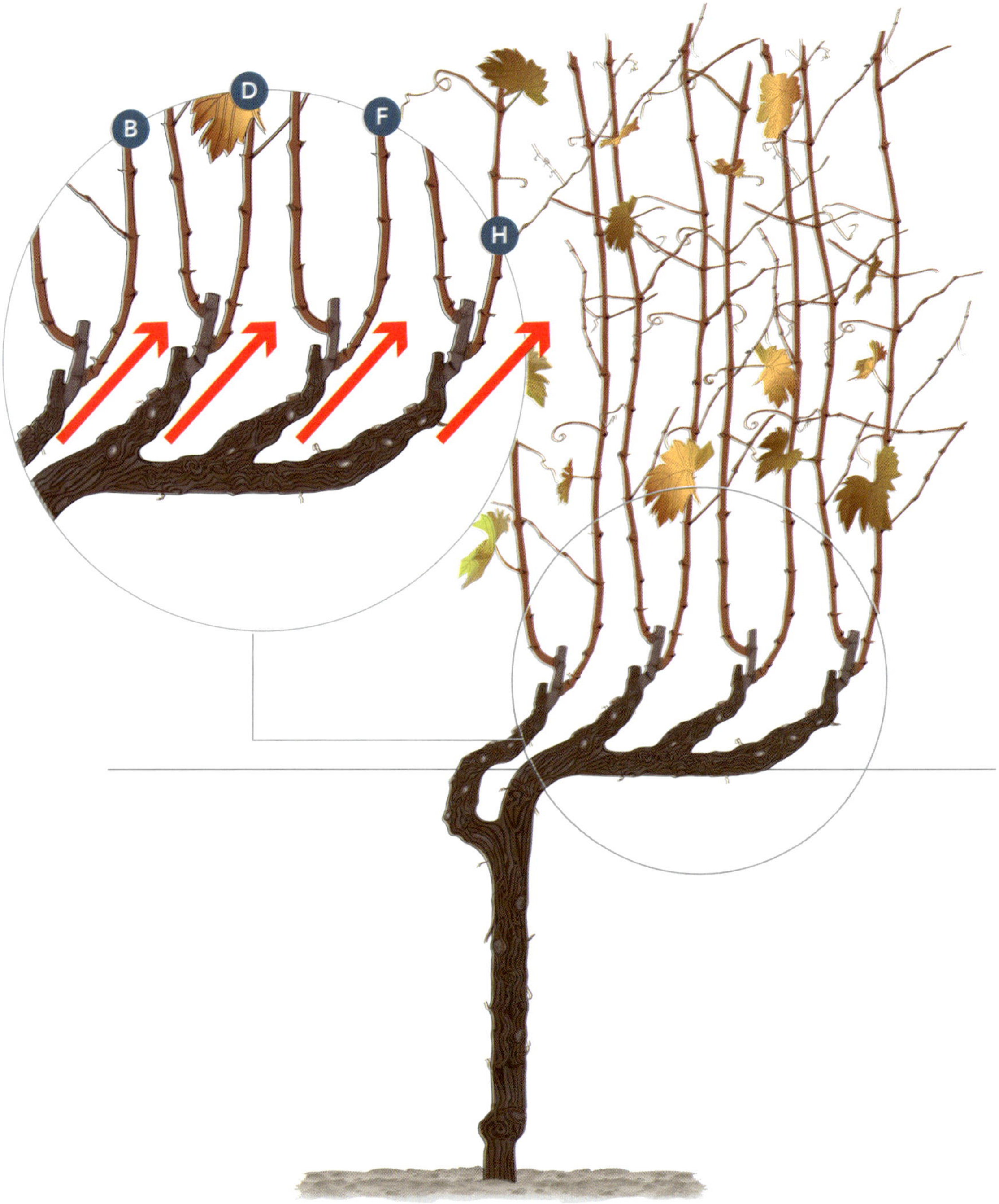

Poda de los pulgares

1-2-3-4. Podar a pulgar orientado los sarmientos **B**, **D**, **F** y **H** situados en los cuatro puntos vegetativos.

5-6-7-8. Eliminar los sarmientos **A**, **C**, **E** y **G**, situados en los puntos respectivos, con un corte plano en la madera de dos años.

9-10-11-12. Eliminar la porción de madera seca.

DESARROLLO DESPUÉS DE QUINCE AÑOS DE RAMIFICACIÓN

Cómo hemos podado – Invierno

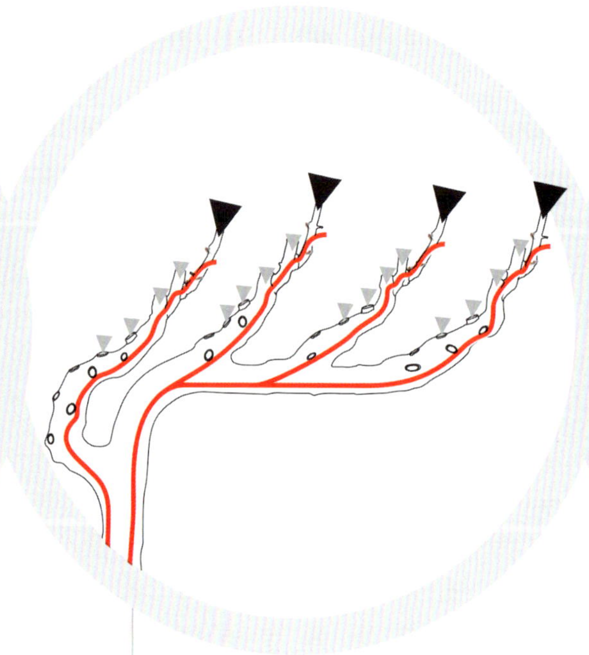

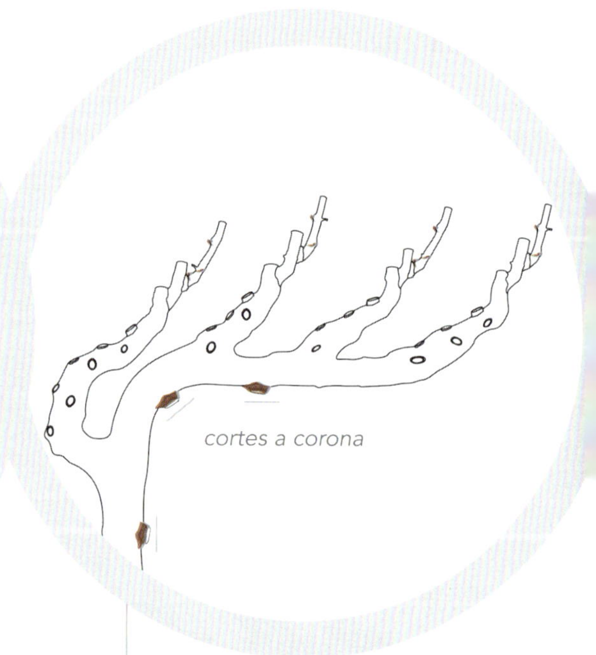

1 Ramificación

Respetando la cronología natural del crecimiento de la planta.

2 Continuidad del flujo de savia

Orientando los cortes hacia el mismo lado para separar la zona de los conos de desecación del flujo de savia principal.

3 Cortes y coronas

Efectuando cortes de pequeñas dimensiones (en madera de uno y dos años), respetando las yemas de la corona que están en el flujo principal de savia.

▲ *Conos de desecación de los cortes realizados en el año actual*

▲ *Conos de desecación de los cortes realizados en años anteriores*

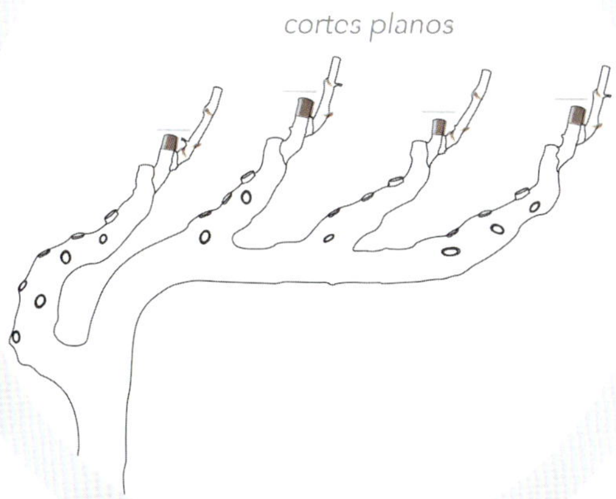

4 Madera de respeto

Realizando un corte plano en la madera de dos años.

BIBLIOGRAFÍA ESENCIAL

Lafon R., *Modifications à apporter à la taille de la vigne des Charentes. Taille Guyot-Poussart mixte et double. L'Apoplexie. Traitement préventif méthode Poussard. Traitement curatif, par René Lafon*, Imprenta de Roumégous et Déhan, Montpellier 1921.

Alex L. Shigo - Harold G. Marx, «Compartmentalization of Decay in trees», *Agriculture Information Forest Service Bulletin* n° 405, Departamento de Agricultura de Estados Unidos, julio 1977.

Qiang Sun - Thomas L. Rost - Mark A. Matthews, «Wound-induced vascular occlusions in Vitis Vinifera (vitaceae): tyloses in summer and gels in winter», *American Journal of Botany* 95 (12): 1498-1505, 2008.

Simonit M. - Sirch. P., «Potatura Soffice in allevamento e in produzione», *L'informatore Agrario* n° 36: 39-54, Verona 2009.

Simonit M. - Deledda F. - Giudici M. - Manfreda L. - Ostan M. - Turata R. - Zanutta A., «Potatura ramificata della vite», *L'informatore Agrario* n°37: 35-46, Verona 2012.

Simonit M. - Deledda F. - Giudici M. - Manfreda L. - Ostan M. - Turata R. - Zanutta A., «Il taglio è indipendente dalla forma di allevamento», *L'informatore Agrario* n°36: 32-36, Verona 2013.

Simonit M., *Manuale di potatura della vite: Guyot*, Edizioni L'Informatore Agrario, Verona 2014.

Simonit M. - Turata R. - Giudici M. - Ostan M. - Zanutta A., «Struttura della vite: un ponte tra radici e chioma», *L'informatore Agrario* n° 37: 31-40, Verona 2015.

Gracias a Riccardo Turata, Massimo Giudici, Alessandro Zanutta y Giacomo Manzoni porque sin ellos no hubiera conseguido realizar este manual.